普通高等教育“十三五”规划教材

特种熔炼

薛正良　朱航宇　常立忠　编著

北京
冶金工业出版社
2018

内 容 提 要

本书内容共分7章，首先简要介绍了特种熔炼技术的基本特征和发展历程，随后按感应炉熔炼（包括非真空和真空感应熔炼）、电渣重熔、真空电弧重熔、电子束熔炼和等离子熔炼的顺序，分别介绍了各种特种熔炼方法的工作原理、设备结构特点、适用范围、熔炼工艺和冶金质量，反映了该领域的最新发展成果。

本书为冶金工程及金属材料制备等相关专业的本科生或研究生教材，也可供相关领域的工程技术人员参考。

图书在版编目(CIP)数据

特种熔炼/薛正良等编著．—北京：冶金工业出版社，2018.10

普通高等教育“十三五”规划教材

ISBN 978-7-5024-7884-1

Ⅰ.①特…　Ⅱ.①薛…　Ⅲ.①熔炼—高等学校—教材
Ⅳ.①TF111

中国版本图书馆CIP数据核字（2018）第235637号

出 版 人　谭学余
地　　址　北京市东城区嵩祝院北巷39号　邮编　100009　电话　(010)64027926
网　　址　www.cnmip.com.cn　电子信箱　yjcbs@cnmip.com.cn
责任编辑　宋　良　美术编辑　吕欣童　版式设计　孙跃红　禹　蕊
责任校对　郑　娟　责任印制　李玉山
ISBN 978-7-5024-7884-1
冶金工业出版社出版发行；各地新华书店经销；固安县京平诚乾印刷有限公司印刷
2018年10月第1版，2018年10月第1次印刷
787mm×1092mm　1/16；14.25印张；345千字；220页
35.00元

冶金工业出版社　投稿电话　(010)64027932　投稿信箱　tougao@cnmip.com.cn
冶金工业出版社营销中心　电话　(010)64044283　传真　(010)64027893
冶金书店　地址　北京市东四西大街46号(100010)　电话　(010)65289081(兼传真)
冶金工业出版社天猫旗舰店　yjgycbs.tmall.com

前　言

在传统的学科分类中，特种冶金（或特种熔炼）属于电冶金的一个分支，它包含真空冶金、电渣冶金和等离子冶金三大部分。这里所述的真空冶金，并不包含钢铁生产流程中常用的钢液真空精炼方法（如 VD、VOD、RH、AOD-VCR、VODC 等）。特种冶金所述的真空冶金，包含真空感应熔炼、真空电弧重熔、电子束熔炼、冷坩埚悬浮熔炼等方法，电渣冶金则包含电渣重熔和电渣熔铸。特种熔炼技术在高质量民品生产中应用广泛，在军工、航空航天领域的产品制造中，具有无可替代的地位。本书在编写过程中，为便于教程的循序渐进，按感应炉熔炼（包括非真空和真空感应熔炼）、电渣重熔、真空电弧重熔、电子束熔炼和等离子熔炼的顺序编写。本书共分 7 章，第一章主要介绍各种特种熔炼方法的基本特征和发展历程，其余六章分别讨论各种特种熔炼方法的工作原理、设备结构特点、适用范围、熔炼工艺和冶金质量。

本书是在武汉科技大学丁永昌、徐曾启教授于 20 世纪 90 年代初编著的《特种熔炼》的基础上增补改编而成，并尽可能反映近 30 年来特种熔炼技术的最新发展成果。本书所涉及的冶金反应的基本理论，在有关前导课程中已有详细论述，为避免重复，本书中只分析讨论这类冶金反应在特种熔炼的具体条件下所具备的特点。目前，在特种熔炼的各种方法中，以感应熔炼（包括非真空和真空感应熔炼）和电渣重熔生产的产品量占特种熔炼产品总量的 80%以上，所以在本书中这两部分内容占据相对较多的篇幅。

本书由武汉科技大学薛正良教授、朱航宇副教授和安徽工业大学常立忠教授联合编著，其中第 1、2、3、5、6 章由薛正良编写，第 4 章由常立忠、薛正良编写，第 7 章由朱航宇、薛正良编写。

由于时间仓促，加之编者水平所限，书中如有不妥之处，敬请读者批评指正。

编著者

2018 年 6 月

目　录

1 绪 论

1.1 概 述

钢铁工业是国民经济的重要基础产业，是体现国家经济水平和综合国力的重要标志之一。一个国家在工业化前期和中期，必然是钢铁工业发展最快的时期。改革开放给我国钢铁工业带来了重大历史机遇，粗钢产量自 1996 年突破 1 亿吨后一路攀升，至 2017 年达到顶峰（8.317 亿吨），占全球钢产量的 49.20%（见表 1.1）。

表 1.1 近 15 年来中国大陆粗钢产量与世界粗钢产量变化

年 度	2003	2004	2005	2006	2007	2008	2009	2010	2011	2012	2013	2014	2015	2016	2017
中国粗钢产量/亿吨	2.20	2.70	3.49	4.18	4.89	5.012	5.68	6.27	6.83	7.16	7.79	8.23	8.038	8.08	8.32
世界粗钢产量/亿吨	9.62	10.3	11.31	12.39	13.43	13.29	12.2	14.14	15.27	15.48	16.06	16.62	16.23	16.29	16.91
中国粗钢/世界粗钢/%	22.8	26.2	30.8	33.7	36.4	37.6	46.56	44.32	44.73	46.3	48.5	49.58	49.52	49.60	49.20

8 亿多吨的粗钢产量，绝大部分来自以下两种生产工艺：（1）从铁矿石开始的所谓“长流程”生产工艺。包括铁矿石造块、高炉炼铁、氧气转炉炼钢、钢水炉外二次精炼和连续铸钢。（2）从废钢开始的所谓“短流程”生产工艺。包括超高功率电弧炉熔化废钢、钢水炉外二次精炼和连续铸钢。在不同的发展时期，出于技术经济的考虑，“长流程”工艺中的转炉也可以多吃废钢，“短流程”工艺中的电弧炉也可以吃铁水。上述两条生产工艺最终的产品都是连铸坯，包括方坯、板坯（大板坯、薄板坯、薄带）、圆坯和工字型坯，等等。

方坯有小方坯和大方坯之分，通常将断面大于 90000mm^2 的铸坯（包括矩形坯）称为大方坯。目前，我国最大断面的连铸机是 2011 年 5 月投产的湖北新冶钢有限公司的 R16.5m 四机四流全弧形大方坯合金钢连铸机，铸坯最大断面 410mm×530mm。

圆坯连铸机通过圆形结晶器浇铸成不同直径的圆截面铸坯。进入 21 世纪，国内许多钢厂相继建成了可生产 ϕ400~600mm 大断面圆坯连铸机，特别是 2010 年 10 月江阴兴澄特种钢铁有限公司投产了能生产 ϕ900mm 圆坯的 R17m 三机三流全弧形连续矫直圆坯连铸机，2011 年 11 月，又在二分厂建成了 3 号连铸机投产，是目前世界上最大的可生产 ϕ1000mm 圆坯的三机三流连铸机。

板坯连铸机的断面厚度以 210~230mm 居多。为了生产厚钢板，诞生了能生产厚度 400mm 以上的特厚板坯连铸机。日本川崎制铁和新日铁名古屋钢厂的立式连铸机能生产厚度达 600mm 的特厚坯；德国迪林根（Dillinger）钢铁公司用直弧形板坯连铸机可生产最大断面厚度为 500mm 的特厚板。我国南阳汉冶特钢有限公司和江西新余钢铁集团等，于 2011 年相继建成投产了可生产厚度为 420mm 的特厚板直弧形连铸机；2014 年江阴兴澄特板厂建成投产了目前国内厚度最大的 450mm 直弧型板坯连铸机。

连铸机浇铸过程中，由于二冷区钢液凝固过程中形成的液芯很长，造成诸如溶质元素的宏观偏析、组织疏松，甚至缩孔、内部大型夹杂和裂纹等无法避免的凝固缺陷。为了保证热加工后材料的机械力学性能，必须满足必要的热加工锻压比才能在一定程度上消除上述连铸坯凝固缺陷对材料性能带来的危害。因此，热加工后材料的特征尺寸会大大小于连铸坯的断面尺寸，再加上制造各类工件前的切削等机加工，实际工件的最大特征尺寸远小于连铸坯的断面尺寸。

可是，在军工生产、国防建设、能源工程、机械制造和其他民用工程建设中经常需要用到如图 1.1~图 1.4 所示的大规格单体工锻件或坯料，这些大规格锻件或坯料的特征尺寸和自重已非连铸坯能够满足，且大规格锻件对材料内部质量的要求也是连铸坯无法满足的。

图 1.1 110 万千瓦核电半速转子

图 1.2 CPR1000 堆芯支承板锻件

图 1.3 水轮机主轴坯料（ϕ1950×6200）

图 1.4 超大型筒类锻件（ϕ3900/2700×2265）

这些特大型锻件或坯料需要用特大型模铸锭或电渣重熔锭来制造。如图 1.1 所示的 110 万千瓦核电半速转子是用图 1.5 所示的 600t 特大型模铸锭锻造而成。由于模铸钢锭存在许多诸如横向和纵向成分的宏观偏析、组织疏松和缩孔等本身无法避免的凝固缺陷（图 1.6），均需要通过特殊的冶金方法来加以避免或减轻其对锻件整体力学性能的不利影响。

图 1.5 600t 特大型模铸锭

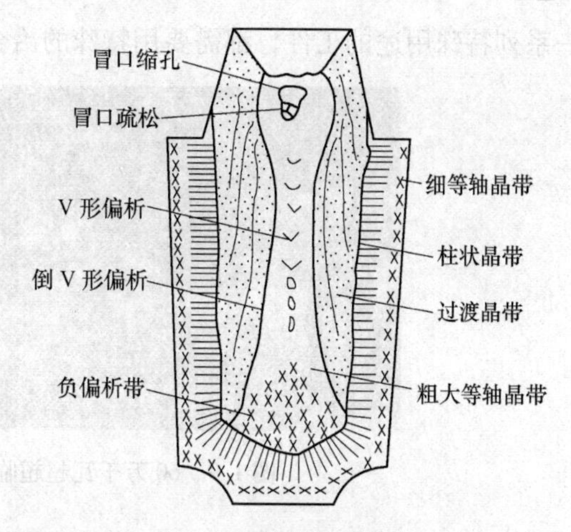

图 1.6 镇静钢锭结构

在兵器制造领域，坦克及其他装甲车辆的某些部位需要用加厚装甲钢板来制造；航母船体水下部分和机仓，为了防鱼雷和来自潜艇的导弹攻击，采用的高强度钢板厚度达150~203mm；航母指挥中心的防护钢板最厚达330mm。这些特厚钢板，有些可以用特厚连铸板坯来制造，有些则要依靠特种熔炼方法来制造。另外，像水轮机（图 1.7）、大型螺旋桨（图 1.8）、超超临界汽轮机高中压一体转子（图 1.9）和大型曲轴（图 1.10）等

图 1.7 水轮机转子

图 1.8 大型舰船用螺旋桨

一系列特殊用途的工件，都需要用特殊的冶金技术来实现。

图 1.9 60 万千瓦超超临界汽轮机高中压一体转子

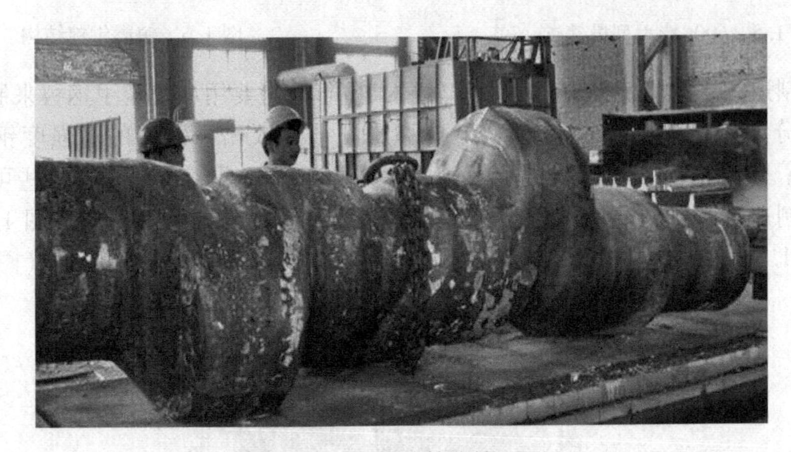

图 1.10 电渣熔铸曲轴毛坯

有些铁基和镍基合金材料（如某些特殊钢、高温合金、精密合金、电热合金和高合金钢等）对气体含量、大型夹杂物尺寸和数量、成分和组织均匀性有特殊的要求，是传统冶炼方法及铸锭工艺无法达到的，必须通过特种冶金方法来获得具有超纯净度、化学成分均匀、组织结构致密的铸锭。在航空、航天及军工生产领域，难熔金属、活泼金属及其合金材料的生产与制造，必须用特种熔炼技术将诸如 Nb，Ta，W，Ti，Mo，Zr，以及稀土等高熔点金属及其合金进行熔炼提纯，并浇铸成锭。

在传统的学科分类中，特种冶金（或特种熔炼）属于电冶金的一个分支，它包含真空冶金、电渣冶金和等离子冶金三大部分，而真空冶金又包含真空感应熔炼、真空电弧重熔、电子束熔炼、冷坩埚悬浮熔炼等方法。在钢铁冶金中作为钢水二次精炼手段的真空精炼设备（如 RH、VD、VOD、AOD-VCR、VODC 等）并没有包含在特种冶金的范畴；电渣冶金除电渣重熔外，还包含电渣熔铸。

1.2 特种熔炼技术的发展

以铁碳合金为代表的钢铁材料，由于来源广、强度高、塑性和韧性好，同时又具有良好的加工性能和焊接性能，因而在国民经济的各个领域、国防建设和科学技术发展中得到广泛应用。当代电子技术、航空航天技术、航海技术、能源技术和交通运输等领域日新月异的发展，对钢铁和合金材料的质量和品种提出了越来越高的要求。例如，要求钢或合金材料能够在高温、高压、高速度、动载荷、高辐射、高腐蚀性介质等环境下可靠地进行工作。而按转炉或电弧炉加精炼-连铸等常规工艺路线的生产手段已不能满足实际的需求，无法提供如此高质量的产品，这就需要用特种熔炼方法来完成。

特种熔炼是用来生产某些具有特殊纯净度要求的特殊钢和高合金钢、高温合金、精密合金、难熔金属及合金、超纯金属、钛和锆及其合金等高级合金的特殊而有效的方法。

高温合金是现代航空燃气涡轮、舰船燃气涡轮和火箭发动机的重要金属材料，航空发动机中高温合金的用量占40%~60%，因此这类材料被称为燃气涡轮的心脏。精密合金通常包含磁性合金、弹性合金、膨胀合金、热双金属、电热合金、储氢合金、形状记忆合金、磁致伸缩合金等一系列具有特殊电、磁、热和其他性能的合金。

特种熔炼方法是在第二次世界大战以后，为适应航空、电子、机械制造等工业对高质量金属材料的要求而发展起来的。常用的特种熔炼方法有感应熔炼（induction melting）、电渣重熔（electro-slag remelting）和电渣熔铸（electro-slag casting）、真空电弧重熔（vacuum arc remelting）、等离子弧熔炼（plasma arc melting）和电子束熔炼（electron-beam smelting）等，每一种特种熔炼方法都经历了自身的发展和完善的过程。

1.2.1 感应炉熔炼

1901 年，诞生了第一台用于炼钢的无芯工频空感应炉；1917 年，美国人 MR. J. R. Wyatt 开发出了第一台用于工业生产的工频有芯感应炉（俗称“熔沟炉”）用于黄铜的熔炼；1917 年，德国海拉斯（Heraeus）公司制造了第一台真空感应炉用于熔炼飞机和火箭发动机引擎的镍铬合金材料。但感应熔炼方法的大规模工业应用还是在第二次世界大战以后，随着航空航天、电子信息、石油化工以及机械制造等工业的迅速发展，对金属材料的需求日益增长，一般的冶炼方法生产的金属材料难以满足高质量的需求，而感应熔炼利用电磁感应原理加热和熔化金属，没有来自电极材料的污染，合金成分和温度容易控制，金属洁净度高，因而受到各工业发达国家的普遍重视并得到大力发展。目前，国外运行的最大的中频感应炉容量达 60t，大型真空感应炉的容量一般为 1~30t，最大的真空感应炉据称可达到 60t。

我国于 20 世纪 40 年代开始采用感应炉炼钢，1942 年，国民政府资源委员会下属的四川綦江电化冶炼厂炼钢分厂建立了第一台容量 450kg 的中频感应炉，用于生产合金钢。新中国成立后的 1950 年代，我国从国外引进一批小容量中频、高频感应炉和真空感应炉，主要用于新材料的研发工作。在此期间湘潭电机厂先后试制成功了 50~430kg 中频感应炉；1962 年，锦州新生电器公司试制成功第一台容量为 10kg 的真空感应炉，随后又陆续研制成功了 50~200kg 真空感应炉。改革开放以来，随着我国国民经济的快速发展，我国感应炉制造和应用得到迅速发展与普及。目前我国已经能够制造容量大于 40t 的工频感应炉、20t 的中频感应炉和 13t 的真空感应炉。

1.2.2 电渣重熔

电渣重熔法始于 20 世纪 40 年代美国霍普金斯（R. K. Hopkins）的一份专利，凯洛公司购买了该专利生产了第一台电渣炉，因而最初的电渣重熔法称为“凯洛法”。由于“凯洛法”使用铁基或镍基管包裹的合金碎料做自耗电极，凝固后的铸锭中出现未熔化的“夹生”组织，这一方法没有得到工业界的重视。苏联的电渣重熔法起源于电弧焊，乌克兰巴顿电焊研究所在一次偶然的电弧焊接现象中得到启发，逐渐开发出了独立于美国的电渣重熔技术。直到1956年采用实心自耗电极后，电渣重熔法才得到快速发展，使其成为至今最主要的钢与合金的特种熔炼方法。随着技术的不断进步，从电渣重熔法派生出了许多专业分支，形成一门跨行业、跨专业的新的“电渣冶金”学科方向，包括：电渣重熔、电渣熔铸、电渣转铸、电渣浇注、电渣离心浇注、电渣热封顶、电渣中心填充、电渣焊接、电渣连铸等。

电渣重熔能生产大中型锻件所需的高质量铸锭，重熔的产品硫含量低，大型非金属夹杂物少，重熔后铸件成分均匀、组织结构致密、表面光滑，因而大大提高了铸锭的成材率和产品质量，锻件的机械性能、加工性能、使用性能等各项指标大幅度提高。

电渣重熔可以重熔高温合金、耐热钢、电热合金、轴承钢、特种不锈钢等大多数钢或合金材料，在优质工具钢、模具钢、高速钢、马氏体时效钢、双相钢管坯以及冷轧轧辊的生产中具有很强的优势；对于受周期性疲劳的弹簧钢及其产品、航空轴承、重型车辆及高铁用轴承，以及仪器仪表轴承用钢，也适于用电渣重熔；电渣重熔在超级合金（高温合金、精密合金、耐蚀合金和电热合金等）的生产中也具有很大的优势；此外，在异形铸件的生产中电渣熔铸法具有不可替代的优势，如大型曲轴、曲拐、轧辊、中空管坯等铸件的生产。

20世纪80年代，我国建成了当时世界上容量最大的200t电渣炉；目前，世界上最大吨位的电渣重熔炉是我国上海重型机器厂具有自主知识产权的可生产450t特大型铸锭的三相三摇臂双极串联电渣炉。

1.2.3 真空电弧重熔

真空自耗电弧重熔依靠真空下电弧放电产生的高温来熔化金属，并在真空下实现熔体的脱氧、杂质元素的挥发和夹杂分解等净化过程。

1903年，英国人伯顿（W. V. Bolton）首次使用自耗电极在真空充氩气氛下进行了钽的熔炼实验。第二次世界大战后，由于钛生产的需要，真空电弧炉首先在美国得到工业应用。1949~1953年美国人杰伯特（Gillbert）成功地进行了海绵锆、钛的真空电弧熔炼。20世纪50年代中期，由于导弹、重型武器装备生产的需要，真空电弧炉开始用于高级合金钢和高温合金的重熔。1957年用于特殊钢熔炼的真空电弧炉在美国的Allegheny Ludlum Steel公司和Universal Cyclope公司投入工业运行。同年，联邦德国、日本等国也相继成功地研制出特殊钢熔炼用真空电弧炉，并投入工业运行。

20世纪80年代初，美国特种金属公司（Special Metals Corp）研制出采用两根水平布置的自耗电极取代传统真空自耗炉中单根垂直悬挂的自耗电极，靠两根电极极间的电弧来熔化金属的真空电弧双电极重熔炉。此炉的主要优点是：（1）可生产超细晶粒的高温合金钢锭；（2）电耗低。1989年能够生产ϕ300mm、重2t锭子的真空电弧双电极重熔炉在美国投入工业运行。20世纪末，世界上容量最大的真空电弧炉是美国Midvale-Heppenstall公司于1961年建造、1962年实施技术改造的特殊钢熔炼用52t真空电弧炉，可以用于

ϕ1520mm 钢锭的重熔。

我国于 20 世纪 60 年代开始研究、制造真空电弧炉。60 年代中期，西安电炉研究所与长春电炉厂合作为长城钢厂设计、制造了 3t 真空自耗电弧炉。70 年代末，钢铁研究总院设计并制造了 200kg 同轴真空电弧重熔炉，上海钢铁研究所建成了双电极真空电弧重熔炉用于重熔 INCO718 合金。钢铁研究总院与抚顺钢厂合作采用真空感应熔炼+真空电弧重熔及真空感应熔炼+电渣重熔生产出优质铁基与镍基高温合金。中科院金属所采用真空感应炉+真空电弧重熔生产出超纯铁素体不锈钢应用于核工业。

我国生产并投入使用的真空电弧炉主要有 250kg，1000kg，3000kg 等几种规格。另外，还拥有可熔铸重 15t 钛锭的真空自耗炉和铸件重达 1t 的凝壳式真空电弧熔铸炉等。20 世纪 90 年代以来，由于钢包精炼炉和电渣重熔炉等的迅猛发展与竞争，真空电弧炉在炼钢方面的应用已日趋减少，而主要用于熔炼 Pt，Ta，W，Zr，Mo，Ti 等难熔金属和易氧化的金属。在特种熔炼中，真空电弧重熔法仍然是重熔精炼的主要方法之一。

1.2.4 电子束熔炼

电子束熔炼（或重熔）法是在高真空度条件下，利用电子枪发射的高能电子束的动能在阳极转化为热能，使金属熔化的一种熔炼方法。

电子束熔炼方法最早出现于 1905 年，德国西门子（Siemens）公司将电子束熔炼法用于高熔点金属钽的提纯。到 20 世纪 50 年代中，由于真空技术的发展以及市场对高纯度难熔金属的需求量增大，电子束熔炼方法才得以加快发展，熔炼的金属锭重可达 30t 以上。电子束熔炼法从熔炼难熔金属（钽、铌、铪、钨、钼等）开始，现已扩展到生产半导体材料和高性能的磁性合金以及部分特殊钢，如滚珠轴承钢、耐腐蚀不锈钢以及超低碳纯铁等。特别是用来生产钛合金，回收钛废料，生产钛锭、钛板坯。

1958 年，我国从德国引进电子束熔炼炉，并着手研究和试制。到了 20 世纪 60 年代，已经具备了工业化生产电子束炉的规模。1964 年，有色金属研究总院研制成功 120kW 电子束熔炼炉，1987 年改造成 200kW 电子束熔炼炉。目前可以制造最大功率 300~600kW 电子束熔炼炉。宁夏东方钽业从德国 ALD 公司引进 1200kW 电子束炉，用来熔炼钽、铌及合金，锭子直径可达 100~500mm。

1.2.5 等离子弧熔炼

等离子弧熔炼是利用等离子弧作为高温热源来熔化、精炼和重熔金属的一种新型熔炼方法。现代等离子熔炼技术开发于 20 世纪 50 年代末至 60 年代初美国联合碳化物（Union Carbide）公司所属的林德（Linde）公司开始研制的 11kg 的等离子电弧炉（PAF）和实验型等离子弧重熔炉（PAR）。在同一时期，苏联、东欧国家以及日本也进行了许多研究工作，并将其应用于工业生产。到了 20 世纪 70 年代乌克兰巴顿电焊研究所已形成等离子弧重熔炉的系列设备，最大容量为 5t。民主德国弗赖塔尔（Freital）特殊钢厂于 1973 年和 1977 年先后投产了 15t 和 40t 两座等离子弧重熔炉。日本大同特殊钢公司于 1969 年和 1975 年开发了 0.5t 和 2t 的等离子感应炉（PIF），还于 1982 年建成了 2t 的等离子弧重熔炉。日本不锈钢公司（Ul-vac）在 20 世纪 60 年代开发了等离子电子束重熔技术，1971 年建成了一台有 6 支枪，每支枪输出 400kW 的等离子电子束重熔（PEB）设备，直接由海绵钛炼成3t的钛锭。进入20世纪80年代，等离子熔炼技术已比较成熟，发展也相对减慢。在钢水加热方面的应用发展较快，如等离子钢包加热和中间包加热。中国于20世纪70年代初开始研究等离子熔炼技术并建成了一些实验设备和容量在0.5t以下的工业炉。利用等离子弧的高温，来熔炼W，Mo，Re，Ta，Zr及合金，等离子弧调整范围广，输入功率与金属熔化率无直接关系，因此，重熔过程可以控制金属的凝固，利用这一优势来制取单晶体。等离子冶金用氮气作为工作气体可以熔炼高氮奥氏体不锈钢，还可以利用等离子冶金来制取超细粉和纳米粉等。

等离子熔炼已在许多国家得到开发和应用，所涉及冶炼产品也十分广泛，但总的产量还较低。

1.2.6 复合熔炼工艺

20世纪50年代国际上普遍采用电弧炉或非真空感应炉熔炼高温合金及特种钢。但电弧炉只能熔炼合金比低的合金及铝、钛等易烧损元素含量少的合金。现代的高温合金含有大量的易烧损元素及微量元素，必须采用真空下的熔炼工艺。要进一步提高合金的质量，改善合金的铸态组织和热加工塑性、力学性能等，须采用双联及三联工艺。通常情况下，对合金化程度较低的合金来说，一般是采用电弧炉或非真空感应炉熔炼铸成电极后再进行真空自耗电弧重熔或电渣重熔；对合金化程度较高的合金，则采用真空感应炉熔炼成自耗电极棒，然后再经真空自耗重熔或电渣重熔。采用不同的冶炼工艺方法冶炼不同类型的合金，其冶炼工艺因素对冶金质量的影响各不相同。采用电渣重熔金属作为三次真空电弧重熔的自耗电极，主要应保证合金具有很低的气体含量。

目前和未来的高温合金的熔炼方法有：

单炼：电弧炉熔炼（AAM）、感应炉熔炼（AIM）、真空感应熔炼（VIM）、真空电弧重熔（VAR）、电渣重熔（ESR）、电子束熔炼（EBM）或电子束冷床熔炼（EBCHM）、等离子电弧炉熔炼（PAF）、等离子感应炉熔炼（PIF）。

双联工艺：真空感应熔炼（VIM）+真空电弧重熔（VAR）或真空电弧双电极重熔（VADER），真空感应熔炼（VIM）+电渣重熔（ESR），非自耗真空电弧熔炼（NAV）+电渣重熔（ESR），真空感应熔炼（VIM）+电子束重熔（EBM），非自耗真空电弧熔炼（NAV）+电子束熔炼（EBM）。

三联工艺：真空感应熔炼（VIM）+真空电弧重熔（VAR）+电渣重熔（ESR），真空感应熔炼（VIM）+电渣重熔（ESR）+真空电弧重熔（VAR），非自耗真空电弧熔炼（NAV）+电子束熔炼（EBM）+真空电弧重熔（VAR）。

2 感应炉熔炼

2.1 概　　述

2.1.1 感应炉的用途

2.1.1.1 金属料的熔化炉、保温炉

（1）代替冲天炉熔化铸造生铁，用来生产各种铸件。与冲天炉相比，感应炉熔化铸铁时铁水成分和温度容易控制，P，S含量低，铸件中杂质少，气体含量低，作业环境好。

（2）回收含Cr，Ni，W，Mo，V等贵重金属元素的合金钢废料，如不锈钢、高速工具钢、模具钢等的用后废弃品。同钢种的废料熔化后浇铸成钢锭，再把钢锭锻造成圆柱形自耗电极，通过电渣重熔工艺加工成电渣锭。

（3）生产“地条钢”。收集社会废钢铁用感应炉熔化后浇铸成锭或用连铸机浇铸成小方坯，再用热轧机轧成螺纹钢或线材。由于感应炉熔化过程无脱碳、脱磷、脱硫和脱氧能力，因此钢水的碳含量、有害元素含量、气体含量都无法有效控制，用这种方法生产出的钢材的化学成分和力学性能波动很大，达不到国家标准对建筑用钢材的基本要求。

（4）大吨位的工频感应炉用来熔化铜及其合金、铝、锌等有色金属，并在炉子中保温备用。

2.1.1.2 钢铁料的熔炼炉

生产合金铸件、铸钢件等，如烧结机台车上的炉箅、高炉冷却壁、各种耐磨衬板、磨球等。真空感应炉可用来熔炼各种高纯合金或钢铁产品。

2.1.2 感应炉的分类

2.1.2.1 工频感应炉

工频感应炉简称工频炉，是以工业频率的电流（50Hz或60Hz）作为电源的感应电炉。工频感应炉主要作为熔化炉或保温炉，如在有色金属领域用来熔化铜、铝、锌等；在黑色金属领域工频感应炉代替冲天炉熔化生铁来生产灰口铸铁、可锻铸铁、球墨铸铁等的铸件，也可以用来熔化废钢，生产质量要求不高的钢材。根据炉子结构的不同，工频感应炉可分为工频有芯感应炉和工频无芯感应炉。

工频有芯感应炉诞生于1917年，美国人MR. J. R. Wyatt开发出了商品名为AJAX-WYATT的“熔沟式”有芯感应炉（图2.1），并用于黄铜的熔炼。因此，工频有芯感应炉又叫熔沟或沟槽式感应炉。其利用电磁感应加热原理，当初级绕组（铁芯上的多匝线圈）接通工频交流电源后，闭合的金属熔沟（相当于次级绕组）产生感应电流，从而产生大量热量，通过熔化的金属液的循环流动，将热量向外传递，达到熔化全部金属的目的。工频有芯感应炉最大炉容可达 270t。由于采用了灵活的电压调节和转换装置，既可以进行大功率的熔炼，又可以进行小功率的保温，因此工频有芯感应炉主要用于铜、铜合金、铝、锌等金属的熔炼和保温，电效率高达 90%。

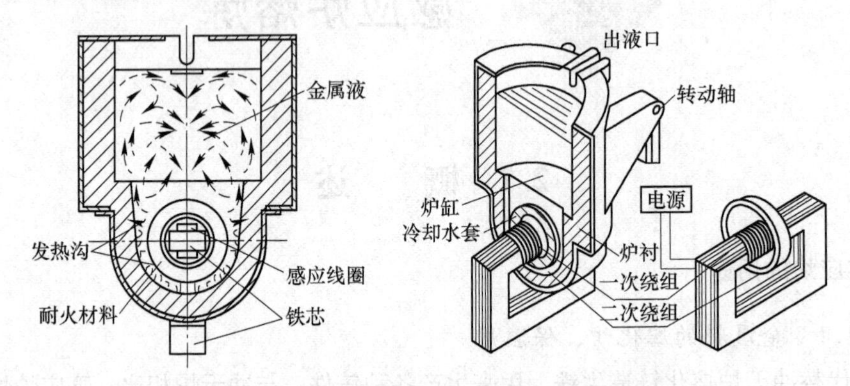

图 2.1　工频有芯感应炉结构示意图及工作原理

第二次世界大战后，工频无芯感应炉（图 2.2）获得开发，20 世纪 50 年代起在铸造行业得到迅速发展。我国于 60 年代初开始研制工频无心感应炉，1966 年成功地制造出第一台铁坩埚无心工频熔铝炉。此后，工频无心感应炉的发展速度加快，并逐步形成系列，至 1975 年 6 月中国第一台铸铁熔炼用 20t 大型工频无心感应炉由西安变压器电炉厂研制成功，并在富拉尔基第一机床厂顺利投入运行。

工频无芯感应炉由以下几部分构成。

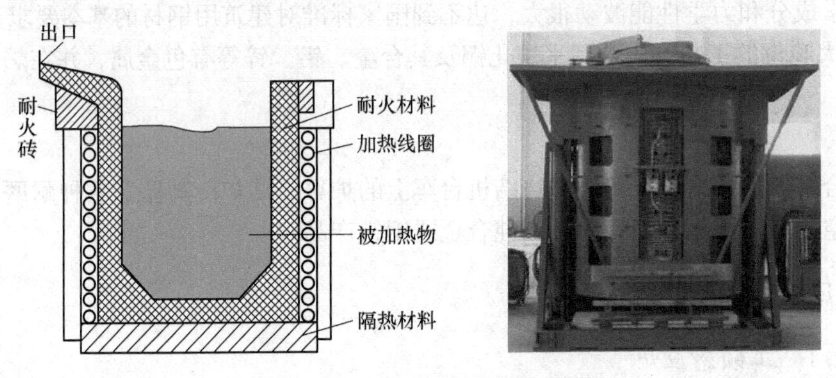

图 2.2　工频无芯感应炉结构示意图

（1）炉体。由炉壳（5t 以下为框架式，10t 以上为筒壳式）、感应器及坩埚、磁轭、倾炉机构等主要部件组成一个装配单元。磁轭是用硅钢片叠加制成的长条形轭铁，它均匀固定在感应器的四周，用于对炉体框架进行磁屏蔽，减少感应器产生的磁力线向外发散，防止炉体框架发热和提高电效率。感应器也称感应线圈，采用异形组合断面铜管制成，中间通水冷却。增大铜管横断面积的目的是增强感应器对电流的承载能力和加强感应器的刚度。工频感应炉的感应器，根据炉子容量可采用一组串联、两组并联和三组并联的连线方式。

（2）电源系统。由电源变压器、主接触器、三相功率平衡装置（由平衡电抗器和平衡电容器组成）、补偿电容器和电气控制部分等组成。工频感应炉是单相负载，为了保持电网三相平衡，必须在炉子主回路中配置三相功率平衡装置，使单相负载转化为三相负载与电网链接。工频感应炉三相功率平衡装置主回路示意图如图 2.3 所示。工频感应炉的功率因数很低，一般在 0.15~0.25 范围内，为了提高电效率，需要使用补偿电容器来调节三相功率达到最佳平衡状态，提高工频感应炉的功率因数，实现提高冶炼电效率的目的。

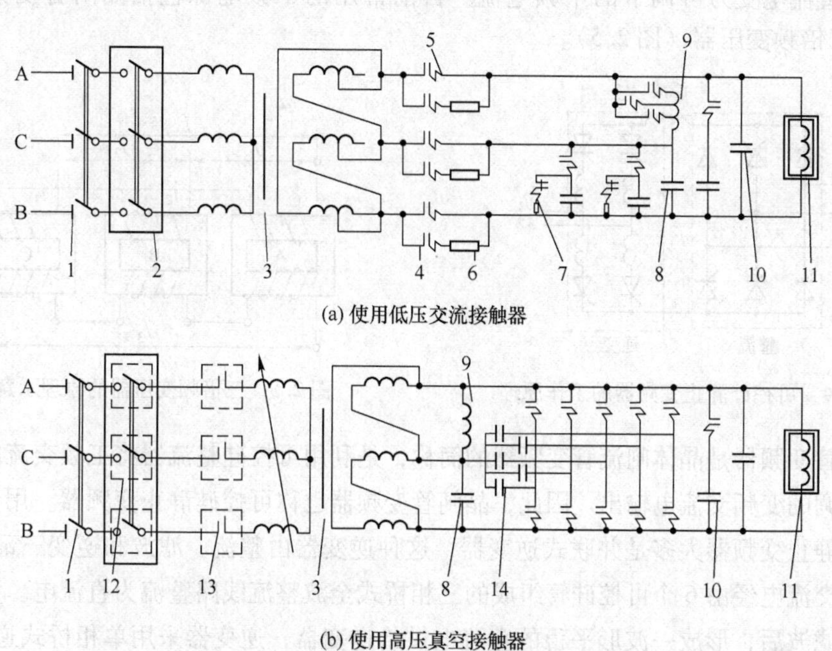

图 2.3　工频感应炉三相平衡装置主回路示意图

1—隔离开关；2—断路器；3—电源变压器；4—启动接触器；5—主接触器；
6—限流电阻；7—放电回路；8—平衡电容器；9—平衡电抗器；10—补偿电容器；
11—感应炉本体；12—真空断路器；13—真空接触器；14—调节电容器

容量 1t 以下的工频感应炉，可以不用变压器，直接同低压电网连接；大容量炉子必须由专用电源变压器供电。工频感应炉电源变压器具有以下特点。1）变压器的容量与炉子感应器的输入功率相称。变压器功率与感应器功率比应在 1.2~1.5 之间，以利于发挥电效率。2）工频感应炉电源变压器，要求次级电压可调节。通过低压交流接触器切换调节和高压真空接触器调节，从而对炉子电源电压调节，适应冶炼工艺需要。3）工频感应炉电源变压器，必须同平衡电抗器、平衡电容器和补偿电容器配合使用，才能发挥其电效率。

（3）冷却水系统。包括感应器、电容器、水冷电缆等的冷却，采用循环水冷却系统时应包括冷却水池、冷却塔、水泵站、管道等。

（4）液压传动系统。液压泵站主要为炉子的倾动和复位，炉盖的启闭等使用。

当感应器通入工频交流电源，在被熔炼的金属料中会产生感应电流，使金属料升温，直至熔化。工频无芯感应炉容量在 1~100t，主要用于钢铁料的熔化，与工频有芯感应炉相比，工频无芯感应炉功率因数低（0.15~0.25），熔化时间长，生产效率低。

2.1.2.2 中频感应炉

中频感应炉的电源频率为150~10000Hz，常用设计频率为150Hz、1000Hz、2500Hz，炉子容量从5kg到40t，是熔炼优质钢和合金的特种熔炼设备。与工频炉相比，中频感应炉熔化速度快，生产效率高，使用灵活，启动操作方便。中频感应炉在结构上与工频无芯感应炉基本相同，只是需要采用中频电源供电，把三相工频交流电，经整流后变成直流电，再把直流电变为可调节的中频电流。目前常用的中频电源包括晶闸管变频器（图2.4）和三倍频变压器（图2.5）。

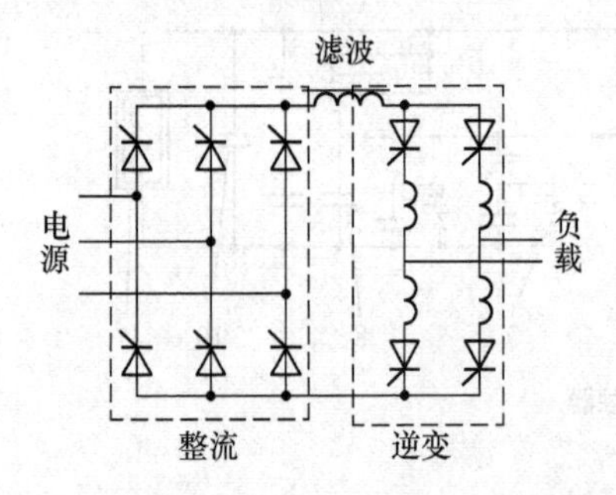

图2.4 可控硅静止变频器的工作原理

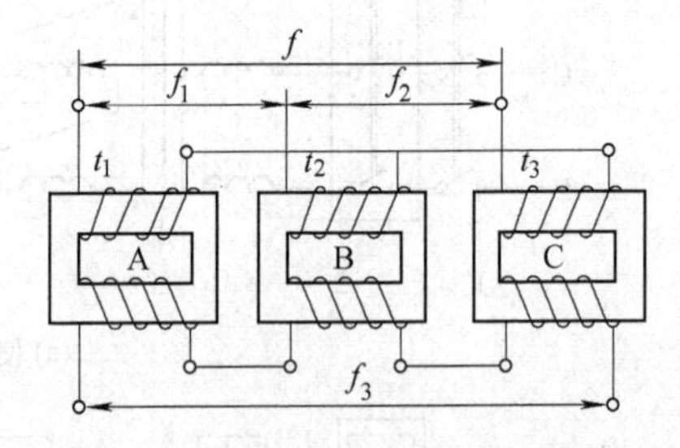

图2.5 三倍频变压器的原理示意图

晶闸管变频器是晶体闸流管变频器的简称，是利用可控硅整流器将工频交流电输入变成连续可调的变频交流电输出。因此，晶闸管变频器也称可控硅静止变频器。用于感应炉的可控硅静止变频器大多是并联式逆变器，这种逆变器由整流、滤波和逆变三部分组成，它将三相交流电经由6个可控硅管组成的三相桥式全波整流线路整流为直流电。该直流电经电抗器滤波后，形成一波形平稳的直流电供给逆变器，逆变器采用单相桥式逆变线路，利用可控硅的轮番导通和关断，使直流电变成频率可调的中频电流。

可控硅静止变频器体积小，重量轻，噪声和振动小，启动停止方便。在整个冶炼周期中，功率从1%~100%的平滑调节使操作极其灵活、准确、无波动；可控硅静止变频电源的频率在一定的范围内是变化的，能自动跟踪适应炉料的变化，无需大电流接触器来开关电容器，调节炉子的功率因数；国产可控硅静止变频电源频率有400Hz、1000Hz、2500Hz、4000Hz、8000Hz等，电源的功率已达10000kW。

三倍频变频器是一种特殊结构的变压器，是由3个相同的单相铁芯变压器组成，其原边绕组联接成星形，而副边绕组联接成开口三角形（图2.5）。当原边绕组中通有频率为f的正弦电流，且铁心有很大的磁化饱和时，该绕组端极上的电压就含有非常明显的各次奇数谐波。由于原边绕组连接成星形，所以在副边绕组里感应的电动势，除了基波以外，只能有次数为3的整数倍的谐波。按图2.5的连接法，3个副边绕组端极上的电动势应等于各副边绕组内感应电动势之和。把这些电动势叠加起来的时候，其基波因大小相等而彼此相距1/3周期，所以总和等于零。而三次谐波各相的相位一致，所以副边绕组如图示连接的端极电压中，主要是三次谐波，也就是副边绕组端电压的频率是电源频率的3倍。通过3倍频变频器将50Hz电源转变成150Hz的3倍频电流，作为感应炉加热电源。三倍频变频器的变频效率可以达到98%，最大输出功率可达2000kW，三倍频变频器电源主要用于

30t 以上大型感应炉的电源。

三倍频变频器具有与可控硅变频器相似的优点，如噪声和振动小、电效率高（一般在98%以上）、过载能力大等；同时还具有维护方便、成本低等优点。它的缺点是变压器在饱和状态下运行时功率因数低（一般在 0.3 左右），材料消耗量大。

与电弧炉炼钢相比，中频感应炉具有以下优点：

（1）电磁感应加热。不存在电极增碳问题，可以熔炼碳含量极低的钢或合金；也不存在电弧下局部过热区，钢水吸气的可能性减小。

（2）熔池中存在电磁搅拌，钢水成分和温度均匀，夹杂物易去除。

（3）熔池深，自由表面积小，活泼元素的氧化损失少。

（4）输入功率灵活可调，温度容易控制。

（5）无氧化脱碳能力，钢渣界面脱磷、脱硫能力差。

2.1.2.3　高频感应炉

高频感应炉简称高频炉（图 2.6），是用电子管变频装置将工业用三相 50Hz、380V 的交流电，经升压整流、变频转变为单相 10～300kHz、10000V 的高频交流电，降压后供给感应炉作为加热电源。这种感应炉容量从几克到几十千克，适合于实验室快速熔化少量钢样。某些分析仪器，如红外碳硫分析仪、氧氮分析仪等也是使用高频感应加热方法将数克试样快速熔化。图 2.7 所示为高压/真空多功能高频感应炉，可以用来熔炼高氮不锈钢试样，也可实现熔炼过程对试样进行真空脱气。

图 2.6　高频感应炉

高频感应炉熔化效率高，对熔化试样的适应性强，尤其是对管式炉、电弧炉等难于熔炼的特种材料，如不锈钢，高铬，高锰钢，电热合金，金属间化合物，纯金属（Ni，Co，Mo 等），铁合金中的硅铁、铬铁，碳化钨、稀土材料等，均有较好的熔化效果。另外，高频感应加热具有升温速度快、感应电流集肤效应强的特点，通常也用做高频感应加热（图 2.8）。

图 2.7　高压/真空多功能高频感应炉

图 2.8　高频感应加热

2.2 感应炉工作原理

2.2.1 感应炉基本电路

2.2.1.1 感应炉主电路

各类感应炉，无论是有芯感应炉还是无芯感应炉，其基本电路大致相似，都是由断路器、变压器、变频电源、补偿电容器、感应线圈和坩埚内的金属炉料组成。图 2.9 所示是工频感应炉主电路示意图，尽管感应线圈可以分相供电，但是由于冶炼过程炉内炉料和铁液的阻抗变化，会引起三相负载的不平衡。为了保持电网三相平衡，需在主电路中配置三相功率平衡装置。三相功率平衡装置由平衡电抗器和平衡电容器组成。由于平衡电抗器和电容器均与 C 相连接，所以，每当变动平衡电容器和电抗器容量后，C 相电流会发生变动。A、B 两相分别与感应线圈两端连接，当炉内炉料和铁液变化而引起电流变动时，可以通过调整与感应线圈并联的补偿电容器容量来进行平衡。由此可知，通过变动平衡电容器和电抗器的容量，调节补偿电容器的容量，可以对 A、B、C 三相功率进行平衡。

图 2.10 所示为分别采用晶闸管变频器和三倍频变频器变频电源的中频感应炉主回路图。当采用晶闸管变频器中频电源时，三相工频电源经变压器降压后，经晶闸管变频器整流、滤波、逆变后获得中频电流，作为感应炉加热电源；为提高中频炉电效率，并联有补偿电容器组。

高频感应炉的主电路如图 2.11 所示，它由三相工频电源、滤波器、电子管变频装置（高频电源）和感应器四部分组成。

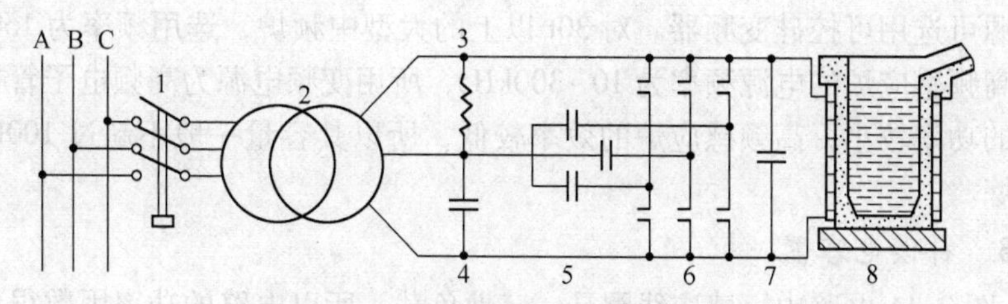

图 2.9 工频感应炉的主电路

1—主断路器；2—变压器；3—平衡电抗器；4—平衡电容器；5—调节电容器；6—接触器；7—电容器；8—感应圈和坩埚

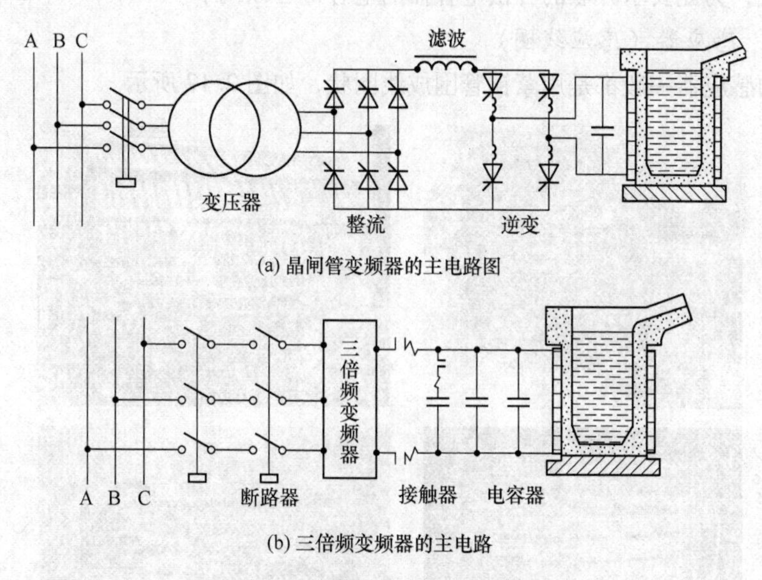

(a) 晶闸管变频器的主电路图

(b) 三倍频变频器的主电路

图 2.10 中频感应炉的主电路

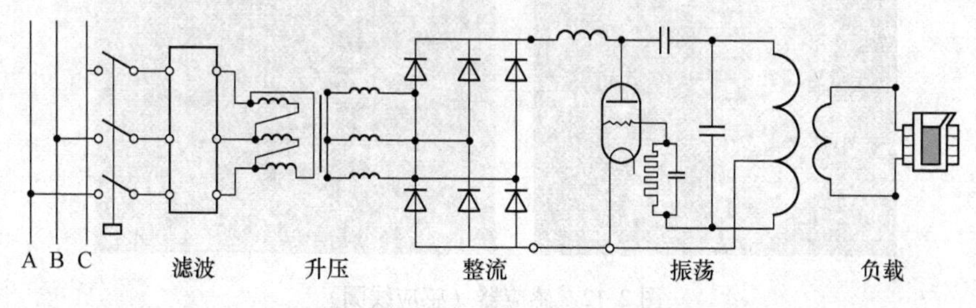

图 2.11 高频感应炉的主电路

2.2.1.2 变频电源

感应炉的工作频率取决于所熔炼或加热的产品的种类和容量。对工频感应炉而言，当炉座容量不大（小于1t）时，可直接接动力电源。但是，当炉座容量较大时，若直接接动力电源，则供电线路上的有功损耗增大，电效率明显降低。为保证有足够高的电效率，应在炉座的附近设一专用的降压变压器，单独为工频感应炉供电。对于中频感应炉，其电源频率为150~10000Hz（最常用频率有150Hz、1000Hz、2500Hz三种）。对中小型中频感应炉的变频电源可选用可控硅变频器。对 30t 以上的大型中频炉，选用频率为 150Hz 三倍频变频电源。高频感应炉的电源频率为 10~300kHz，所用变频电源为高频电子管振荡器。由于高频电源的功率较小，高频感应炉的效率较低，所以其容量一般不超过 100kg，主要用做实验室熔炼。

2.2.1.3 补偿电容器

图 2.9~图 2.11 电路中，感应线圈是一感性负载，所以电路的功率因数很低，一般在 0.15~0.25。为了提高电路的功率因数，配有一定容量的补偿电容器组，补偿电容器组与感应线圈并联。在感应炉运行过程中，随着炉料温度和物理状态的变化，电路的功率因数也将随之变化，为此要求并联的补偿电容器的电容量可以调节。

2.2.1.4 感应器（感应线圈）

感应炉的感应器一般都是用紫铜管围成线圈状，如图 2.12 所示。

图 2.12 感应器（感应线圈）

铜管的截面形状有圆形、椭圆形、矩形、正方形或不对称的偏心管等形状。其壁厚取决于感应炉的工作频率和加于感应圈的工作电压的高低。对于工频炉，由于工频电流的渗透深度大，因此要求做感应器的铜管在炉料侧的壁厚应足够大，所以工频炉感应圈的铜管壁厚要大于同电源容量的中频炉。对于较大容量的工频炉可采用不对称的偏心铜管做感应器。工频感应器的匝数多，匝间距离小，匝间应用绝缘树脂或其他绝缘材料填实，形成一整体以增加其强度。感应器的内径取决于炉容量，高度取决于金属料熔化后液柱的高度。对于工频炉，为抑制熔池的搅拌，感应器的高度低于液柱高度 1~2 匝；对于中频炉，则要求比液柱高出1~2匝（图2.13）。

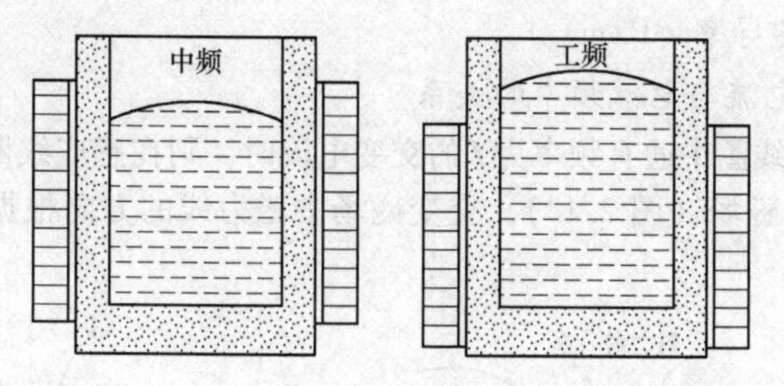

图2.13　感应炉的感应器和金属熔池的相对位置

金属炉料也是电路的一个重要组成部分。炉料的电和磁的性能将决定感应炉电路中负载的阻抗，所以金属炉料的品种，装入炉内时的尺寸大小、密实的程度，以及运行过程中的温度和物理状态的变化，都将明显地影响着诸如有功功率、功率因数和电效率等电参数。

2.2.2　感应加热原理

感应加热的原理是依据两个电学的基本定律：法拉第电磁感应定律和焦耳-楞次定律。

2.2.2.1　法拉第电磁感应定律

法拉第电磁感应定律描述导线与磁场中的磁力线发生相对运动时，在导线的两端所感应的电动势（E）与磁感应强度（$\boldsymbol{B}$）、磁力线切割导体的相对速度（$\boldsymbol{v}$）之间的定量关系：

$$E = \boldsymbol{B} \cdot L \cdot \boldsymbol{v} \cdot \sin\angle(\boldsymbol{v} \cdot \boldsymbol{B}) \tag{2.1}$$

式中　$\boldsymbol{B}$——磁感应强度（特斯拉），表征磁场中垂直穿过单位面积的磁力线数量，Wb/m^2；

L——在磁场中导线的长度，m；

$\angle(\boldsymbol{v} \cdot \boldsymbol{B})$——磁力线方向与导线运动速度方向之间的夹角。

当导线形成一闭合回路时，则在导线中产生感应电流（I），设闭合回路的电阻为R，由欧姆定律可得到闭合回路中的电流值：

$$I = E/R \tag{2.2}$$

2.2.2.2　焦耳-楞次定律

焦耳-楞次定律描述电流的热效应。当电流在导体内流过时，定向流动的电子要克服各种阻力，这种阻力用导体的电阻来描述，电流克服电阻所消耗的能量，将以热能的形式放出，这就是电流的热效应。焦耳-楞次定律可用下式表示：

$$Q = I^2 \cdot R \cdot t \tag{2.3}$$

式中　Q——焦耳-楞次热，J；

R——闭合回路的电阻，Ω；

t——导体通电的时间，s。

对具体的感应炉（下面泛指无芯感应炉）而言，磁场强度是线圈匝数的一个表征量，代表磁场源的强弱（相当于设备的产能）；磁感应强度则表示磁场源在特定操作环境下的作用效果（相当于设备的实际产量）。当磁场源中只有空气时，磁感应强度很小；但当磁场源中放入铁氧体材料时，磁感应强度会很大，达到空气的10000倍。通常把磁感应强度÷磁场强度称为绝对磁导率（H/m）。

2.2.2.3　感应电流与电源频率的关系

当感应炉的感应线圈中通有频率为f的交变电流时，则在感应线圈所包围的空间和四周同时产生一个交变磁场（图2.14），交变磁场中磁力线的方向根据右手螺旋定则决定（图2.15）。

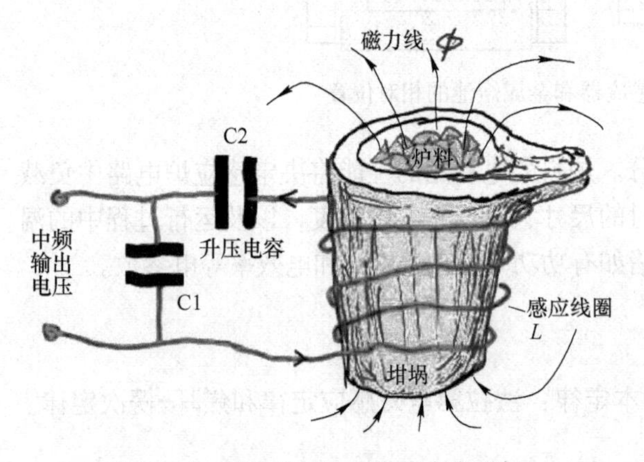

图2.14　感应线圈中产生的交变磁场

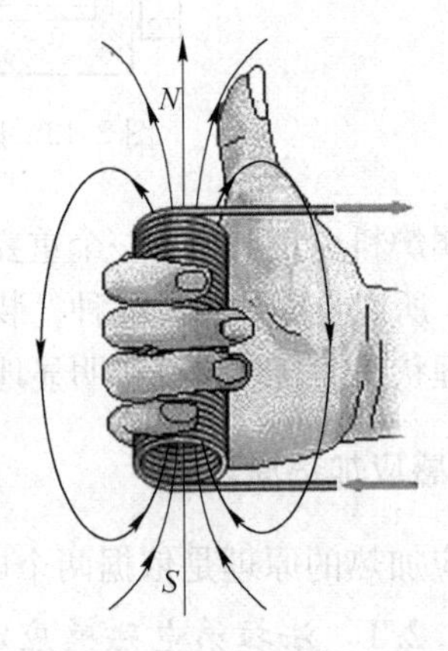

图2.15　右手螺旋定则

交变磁场的极性、磁感应强度和磁场的交变频率，随产生该交变磁场的交变电流而变化。感应炉的感应线圈内砌有坩埚，并装满金属炉料，则交变磁场的磁力线将穿过金属炉料，磁力线的交变就相当于金属炉料与磁力线之间产生相对运动。因此，在金属炉料中就会产生感应电动势（E）：

$$E = 4.44\Phi \cdot f \quad (\mathrm{V}) \tag{2.4}$$

式中　Φ——交变磁场的磁通量，Wb，相当于垂直穿过金属炉料的磁力线根数；

f——交变电流的频率，Hz。

由于金属炉料本身形成一闭合回路，所以在金属炉料中产生的感应电流（也称感应涡流）I为：

$$I = \frac{4.44 \cdot \Phi \cdot f}{\sum R} \quad (\mathrm{A}) \tag{2.5}$$

式中　$\sum R$——金属炉料的等效电阻，Ω。

按照焦耳-楞次定律，该电流在炉料中放出热量，使炉料被加热。因此，炉料的加热速率，能否被加热到熔化温度或冶炼温度，将取决于感应电流（涡流）的大小、炉料的等效电阻以及通电时间。而感应涡流又取决于感应电动势的大小，即穿过炉料的磁通量的大小和感应圈中交变电流的频率。在其他条件一定时，感应电流的大小取决于感应线圈中交变电流的频率（f），交变电流的频率（f）越高，则在金属炉料中产生的感应电流越大，感应炉的加热速率越高。

2.2.3　感应加热的电特性

2.2.3.1　感应炉电源的频率

感应加热主要是涡流加热，电能靠感应线圈通过电磁感应传递给金属炉料。由焦耳-

楞次定律可知，感应涡流的加热速率取决于感应涡流 I 和金属炉料的等效电阻 ΣR。而 I 又取决于 f 的大小。因此，为了提高金属炉料的熔化速率，常用的办法是提高感应圈中交变电流频率。为了保证感应炉有足够的加热速率，首先应保证有一定大小的电源频率，所需要的电源最小频率可由下式确定：

$$f_{\min} = \frac{\rho}{d^2} \cdot 10^8 \tag{2.6}$$

式中 $f_{\min}$——最小电源频率，Hz；

ρ——金属炉料的电阻率，Ω · cm；

d——炉料料块直径，cm。

熔炼导电性能好的金属，如铜或铝，可选用较低的频率。此外，当炉座容量大，允许使用块度较大的炉料的条件下，也允许选用较低的频率，如炉容超过 1t 的感应炉的经济合理的电源频率应为 400Hz。当炉料尺寸小时，则要求选用较高的电源频率。对于一般碳钢而言，取 $\rho = 104 \times 10^{-6}\ \Omega \cdot \text{mm}^2/\text{m}$，在不同的电源频率下，最佳的料块直径范围列于表 2.1。

表 2.1 料块直径与电源频率的关系

电源频率/Hz	50	150	400	1000	2500	4000	8000
最佳料块直径/mm	219~438	126~252	77~154	48~96	30~60	24~48	18~36

2.2.3.2 电流透入深度

交变电流通过导体时，在导体的截面上便会出现电流密度分布不均匀的现象，越接近导体表面，电流密度越大，这种现象称为“集肤效应”。感应炉熔炼时，感应线圈中的交变电流本身也存在“集肤效应”现象，金属炉料中产生的感应电流（涡流）同样也存在“集肤效应”现象。若假定坩埚中的金属炉料是形状规则的圆柱体，那么金属炉料中感应产生的涡流分布曲线如图 2.16 所示，分布规律可用下式表示：

$$I_x = I_0 \cdot e^{-x/\delta} \tag{2.7}$$

式中 I_x——距离金属炉料表面 x 处的感应电流强度，A；

I_0——金属炉料表面的电流强度，A；

x——测量处离金属炉料表面的距离，cm；

δ——电流透入深度，cm。

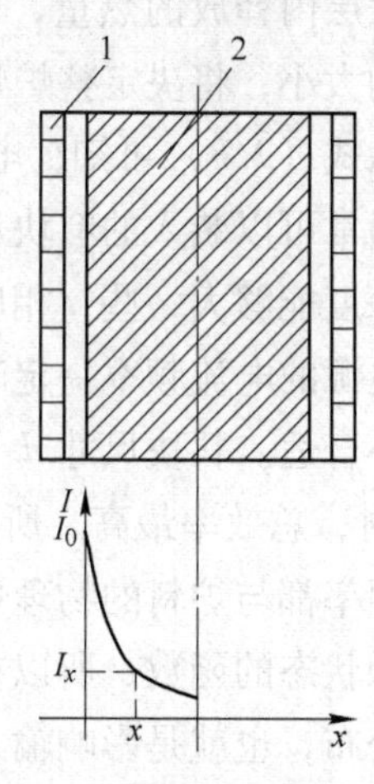

图 2.16 炉料中感应涡流分布的示意图
1—感应圈；2—炉料；
I—炉料中涡流强度分布

当 $x=\delta$ 时，$I_x = 0.368 I_0$。所以感应电流的透入深度就是金属炉料内感应电流衰减为炉料表面电流的 36.8%的那一点距炉料表面的距离，它可由下式计算：

$$\delta = \sqrt{\frac{\rho \cdot 10^9}{4\pi^2 \cdot f \cdot \mu}} \quad (\text{cm}) \tag{2.8}$$

式中 ρ——金属炉料的电阻率，Ω · cm；

μ——金属炉料的磁导率，H/cm；

f——感应圈的交变电流的频率，Hz。

图 2.17 给出了普碳钢感应电流透入深度与电源频率之间的关系。温度高于磁性转变点（纯铁的居里点 770℃）后，炉料磁导率急剧下降，电流透入深度迅速增加。

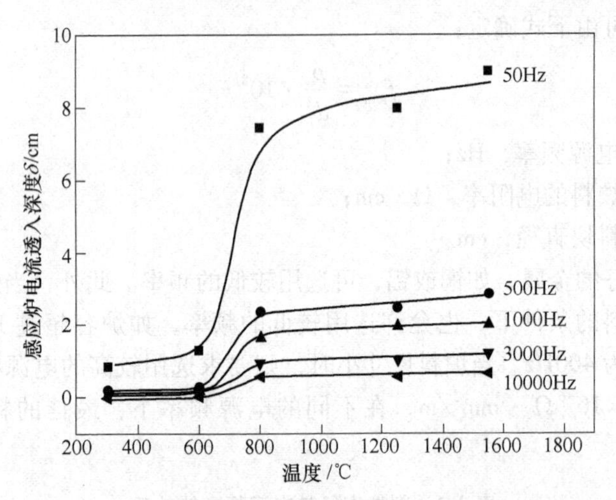

图 2.17　普碳钢感应电流透入深度与电源频率的关系

由式（2.5）和式（2.8）可知，感应圈内的电流频率越高，金属炉料中产生的感应电流（涡流）越大，感应电流（涡流）的透入深度就越小。也就是说，感应电流大部分都在料柱的表面层流过，大量的热量集中在金属炉料的表层释放，据计算，在厚度为 δ 的料柱表层内释放的热量，占感应电流产生总热量的 86.5%。因此，电流（涡流）的透入深度的大小，将决定整炉炉料的加热、熔化，以及熔池的温度分布。

从式（2.8）可知，电流透入深度与电源频率的平方根成反比。对于容量较大的感应炉，通常可以装入的料块尺寸较大，为了使料柱的中心部位有足够的加热速率，希望电流透入深度能够大一些，相应所选的电源频率就应低一些。

电源的电流频率一定时，为使料柱表层中有较高的电流密度，要求组成料柱的料块尺寸大小合适。料块尺寸 d 与感应炉的总效率有一定的对应关系，对于一般的碳钢，当 $d = 3.5\delta$ 时，总效率最高。所以认为料块的直径应在 3~6δ 范围内选取。电流透入深度和最合适的频率都与炉料的物理性质（电阻率、磁导率）相关，而一些金属炉料的物理性质又是温度和状态的函数，所以在感应炉熔炼过程中，δ 值将发生变化，从而影响感应电流的大小和分布，也就是影响输入功率的大小。当在居里点以下加热钢铁炉料时，炉料的 μ 值变化不大，而 ρ 值随温度升高而增大。因此，δ 也不断增加。加上金属炉料之间接触情况的改善，金属炉料吸收的功率也就逐渐增大。也就是说随着炉料温度的提高，就有可能输入较大的功率。当炉料温度超过居里点时，μ 变小并接近于真空的磁导率，ρ 值还随温度升高而继续增大，所以 δ 值仍是增大。当温度达 850~900℃时，ρ 值的变化就不大了，当温度大于 900℃后继续升温，ρ 和 μ 值对炉料吸收功率的影响就不明显了。但是，由于炉料焊合及接触情况更加良好，使系统阻抗下降，熔池吸收的功率仍能继续增大。炉料熔化后，供电参数将进入最佳状态。

2.2.3.3 电磁力对熔池的搅拌

金属料在感应炉内熔化后形成熔池，在某一瞬间感应线圈中的电流方向如图 2.18 所示，这时在金属熔池中产生感应电流，熔池中感应电流的方向与感应线圈产生的磁力线平面相垂直，并与产生磁场的感应圈中流过的电流方向相反（如图 2.18 中的 A'，B'所示），这样就出现了载流导体存在于磁场中这一现象。因此，该载流导体，即金属熔池必然会受到电磁力的作用。由于熔池中产生的感应电流的方向与感应圈中的电流方向相反，当两根平行的导线通有相反方向的电流时，导线受到的电磁力是相互排斥的，所以在熔池中会受到一个指向熔池中心的力（如图 2.18 中 F_1，F_2 所示）的作用。因感应线圈两端磁力线的发散，在感应线圈中部的金属液所受到的来自感应线圈的电磁推力将大于熔池的两端。这样，熔池会形成如图 2.19 中虚线所示的运动，通常称此现象为“电磁搅拌”作用。该电磁搅拌作用除使金属液产生定向运动外，还能使坩埚上部的金属液出现凸起现象，金属液的这种凸起称之为“驼峰”。

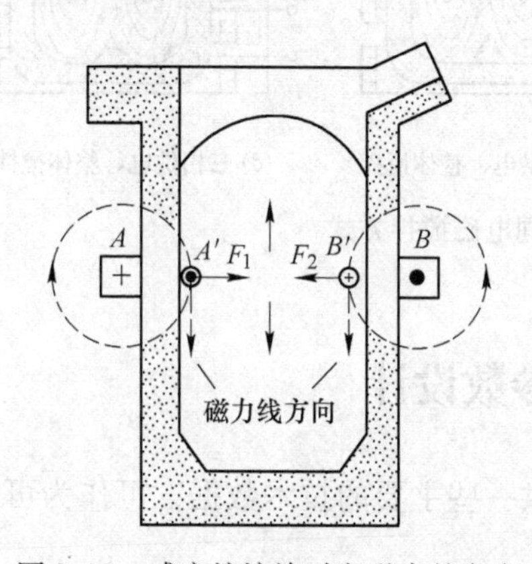

图 2.18 感应炉熔炼时电磁力的方向

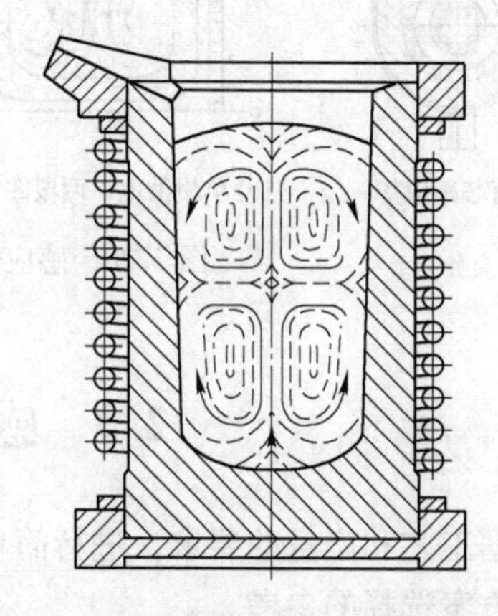

图 2.19 感应炉中熔池的电磁搅拌运动

使金属熔池产生电磁搅拌的电磁力的大小，可用下式表示：

$$F = 0.316 \frac{P}{\pi \cdot D \cdot H} \sqrt{\frac{\mu}{\mu_0 \cdot \rho \cdot f}} \quad (\mathrm{kgf/cm^2}) \tag{2.9}$$

式中 P——熔池吸收的功率，kW；

D——坩埚的内径，cm；

H——坩埚中金属熔池的深度，cm；

μ——金属液的磁导率，H/m；

μ_0——真空的磁导率，$4\pi\times10^{-7}$H/m，μ/μ_0 称为相对磁导率；

ρ——金属液的电阻率，Ω · cm；

f——电流的频率，Hz。

由式（2.9）可见，电磁力的大小与金属熔池吸收的功率、金属液的磁导率、电流频率，以及金属熔池的侧面积有关。当频率低时，电磁搅拌作用强，金属液面会出现明显的“驼峰”；频率高时，搅拌作用力弱，“驼峰”就不太明显。采用大功率供电时，搅拌强度也会增大。熔池的深度与直径之比越大（即细长的坩埚），则金属液所受的电磁力也就越大。

感应炉熔炼过程中，由于电磁搅拌作用的存在，可以加速熔池内金属液的温度和成分的均匀化，以及非金属夹杂和气体的排出。但是过分强烈的搅拌作用，将会使坩埚壁受到金属液的冲刷，影响坩埚的使用寿命；同时还会使熔池的部分液面裸露在大气中，增加金属的吸气和散热。为了覆盖裸露的金属液，必须增大渣量，这不仅增加了原材料的消耗，同时对炉衬寿命和金属的质量均为不利。为此，在熔炼过程中应尽量控制过分强烈的电磁搅拌作用，以减小驼峰的高度。

感应熔炼过程中，熔池受到的电磁力方向还与感应炉的供电方式有关，图 2.20 给出了有芯感应炉和无芯感应炉在不同供电方式下产生的熔池电磁搅拌形式。

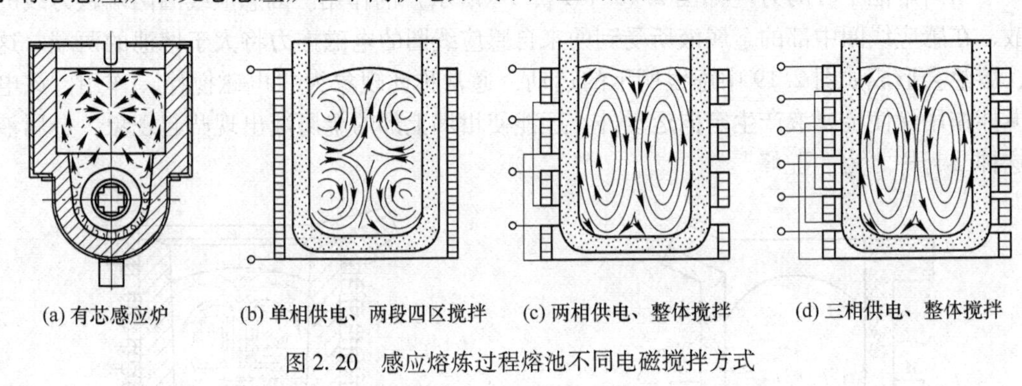

(a) 有芯感应炉　(b) 单相供电、两段四区搅拌　(c) 两相供电、整体搅拌　(d) 三相供电、整体搅拌

图 2.20　感应熔炼过程熔池不同电磁搅拌方式

2.3　感应炉工艺参数设计

根据工艺和产量的要求，进行简单的估算，提供一些主要的技术数据，可作为可行性分析和方案选择的参考。

A　感应炉容量

对于无芯感应炉，生产钢铁产品（本节其他参数均以此为基本条件），炉子的容量可由以下公式确定：

$$G = \frac{Q \cdot \tau}{8760 \cdot a \cdot b} \tag{2.10}$$

式中　G——感应炉容量，t；

Q——产品纲领中规定的年产量，t；

τ——冶炼时间，h，取决于钢种、冶炼方法等，通常为 2~3h；

8760——年日历小时数；

a——作业率，随着生产安排、设备状态、维修水平等条件的不同，作业率波动较大，如三班生产、双炉座、维修水平较高、休星期天，作业率一般为 82%~84%；

b——良锭收得率，当模铸成锭、合格率很高（大于 99.5%）时，为 96%~98%。

我国生产的中频炼钢感应炉容量一般有 25kg、50kg、150kg、250kg、500kg、1000kg、2000kg、2500kg、3000kg、5000kg、10000kg、20000kg、40000kg 等规格。依据式（2.10）估算的容量，选取相近的规格容量。若估算的 G 偏大，没有条件选用相应容量的炉座时，可选几座小容量炉，以保证要求的年产量。为合理布置车间，减少相互干扰，选用的炉座数不宜过多。为了便于备品备件的管理，以及公用设施的合理配置，所选炉座的容量、规格、型号最好相同。

B　电源功率

感应炉的功率可按下式估算：

$$P = \frac{(c_1 \cdot \theta_1 + \lambda + c_2 \cdot \theta_2) \cdot G}{\tau \cdot \eta} \tag{2.11}$$

式中　P——感应炉电源功率，kW；

c_1——固体炉料的平均热容，kJ/(kg·℃)，对于一般钢铁料 c_1 为 0.655~0.705，低碳钢取上限；

c_2——钢液的平均热容，kJ/(kg·℃)，$c_2 = 0.82$；

θ_1 和 θ_2——炉料固态和液态的温升，℃；

λ——炉料的熔解热，kJ/kg；

G——炉料的质量，kg；

τ——$\tau=\tau_1+\tau_2+\tau_3$，分别为炉料固态升温、熔化、液态升温所需的时间，s；

η——平均的加热效率，它是感应炉电效率和热效率之积，一般取 0.6~0.7。

C　电源的频率

电源的频率也是感应炉的一项重要技术参数。对于无芯炼钢感应炉，当炉容量 $G>750$kg 时，f 在 50Hz，150Hz，400Hz，1000Hz，2000Hz 几种规格内选取，$G=150\sim750$kg 时，f 在 150Hz，400Hz，1000Hz，2000Hz，4000Hz 几种规格内选取；$G\leqslant150$kg，$f\geqslant2500\sim4000$Hz。

炉容量、电源的功率和频率各自有其选择的依据，然而，三者的取值是互相有联系的，图 2.21 显示出最佳的炉容量与电源的组合。

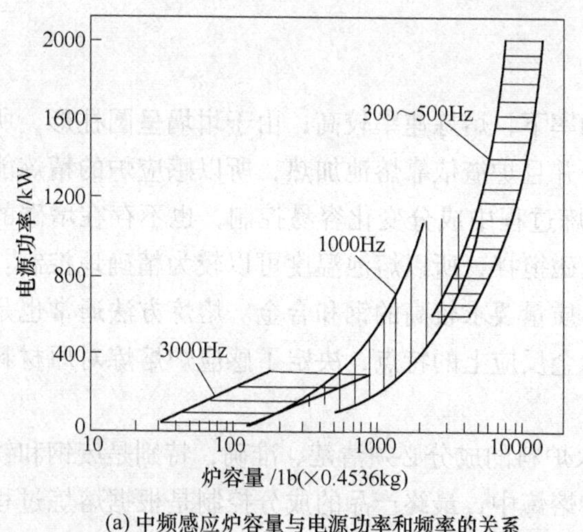

(a) 中频感应炉容量与电源功率和频率的关系

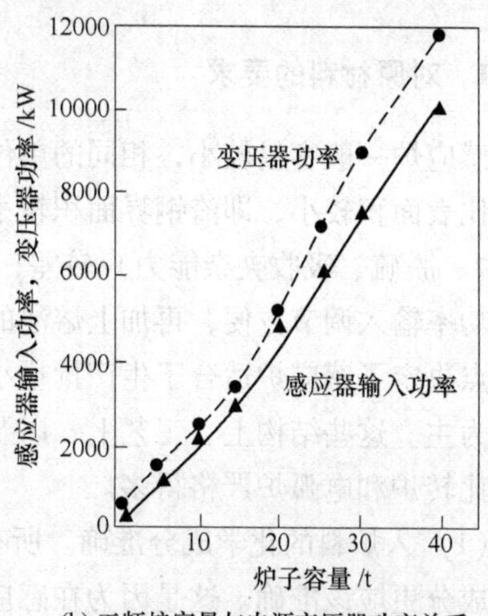

(b) 工频炉容量与电源变压器功率关系

图 2.21　感应炉容量与电源的最佳组合

D 补偿电容器组容量

补偿电容器组容量 P_c 可按下式估算。

$$P_c = P \cdot \tan\varphi \quad (\text{kvar}) \tag{2.12}$$

式中 P——中频电源的功率，kW；

φ——炉座相位角，可通过炉座的功率因数（$\cos\varphi$）求得，感应炉的 $\cos\varphi$ 与炉座结构、炉料的物理性能有关，同时随电源的频率的提高而减小，当炉料为非磁性炉料时，功率因数往往低于0.1，铁磁性材料时，为0.15~0.30，工频感应炉的功率因数可达0.2~0.4，所需电容器的台数 N 则为：

$$N = \frac{P_c}{P'_c} \cdot \left(\frac{U_c}{U_H}\right)^2 \tag{2.13}$$

P'_c——单台电容器的电容，kvar；

U_c——电容量的额定电压，V；

U_H——感应圈的额定电压，V。

E 三相功率平衡装置

工频感应炉属于单相负载，必将影响供电电网三相负载的平衡，为此应使用三相功率平衡装置。三相功率平衡装置由一定容量的电抗器和电容器组成。由于熔炼过程中炉料阻抗的变化，会导致各相功率的变化，为保持三相平衡，平衡电抗、平衡电容和补偿电容的容量都是可调的。

平衡电抗器的容量 Q_L 和平衡电容器的电容 Q_C 可按下式计算：

$$Q_L = Q_C = P/\sqrt{3} \quad (\text{kvar}) \tag{2.14}$$

2.4 感应炉熔炼用原材料

2.4.1 对原材料的要求

感应炉一般容量较小，相同的单位功率下，熔炼速率较高；由于坩埚呈圆柱形，所以熔池比表面积较小，即渣钢界面积较小，并且炉渣依靠熔池加热，所以感应炉的精炼能力（脱磷、脱硫、吸收夹杂能力）较差；熔炼过程中成分变化容易控制，也不存在增碳的危险；功率输入调节方便，再加上熔池的电磁搅拌，所以熔池温度可以较为精确地控制。这些特点决定了感应炉适合于生产批量小、质量要求较高的钢和合金。熔炼方法通常也是以熔化为主。这些结构上、工艺上，以及冶金反应上的特点，决定了感应炉熔炼对原材料的要求比转炉和电弧炉严格得多。

（1）入炉料的化学成分准确。所有入炉料的成分必须清楚、准确，特别是废钢和铁合金的成分更应该准确。这是因为在感应炉熔炼中，最终产品的成分控制是根据熔炼过程中所有加入炉内的金属料的数量和成分计算而完成的，所以加入料的成分和称量的准确与否，就决定了能否准确地控制产品的成分。为此，要求对入库的原材料均应按照标准规定的方法取样分析，只有确认成分无误时，才准入库储存在规定的地方。

（2）金属料清洁、干燥、无油污和少锈。炉料上的油污、水分和锈蚀都是钢中气体的来源，特别是氢气的来源。此外潮湿、多油的炉料在熔炼过程中加入，还会导致熔池喷溅、爆炸等事故发生。对于有上述玷污的炉料，在使用前要求进行处理。油污和水分一般通过烘烤去除，烘烤还可起到预热炉料的作用，从而加速熔化，缩短冶炼时间。炉料的锈蚀可采用喷丸除锈或其他机械方法去除。

（3）合适的料块尺寸。所有入炉料的块度大小都有一合适的范围。对于造渣材料和熔炼过程中的添加料。其块度的大小只需考虑如何保证其熔化快、利用率高、加入方便即可。然而，对于装料时装入的金属炉料，除上述三点外，还必须考虑如何保证在通电的最初阶段，就能输入尽可能大的功率。为此炉料的块度与感应炉电源的频率要求保持一定的对应关系（表2.1）。

（4）干燥的存放场所。各种炉料都必须存放在干燥的环境中，以免受潮吸收水分。使用前的24~48h，有些炉料（如石灰、萤石、铁合金等）还要求存放在干燥炉或烘烤炉内。

对于各种炉料要求按品种、化学成分分别堆放，并挂牌标明品种、成分和储存量。对于具有放射性的某些稀土铁合金，则应按照专门技术规程的规定储存。

2.4.2 原材料的种类

由于感应炉熔炼方法和熔炼产品的特点，决定了感应炉熔炼所需的原材料是很多的，既多于常规的炼钢方法，也多于那些重熔性质的冶炼方法。在众多的原材料中，除主要的钢铁料外，还有各种各样的合金料，此外还有造渣剂、特种添加剂等。

2.4.2.1 钢铁料

钢和铁基合金的炉料主要是钢铁料。属于钢铁料的有生铁、工业纯铁、废钢、返回料。

（1）生铁。感应炉熔炼中，生铁主要用于配碳。当熔炼含碳量高的钢和合金时，炉料中的碳主要是由生铁带入。用生铁增碳具有比用其他增碳剂增碳高且稳定的收得率。但是生铁中常含有硅、锰、磷、硫等其他元素，所以在配料计算时，不能忽略生铁所带入的其他元素量，特别是磷和硫。炉料中生铁的用量，取决于配碳量外，常常还受到这些其他元素含量的限制。为此，要求增碳用的生铁，其他元素含量尽可能低一些，特别是磷和硫。按GB/T 718—2005，一级炼钢生铁，要求磷含量≤0.15%，硫不超过0.03%。

（2）工业纯铁。熔炼精密合金、高温合金、电热合金或低碳、超低碳合金钢时，常用工业纯铁以增加炉料中铁的量，同时又不致使其他成分（特别是碳）的量有明显的增加。工业纯铁中5个常见元素（C，Si，Mn，P，S）的总量一般不超过0.1%~0.2%，铁的含量在99.5%~99.9%，碳含量在0.03%~0.04%以下。工业纯铁可用电弧炉或转炉等炼钢设备生产。两种设备所熔炼的工业纯铁，前者氧含量低，但氮含量高。所以在使用时，应根据产品的技术要求，选择相应的纯铁。熔炼工业纯铁时，大多采用铝终脱氧，所以应对纯铁的铝含量进行分析，以免残铝量影响合金的成分。根据用途不同，GB/T 6983—2008将工业纯铁分为电工纯铁（DT3，DT4，DT4A，DT4E，DT4C）、原料纯铁（YT0，YT01，YT2，YT3）和军工纯铁（DT8，DT9）三大类，表2.2给出了用于熔炼的原料纯铁的化学成分。

表 2.2 工业纯铁化学成分 (%)

牌号	C	Si	Mn	P	S	Al	Ni	Cr	Cu	Ti
	≤									
YT01	0.0020	0.030	0.060	0.0080	0.0060	0.030	0.03	0.03	0.03	0.02
YT0	0.0030	0.050	0.110	0.0100	0.0080	0.060	0.03	0.03	0.03	0.02
YT2	0.0050	0.050	0.150	0.0120	0.0090	0.060	0.03	0.03	0.03	0.02
YT3	0.020	0.20	0.20	0.0150	0.0100	0.060	0.10	0.10	0.05	—

(3) 废钢。感应炉熔炼所用的废钢，通常是指各种含碳量的碳素钢的废锭、短尺、铸余、汤道、中注管、冒口、锻轧过程中的切头和切尾，以及锻轧的废次品，机械加工过程中的废次品，边角余料和车铇屑等。一般不用社会上回收的各类杂废钢。在钢与铁基合金熔炼的配料中，废钢是炉料组成的主体，所以要求其成分清楚、准确、清洁、干燥、少锈、块度合适。

(4) 返回料。返回料指的是各种合金钢和合金在熔炼、浇注、热加工、机械加工等过程中所出现的废品或余料。应用返回料的一项主要优点是充分利用废料中的有价合金元素，从而降低成本。返回料较容易保证成分清楚、准确、清洁和少锈。配料时，可选用同品种的返回料，也可选用近似品种的返回料。返回料所用的比例取决于产品的种类及产品质量的要求。对气体有严格要求的品种，或易形成氮化物的元素较高的品种，返回料的比例不宜过大。对于不同品种返回料的具体比例，应通过试验来确定。

2.4.2.2 合金料

感应炉熔炼中的合金料主要是作为合金元素的添加剂，其中有少部分的合金料还可作为脱氧剂、脱硫剂。由于感应炉熔炼产品的多样化，所以所需合金料的品种更是多种多样。

(1) 硅、锰及其合金。硅、锰是钢中最常见的元素，它可以作为合金元素存在于含硅、锰的钢中，还可以作为脱氧元素和为了限制硫的有害作用而存在于钢中。常用的含硅材料有金属硅，各种牌号的硅铁、硅锰、硅钙、硅锆、硅铝、硅锰铝、硅铝钡等。常用的含锰材料有金属锰、各种牌号的锰铁、硅锰合金等。

(2) 镍、铬、钴及其铁合金。镍、铬、钴的性能是与铁相近的一类元素。它们可以提高铁基材料的强度和耐腐蚀性能。镍和铬是钢或合金中应用较为广泛，且用量也较大的合金元素。一些镍基合金更是含有大量的这类元素。钴主要用于一些含钴的高温合金、精密合金和高速工具钢。

(3) 钨、钼、铌及其铁合金。钨、钼、铌是钢与合金中的主要合金元素。在炼钢生产中，主要使用钨铁、钼铁和铌铁。在精密合金、高温合金的生产中，为控制产品中铁的含量，主要使用钨、钼、铌等纯金属。它们的共同特点是密度大、熔点高、对氧比较稳定，均属难熔金属。其品种和特点见表 2.3。

(4) 钒、硼及其合金。钒是重要的合金元素，主要是以钒铁和钒氮合金（VN）形式使用。在生产高温合金或镍基合金时，可将金属钒、钒铝合金或钒硼合金等作为钒的加入剂。高温下钒容易氧化，还能与氮或碳形成化合物。

表 2.3 合金料的品种及特点

品名	熔点/℃	沸点/℃	密度/$g\cdot cm^{-3}$	主要元素含量/%	生产方法	注意事项
金属钼	2620	4650	10.2	99.97~98.84	由 MoS_2 氧化焙烧得 MoO_3，再用氢还原	钼粉或烧结钼条中含氧高
钼铁	1750		9	50~65	由钼精矿粉用硅热和铝热炉外法生产	含 Cu、P、S 较高
金属钨	3410	5555	19.32	99.96~99.0	由钨酸盐用湿法得 WO_3，再用氢还原，压制成条	
钨铁	1700~2000		16.4	65~80	由钨精矿用电硅热法冶炼（还原剂还可用铝或碳）	
金属铌	2468	4750	8.57	99.8~96	钽铌精矿用湿法 K_2NbF_7，再将熔盐电解或金属钠还原法得铌粉，压成型，真空烧结，锻合而成	
铌铁	1520~1600		8	50~65	由铌精矿用电铝热法	含 Ta<1%，含 P，Si，Al 较高
铌钽铁	1520~1600		8.4	Nb+Ta=50~60 Ta≈10	由铌钽精矿用电铝热法生产	
火炼镍	1453	2190	8.7	99~98	氧化镍精矿粉与炭压制成块，高温还原，氧化多余的还原剂而成	疏松，吸附有大量气体、氧高杂质多
电解镍				99.9	由火炼镍制成阳极板，在硫酸镍中电解而成	气体含量高
镍铁	1430~1480		8.1~8.4	20~60	用硅酸镍精矿在电炉中用碳还原，再经转炉吹炼，去除 Cr，Si，P，S 等杂质	
金属铬	1857	2672	7.19	99.5~98	用电解法或铝热法生产	含氮可高达 0.01%~0.2%
金属钴	1495	2930	8.9	>99	可用火法冶炼或电解精炼	
金属钒	1902	3350	6.1	>99	用 V_2O_5 经硅热法或铝热法生产	
海绵钛	1670	3290	4.31	>99	在 800~900℃下，用镁还原四氯化钛而成	结构疏松，含有较高的 $FeCl_2$ 和 O，在大气中易吸潮
金属钛				99.8~99.2	用海绵钛压成自耗极在真空电弧炉中重熔精炼而成	
混合稀土	950		6.5~7	La 20~25； Ce 40~50； Nd 15~20	由稀土氯化物用钙、镁还原而成	
稀土铁合金	1080~1250			17~37	用稀土氯化物用电硅热法生产	

硼是钢或合金中的微量合金化元素，对提高钢的强度和淬透性起着重要作用，高温下硼极易氧化和氮化。

(5) 铝、钛及其合金。这是一类极易氧化和氮化的轻金属。铝是钢的强脱氧剂，广泛应用于钢的终脱氧。它还是一些钢和合金的合金元素，它具有较大的固溶强化作用，此外对高温强度和抗蚀性的提高也有一定的影响。钢中的钛是一种良好的脱氧剂，又是固定氮和碳的有效元素。当作为合金元素时，它可以强化铁素体，钛还能改善热强性。不锈钢中的钛，由于其固碳的作用，可以提高钢的抗腐蚀性，特别是奥氏体不锈钢的晶间腐蚀。

为脱氧或提高铝的收得率，可采用铝铁或铝硅铁合金代替金属铝。在炼钢中，常用各种牌号的钛铁，当熔炼铁含量有限制的含钛合金时，可用海绵钛或金属钛。

(6) 稀土金属及其合金。稀土元素是十余种性质相近的金属元素的总称，其中主要是镧、铈、钕等，它们是钢和合金的微量合金化元素，它们不仅是很强的脱氧剂、脱硫剂和去气剂，同时还会因合金化的原因，改善钢或合金的机械性能、物理性能及工艺性能。目前应用比较多的是混合稀土金属、稀土硅铁、稀土硅镁铁、稀土硅钙铁、混合稀土氧化物等。

2.4.2.3 特种添加剂

为改善钢或合金的某一方面的特殊性能，需要添加一些特殊元素。例如，加磷提高钢的耐大气腐蚀和切削性能，以及提高金属液的流动性；加硫生产易削钢等。各种因特殊目的而添加的材料归类于特种添加剂。常见的特种添加剂见表 2.4。

表 2.4 特种添加剂的品种和特性

品种	成分特点	熔点/℃	沸点/℃	密度/$g \cdot cm^{-3}$	特性
磷铁	P 15%~25%，Si 3%；Mn 2%，C 1%，S 0.5%	1250~1350		5.8~6.5	在几种低合金钢中加磷以提高强度。为抗大气腐蚀，有含磷的钢轨钢。磷还可以提高钢液的流动性
硫黄	S>99%	115	445	2.07	硫易削钢。使用时回收率低，污染环境
硫化亚铁	FeS 80%~85%	1190		4.7	作冶炼硫易削钢时的增硫剂
硅锆合金	Zr 12%~45% Si 38%~60%	1260~1345		3.5	作锆的添加剂。锆是强脱氧、脱氮元素，能降低钢的时效应变现象，提高钢的低温韧性。锆在铁中溶解度较小
氧化钼块	含 Mo 40%~50%			2.5	含铜、硫较高，应用时应注意
钒渣	V_2O_5 6.0%~21%				冶炼低钒合金钢时作钒的添加剂，含磷高，使用时注意增磷

2.4.2.4 造渣材料

尽管在感应炉熔炼中，炉渣的精炼能力不强，然而炉渣的其他作用仍然存在，渣对熔炼产品的质量仍有重要的影响。为此，要求造渣材料质量高、杂质含量低。

石灰是感应炉熔炼中主要的碱性造渣材料，要求石灰含 CaO 高（≥90%），活性度高，含硫等有害杂质少。当熔炼微碳钢种时，还应注意石灰中的含碳量。此外，要求石灰干燥、块度合适。表 2.5 是 YB/T 042—2014 冶金石灰的化学成分和物理性能。

萤石是中频感应炉冶炼的重要造渣材料之一，是碱性炉渣的助熔剂，用来增加炉渣的流动性。萤石的主要成分是 CaF_2（熔点为 1418℃），感应炉熔炼造渣用萤石要求含 CaF_2> 85%。萤石中含有 SiO_2、Fe_2O_3 等杂质后，呈白、绿、紫、褐、黑等颜色。冶金用萤石的化学成分（YB/T 5217—2005）见表 2.6。

表 2.5 冶金石灰的化学成分和物理性能（YB/T 042—2014）

类别	品级	CaO /%	（CaO+MgO） /%	MgO /%	SiO_2 /%	S /%	灼减 /%	活性度（4mol/mL, 40±1℃，10min）
普通冶金石灰	特级	≥92.0	—	<5.0	≤1.5	≤0.020	≤2	≥360
	一级	≥90.0			≤2.5	≤0.030	≤4	≥320
	二级	≥85.0			≤3.5	≤0.050	≤7	≥260
	三级	≥80.0			≤5.0	≤0.100	≤9	≥200
镁质冶金石灰	特级	—	≥93.0	≥5.0	≤1.5	≤0.025	≤2	≥360
	一级		≥91.0		≤2.5	≤0.050	≤4	≥280
	二级		≥86.0		≤3.5	≤0.100	≤6	≥230
	三级		≥81.0		≤5.0	≤0.200	≤8	≥200

表 2.6 萤石化学成分（YB/T 5217—2005） （%）

牌 号	CaF_2	SiO_2	S	P	As	有机物
	≥	≤				
FL-98	98.0	1.5	0.05	0.03	0.0005	0.1
FL-97	97.0	2.5	0.08	0.05	0.0005	0.1
FL-95	95.0	4.5	0.10	0.06	—	—
FL-90	90.0	9.3	0.10	0.06	—	—
FL-85	85.0	14.3	0.15	0.06	—	—
FL-80	80.0	18.5	0.20	0.08	—	—
FL-75	75.0	23.0	0.20	0.08	—	—
FL-70	70.0	28.0	0.25	0.08	—	—
FL-65	65.0	32.0	0.30	0.08	—	—

酸性造渣材料有石英砂（硅石）和普通玻璃碎片。石英砂主要矿物成分是 SiO_2，是酸性坩埚冶炼的重要造渣材料，要求含 SiO_2≥90%。除酸性坩埚熔炼时造渣外，石英砂还可用来降低碱性炉渣的碱度和熔点，改善碱性渣的流动性。普通玻璃碎片也用于酸性熔炼的造渣剂，主要矿物组成分是 $Na_2O \cdot CaO \cdot 6SiO_2$（钠玻璃）和 $K_2O \cdot CaO \cdot 6SiO_2$（钾玻璃）。有色玻璃不宜用作造渣材料。因为，其中含有不同的金属氧化物。例如，蓝色玻璃中含 Co_2O_3，绿色玻璃含 Cu_2O，红色玻璃含 $AuCl_3$ 以及光学玻璃中含 PbO 等。

黏土砖碎块由使用过的汤道砖破碎而成，主要成分为 Al_2O_3 30%～35%；SiO_2 55%～56%，可用于调整炉渣的碱度，也可单独使用以造中性渣。

2.5 配料计算

2.5.1 配料计算的依据和原则

感应炉熔炼过程中，因炉渣温度低、黏度大、钢渣反应能力弱，故其去除有害元素磷、硫及气体的能力较电弧炉熔炼差很多。因此，感应炉熔炼过程基本上不承担脱磷和脱硫的任务。感应炉熔炼的主要任务是熔化金属料、合金料和钢水提温。这样，就要求定量地知道入炉的每一种炉料的成分，并通过计算以保证最终产品的成分达到预定成分要求。

配料计算是根据目标产品的化学成分及入炉金属料和铁合金的化学成分来进行的。当进行炉料费用最低的优化计算时，还要求知道每一种炉料的价格。要求准确地掌握每一批入炉料的成分是感应炉熔炼对原材料的一项基本要求，只有预先知道入炉料的成分，才有可能进行配料计算，成分不明的原材料是无法使用的。在进行配料计算时，应注意以下几点：

产品控制的目标成分是根据该产品的技术标准和企业的内控标准，结合该产品的成分、金相组织和性能之间的关系，再考虑到炼钢学的知识和熔炼生产的经验而确定的。产品成分的企业内控标准一般高于国家或行业标准。按照企业内控标准的化学成分要求，对每个元素的含量确定一具体的数值，称为配料计算的计算成分。配料计算的结果应保证最终产品的成分处于企业内控成分范围内。

装入量是指熔炼一炉钢时，入炉的金属炉料的总量。配料计算的炉料量就是该总量。在熔炼操作中，该总量可以在装料时一次装入，也可在熔炼的不同阶段分批装入。装入量是根据每炉产品的数量确定的。例如，所熔炼的产品需浇注成自耗电极，每根重 W，共要求浇 n 根，再考虑到汤道、铸余等设为 ΔW，熔损率 η 取决于炉料质量和炉容量，通常在3%~5%范围内选取。则装入量为：

$$\text{装入量 } G = (W \times n + \Delta W)/(1 - \eta) \tag{2.15}$$

当不具备炉前快速分析，并且每一种炉料的成分都很准确时，按式（2.15）确定的装入量可以接近或等于炉座的容量。当炉料中有一种或几种料成分不明确，或给出的成分范围较宽，足以导致配料计算的结果超出预定的范围，此时，在配料计算时应取该成分范围的上限；熔炼过程中取样分析，对该成分的不足部分再进行补加。这样在确定装入量时，应比坩埚的实际容量少一些，以便留有余量，保证补加后坩埚仍然能够容纳。

根据控制成分确定计算成分时，对于易氧化的元素如 Re，Al，Ti，Zr，B，V，Si 等应取中、上限，越易氧化的元素越偏上选取；不易氧化的元素如 Cr，Mn，Ni，Cu，Co，W，Mo 取中限；有害杂质的含量控制应尽可能低。

各种元素的回收率取决于元素与氧亲和力的大小、合金的存在形式、加入方法、加入量，以及炉容量等。一般根据推荐数据（表 2.7），结合本厂的操作经验确定。各元素的回收率通常都有一波动范围，易氧化元素的波动范围一般比较大。为此，当计算出某一种合金的加入量之后，最好能进行验算，以修正计算的加入量尽可能使修正后的加入量在回收率最大时该元素的含量仍不超过规格的上限；而当回收率最小时又不低于规格的下限。

表 2.7　合金元素的回收率

类型	合金元素	存在形态及主要特点	工艺特点	加入条件	回收率/%
不活泼元素	铜	$w[Cu]<8\%$ 时，溶于 γ-Fe 中	只有极少数的含铜钢和含铜精密合金，对于多数钢和合金，特别是高温合金，铜是有害元素	可在熔炼的任何时期加入	100
	镍	在铁中主要以溶解状态存在，镍基合金中会形成硫化物，与铝、钛可形成金属化合物	熔化期加入，数量少时可在熔清后加入	电解镍	98~100
				镍粉压块	96~99
	钼	在钢中形成复合渗碳体和特殊的碳化物	MnO_3 在 600℃ 时即显著升华，钼铁加入熔池后熔化缓慢	当成品中 $w[Mo]<1\%$；加钼铁	94~96
				当成品中［Mo］1%~10%，加钼铁	96~98
				低钼的返回料	90~92
				$w[Mo]>5\%$ 的返回料	94~96
中等活泼元素	铌、钽	主要以碳化物形式存在；与氧的亲和力与铬、锰相近，与碳的亲和力仅次于钛、锆，与氮的亲和力仅次于稀土、锆、钛，与铝相近	加入前先用锰和硅预脱氧，钢中应有相应的含碳量	以铁合金的形式在精炼期出钢前 15~20min 加入	90~95
	铬	能与氧、碳、氮形成相应的化合物，也能部分地溶于钢中，形成固溶体	铬的烘烤，加入及熔化过程中都要防止铬的氧化和氮化。减少装料时铬的加入量，待形成熔池后，再陆续加入，这样做可减少熔化期的增氮	成品中 $w[Cr]<5\%$ 时；加铬铁	92~95
				成品中 $w[Cr]>5\%$ 时；加铬铁	94~98
				返回料中的铬	94~96
	锰	固溶于钢中，此外可形成碳化物、疏化物，与氧、氮的亲合力较小	熔炼中锰的损失主要是挥发；熔炼高锰钢时，锰不随炉料加入；大多数在熔清后加入	熔炼碳钢和低合金钢；加锰铁	90~95
				含锰高的合金钢，加锰铁	95~98
	钒	能形成 VC，VN，V_2O_5 以及固溶于钢中。在钢中固溶和 V_2O_5 形式存在的钒对钢性能不利，所以要控制；钒都以碳化物、少量以氧化物形式存在	熔炼中要保证一定的 $w[V]/w[C]$ 比，如低合金热强钢，$w[V]/w[C]\geqslant 3$；加钒铁前熔池要充分脱氧，出钢前 5~10min 加入	成品中 $w[V]\geqslant 1\%$ 时，加钒铁	90~96
				返回钢中的钒	80~90
	硅	硅与氧的亲和力很强，仅次于铝和钛。对硫、碳的亲和力较弱。主要以固溶形式存在于钢中	硅是较难准确控制的元素之一，其原因是易氧化，及炼钢用许多原材料中都含有硅	成品 $w[Si]<1\%$；加硅铁	80~90
				成品 $w[Si]>1\%$；加硅铁	90~95
				高合金钢返回料	70~80
				低合金钢返回料	40~60
	硫	以硫化物或硫氧化物存在	用硫黄增硫时，硫黄挥发及氧化，回收率很低，且不稳定，还严重污染环境	硫黄随钢流加入包中	20~50
				工业纯硫化铁加于脱氧后的熔池	85~95
	氮	以固溶或氮化物形式存在	炉料中含有氮化物形成元素（如铬、钒、铌、钛、锰等）时，熔化过程会增氮	含氮铬铁或含氮锰铁	100

续表 2.7

类型	合金元素	存在形态及主要特点	工 艺 特 点	加 入 条 件	回收率/%
活泼元素	钛	与氧、氮、碳、硫都具有很强的亲和力，能形成 TiO_2，TiN，TiC，TiCN，TiS 等化合物。钛还固溶于钢中。在镍基合金中，会形成金属化合物。钛在钢和合金中的有效形态是固溶钛、TiC、Ni_3Ti	加钛前要求熔池充分脱氧；保证一定的 Ti/C 比，如低合金热强钢 Ti/C≥8；镍基合金中要求 Ti/Al＝1.7，终脱氧后加入，加入后立即出钢，保护浇注	成品 $w[\mathrm{Ti}]<1\%$；加钛铁	60~80
				成品 $w[\mathrm{Ti}]>1\%$；加钛铁	70~90
				成品中 $w[\mathrm{Ti}]=1\sim3\%$；加钛铁	80~90
				使用高铝（$w[\mathrm{Al}]>4\%$）钛合金	90~95
				含钛的返回料	20~40
	铝	铝与氧有很强的亲和力，与氮次之，与硫和碳的亲和力很弱。存在形态有固溶铝、氧化物、氮化物、金属间化合物。铝在钢中有效的存在形态是固溶、金属间化合物、氮化物	用 AlN 控制高温下奥式体晶粒长大，要求钢中残铝 0.02%~0.08%。熔炼产品中所需的铝，可以纯铝、铝铁，及其他含铝的复合合金形式加入	$w[\mathrm{Al}]>3\%$ 的高温合金；加金属铝	75~85
				同上；加中间合金	90~95
				$w[\mathrm{Al}]=4\%\sim7\%$ 的电热合金；插铝块	90~95
				同上；钢流冲铝	90
				成品 $w[\mathrm{Al}]<1\%$；加铝块	70~80
				同上；加金属铝	50~70
	硼	硼是钢和合金中的微量合金元素。固溶硼和含硼的金属间化合物是硼在钢或合金中的有效存在形式。硼在 γ-Fe 中溶解度为 0.018%~0.026%，在 α-Fe 中为 80×10^{-6}。硼是比较活泼的元素，在炼钢温度下，与氧、氮、碳都有较强的亲和力	加入钢中的硼，首先会形成 B_2O_3 和 BN，其次再形成 B_4C。由于硼的加入量少，且容易氧化和氮化，所以加硼前要求充分地脱氧，加钛以固定氮	一般含硼钢；加硼铁	40~60
				高钛、铝钢；加硼铁	70~90
				含硼的返回料	0
				使用含高钛、高铝的硼合金	80~90
	稀土	稀土是性质活泼的一类元素，对氧、硫、氮都具有很强的亲和力。与碳的亲和力较弱。稀土还能与 As，Sb，Bi，Pb，Sn 等残余元素形成相应的化合物；固溶或以金属间化合物存在的稀土可改善钢的性能	为避免钢液二次氧化后，钢中稀土夹杂的量显著增加，所以稀土在钢中残余量不宜太高。在非真空感应熔炼中，加入稀土除控制加入量、加入顺序外，还要控制加入后保持的时间。以脱硫为目的时，加入量为 $w[\mathrm{Re}]=8\sim10w[\%\mathrm{S}]$，一般用量为 $w[\mathrm{Re}]=0.2\%\sim0.3\%$	插入法：稀土配加硅钙用铝箔或铁皮包扎，插入钢流中	30~80
				冲入法：随钢流加于钢包	40~70
				吊挂法：丝状或包芯线，配用铝，吊入钢锭模中，在保护渣下熔入钢中	60~90

2.5.2　配料计算的一般方法

已知可作为配料炉料的品种共有 N 种，设每种炉料的用量分别为 X_1，X_2，X_3，…，X_n，装入量为 G。又已知每一种炉料的成分 $w[\%\mathrm{Fe}]_i$，$w[\%\mathrm{C}]_i$，$w[\%\mathrm{Si}]_i$，$w[\%\mathrm{Mn}]_i$，

$w[\%P]_i$，$w[\%S]_i$，$w[\%Cr]_i$，$w[\%Ni]_i$，…，$w[\%Me]_i$，下标 $i=1, 2, 3, \cdots, n$。则由总量平衡和各元素的物料平衡可得：

$$\left.\begin{array}{l}X_1+X_2+X_3+\cdots+X_n=G \\ X_1w[\%C]_1+X_2w[\%C]_2+X_3w[\%C]_3+\cdots+X_nw[\%C]_n=G\cdot w[\%C]_0/\eta_C \\ X_1w[\%Si]_1+X_2w[\%Si]_2+X_3w[\%Si]_3+\cdots+X_nw[\%Si]_n=G\cdot w[\%Si]_0/\eta_{Si} \\ X_1w[\%Mn]_1+X_2w[\%Mn]_2+X_3w[\%Mn]_3+\cdots+X_nw[\%Mn]_n=G\cdot w[\%Mn]_0/\eta_{Mn} \\ \vdots \\ X_1w[\%Me]_1+X_2w[\%Me]_2+X_3w[\%Me]_3+\cdots+X_nw[\%Me]_n=G\cdot w[\%Me]_0/\eta_{Me}\end{array}\right\} \tag{2.16}$$

式中 Me——某一种元素的符号；

下标“0”——配料的计算成分；

η——元素平均回收率。

参加配料的炉料品种数，取决于炉料各成分的组元数。若已知每一种炉料含有 C，Si，Mn，P，S，Fe 等 N-1 个组元的含量，则可立 N 个方程，也就是可用 N 种炉料来进行配料。式（2.16）是由 N 个变量和 N 个方程的线性方程组，它可写成矩阵形式

$$\boldsymbol{AX}=\boldsymbol{B} \tag{2.17}$$

式中 $\boldsymbol{A}$——式（2.16）等号左边各项系数所组成的系数矩阵；

$\boldsymbol{X}$——列向量，即 $\boldsymbol{X}=[X_1, X_2, X_3, \cdots, X_n]^T$；

$\boldsymbol{B}$——列向量，即 $\boldsymbol{B}=[G, Gw[\%C]_0/\eta_c, Gw[\%Si]_0/\eta_{Si}, \cdots, Gw[\%Me]_0/\eta_{Me}]^T$。

用计算机对式（2.17）能较迅速地求得各种炉料的用量。

2.5.3 全新料的配料计算

当所炼品种成分复杂，所用炉料品种较多，但又没有条件应用计算机时，用手工计算的方法解式（2.17）方程组是困难的，也是不现实的。此时，可按以下步骤作配料计算：

（1）确定配料计算的计算成分。

（2）确定装入量。

（3）由配料计算的计算成分计算炉料中各元素的量。

$$m_{Me}=G\cdot w[\%Me]/\eta_{Me} \tag{2.18}$$

式中 m_{Me}——装入量中要求有 Me 元素的量，kg；

G——装入量，kg；

$w[\%Me]$——Me 元素的配料计算成分；

η_{Me}——Me 元素的平均回收率。

（4）确定所用炉料的品种，并按表 2.8 的格式列表。为计算方便，品种栏内各品种排列的顺序，即计算各品种配入量的顺序，可作一些安排。例如，因其他原因已确定配入量的品种，排列在最先；然后是成分单一的品种或其他炉料中一般不含此成分的品种；最后留两种炉料（或三种），列出二元一次（或三元一次）联立方程式，解出它们的配入量。

表 2.8 配料计算表

序号	炉料品种	配入量/kg		带入的元素量/kg											
				C	Si	Mn	S	P	Cr	Ni	W	Mo	V	…	Fe
1 2 3 ⋮															
合计		装入量	kg												
			%												

(5) 计算各种炉料的用量。

各品种原料的用量 g_i(kg) 可按下式计算：

$$g_i=\frac{100(m_{\mathrm{Me}}-\sum \mathrm{Me}_j)}{w[\%\mathrm{Me}]} \tag{2.19}$$

式中 $w[\%\mathrm{Me}]$——所计算的品种中，Me 元素的含量；

$\sum \mathrm{Me}_j$——所有其他品种 (j) 带入 Me 元素的总和，kg；

下标 i，j——表示品种的序号。

当某些品种炉料的用量还未计算，且所含 Me 的量又不能忽略时，可用解联立方程的办法解决，也可用估算法解决。

表 2.8 中第三列的最后一项，各种炉料的合计用量就是装入量。各种炉料带入的 Me 元素的总量被装入量除，应等于配料的计算成分。

(6) 有害杂质元素含量的验算。

一般钢或合金对硫和磷含量都有要求，在配料中硫、磷的含量应低于规格要求。某些钢和合金，对一些金属元素的含量也有特定的要求，此时也应进行验算。当熔炼过程中无法去除的元素，配料中就不能超过规格要求。

全部使用新料作为炉料的配料计算方法举例如下：

在容量为 500kg 的碱性感应炉中，熔炼电热合金 1Cr14Ni14W2MoTi，浇注成 3 支直径为 125mm，质量为 150kg 的长电极，供电渣重熔使用。所炼产品的规格成分列于表 2.9。可供使用的炉料种类和成分列于表 2.10。各合金元素的平均回收率，假定除 Si 为 95%、Ti 为 90%外，其余各元素均为 100%。

表 2.9 1Cr14Ni14W2MoTi 合金的成分

项目	化学成分/%									
	C	Mn	Si	P	S	Cr	Ni	Mo	Ti	W
规格成分	≤0.15	≤0.70	≤0.80	≤0.035	≤0.030	13.00~15.00	13.00~15.00	0.45~0.60	≥0.50~4~5[%C]	2.00~2.75
配料计算成分	0.12	0.60	0.75	0.030	0.025	14.50	14.50	0.55	0.60	2.40

表 2.10 可供使用的炉料及其成分

序号	炉料品种	化学成分/%											
		C	Si	Mn	S	P	Cr	Ni	W	Mo	Ti	Al	Fe
1	电解镍	0.03	—	—	0.010	0.001	—	99.9	—	—	—	—	余量
2	电解锰	0.03	—	99.38	0.013	0.001	—	—	—	—	—	—	余量
3	硅铁	0.02	75.50	—	0.04	0.025	—	—	—	—	—	—	余量
4	微碳铬铁	0.06	0.39	—	0.003	0.054	69.80	—	—	—	—	—	余量
5	钨铁	0.10	0.35	0.22	0.045	0.028	—	—	75.40	—	—	—	余量
6	钼铁	0.10	0.85	—	0.080	0.035	—	—	—	62.50	—	—	余量
7	钛铁	0.10	3.00	2.5	0.030	0.030	—	—	—	—	43.50	9.00	余量
8	工业纯铁	0.03	0.03	0.10	0.015	0.011	—	—	—	—	—	—	99.81
9	45 号钢	0.46	0.34	0.72	0.025	0.025	—	—	—	—	—	—	98.43

(1) 确定配料计算成分。根据该产品的企业内控成分范围，结合操作经验，确定配料计算成分，并列于表 2.8。

(2) 装入量的计算：按式（2.15）并设铸余 10kg，熔损 3%，则：

$$\text{装入量} = (150 \times 3 + 10)/(1 - 3\%) = 474.2 \approx 475\text{kg} \tag{2.20}$$

(3) 炉料中各组元的含量。按式（2.18）计算，计算结果列于表 2.11。

表 2.11 炉料中各元素的质量

组 元	C	Mn	Si	P	S	Cr	Ni	Mo	Ti	W
炉料中应有的量/kg	0.57	2.85	3.75	0.14	0.12	68.88	68.88	2.61	3.17	11.40

(4) 炉料的组成。炉料由表 2.10 中所列电解镍等九种品种所组成。计算各品种用量的次序为电解镍、钨铁、钼铁、钛铁、微碳铬铁、硅铁、电解锰。最后留下工业纯铁和 45 号钢两个品种，按装入量和碳平衡立出二元一次联立方程。

(5) 各种炉料的用量。按式（2.19）计算各种炉料的用量，并填入表 2.12。按计算步骤（4）确定的顺序，先算电解镍的配入量：

$$g_i = \frac{100(68.88 - 0)}{99.9} = 68.9 \approx 69\text{kg} \tag{2.21}$$

并按电解镍的成分计算由电解镍带入的其他组元的量。一并填入表 2.12 的第一行。然后，依次计算钨铁、钼铁、钛铁和微碳铬铁，计算方法和内容同上，计算结果也列入表 2.12。

第六项计算硅铁配入量：

$$g_6 = \frac{100\ (3.75 - \sum \text{Si}_j)}{75.5} \tag{2.22}$$

其中 $\sum \text{Si}_j = 0.05 + 0.03 + 0.23 + 0.38 + 0.3 = 0.99$

累加的前四项数据是序号为 2~5 的四种炉料带入的硅量。未计算的品种也可能带入硅，如本例题中的工业纯铁和 45 号钢。未算品种中该组元的量，通常用以下方法处理，对于该组元含量很低或配入量较小的品种，该组元的带入量可以忽略；按经验人为假定一个带入量，如本例题中假定 45 号钢带入 0.3kg 的硅；不能忽略又无法估计带入量时，只能将该项计算列入联立方程中。第七项电解锰配入量的计算同第六项，假定工业纯铁带入 0.14kg 锰，45 号钢带入 0.5kg 锰。

表 2.12 配料计算表

序号	炉料品种	配入量/kg	带入的元素量/kg											
			C	Si	Mn	S	P	Cr	Ni	W	Mo	Ti	Al	Fe
1	电解镍	69.0	0.02		—	0.01	—	—	68.9	—	—	—	—	0.07
2	电解锰	15.0	0.02	0.05	0.03	0.01	—	—	—	11.31	—	—	—	3.58
3	硅铁	4.0	—	0.03	—	—	—	—	—	—	2.5	—	—	1.47
4	微碳铬铁	7.5	0.01	0.23	0.19	—	—	—	—	—	—	3.26	0.68	3.13
5	钨铁	98.5	0.06	0.38	—	—	0.05	68.9	—	—	—	—	—	29.11
6	钼铁	3.5	—	2.64	—	—	—	—	—	—	—	—	—	0.86
7	钛铁	2.0	—	—	1.99	—	—	—	—	—	—	—	—	0.01
8	工业纯铁	187	0.06	0.06	0.19	0.03	0.02	—	—	—	—	—	—	186.64
9	45 号钢	88.5	0.40	0.30	0.02	0.02	0.02	—	—	—	—	—	—	87.13
合计		475kg	0.57	3.69	3.03	0.07	0.09	68.9	68.9	11.31	2.5	3.26	0.68	312
		%	0.12	0.78	0.64	0.015	0.019	14.5	14.5	2.38	0.53	0.67	0.15	65.68

第七项计算之后，各合金元素的配入量均已满足，但炉料的总量还没有达到要求。因为该产品的含碳量要求是小于 0.15%，而所配炉料的含碳量均小于配料计算的含碳量（0.12%），所以不足的炉料量配入工业纯铁即可满足配料要求。为了减少工业纯铁的用量，降低炉料成本，可配入适量的清洁、无锈的 45 号钢的返回钢。设其用量为 x，工业纯铁的配入量为 y，则按总量平衡可得：

$$x + y + g_1 + g_2 + g_3 + g_4 + g_5 + g_6 + g_7 = 475 \tag{2.23}$$

按含碳量的平衡可立：

$$0.46\%x + 0.03\%y + \sum_{j=1}^{7} C_j = 0.57 \tag{2.24}$$

$\sum C_j$ 是一至七项炉料所带入的碳量，见表 2.12。由上式可整理成

$$x + y = 275.5 \tag{2.25}$$

$$46x + 3y = 4600 \tag{2.26}$$

解方程可得需工业纯铁 187kg，45 号钢 88.5kg，记入表 2.12。计算表中的合计栏，所得炉料的实际成分与配料计算成分略有差异，此乃四舍五入所致。

（6）有害杂质含量的验算。本例题中应验算的是磷含量。由表 2.12 可见，各种炉料带入的磷量为 0.09kg，所以炉料中含磷量为 0.019%，小于配料计算成分（0.030%）。

（7）配料计算的结果。表 2.12 中第二和第三两列组成本例题计算的结果。

2.5.4 返回料的配料计算

使用返回料的配料计算方法和计算步骤与全新料基本相同，只是将要用的返回料作为组成炉料的第一种品种，首先进行计算。可按式（2.19）计算出返回料的最大允许用量（计算时假定 $\sum Me_j = 0$）。然后，根据具体条件确定返回料的用量，填入表 2.8 的第一行。

在计算返回料最大允许用量时，要注意以下两点：一是依据返回料中哪一个元素进行计算，即依据元素的选取。据经验，返回料中某元素的含量与成品中该元素含量的比值，可作为选取依据元素的标准。比值最大的元素应作为依据元素。当熔炼低碳产品时，常选碳作为依据元素。二是当炉料的其他品种也含有依据元素时，则必须考虑其他品种所带入的量，即计算时$\sum \mathrm{Me}_j \neq 0$。例如碳，几乎所有其他品种的炉料都会带入碳，此时，其他炉料的配入量尚未计算，所以只能凭经验估计$\sum \mathrm{Me}_j$的值。

2.5.5 熔炼过程中合金添加量的计算

感应炉熔炼的产品一般都是多元素的高合金钢或合金。所以在熔炼过程中，当添加某一合金元素的同时，必然稀释了其他合金元素，因此，常用的合金添加量计算公式，以及单元素高合金钢添加量的计算公式都不再适用。现场应用较为普遍的是补加法，但该法在现场的计算量较大，容易出错，建议应用补加系数法。

（1）补加法。根据炉前快速分析的结果，确定需要补加的合金元素和补加量。按下列常用的添加量计算式，分别计算各合金元素的补加量：

$$q_i = \frac{G(w[\%i] - w[\%i]')}{w[\%i]_{\mathrm{M}-i} \cdot \eta_i} \tag{2.27}$$

式中　q_i——i合金的添加量，kg；

G——坩埚中的金属量，kg；

$w[\%i]$——i合金的控制成分；

$w[\%i]'$——i合金元素的分析结果；

$w[\%i]_{\mathrm{M}-i}$——添加用的M-i合金中i的含量；

η_i——i合金元素的回收率。

各种合金补加量的总和（$\sum q_i$）称为第一次补加量。显然，第一次补加后，对于G的金属，各成分均已增加到熔炼的控制成分。但是，$\sum q_i$的第一次补加量也进入熔池，这增加的金属量尚未得到合金化。为此，须对它们（$\sum q_i$）进行合金化，所需合金补加量的计算仍可应用式（2.27），但是式中$G=\sum q_i$，$w[\%i]'=0$。所计算出的各合金补加量的总和（$\sum q_i'$）称第二次补加量。同理第二次补加量只对$\sum q_i$完成了合金化。第二次补加量的合金化要进行第三次补加。这样补加依次进行，达到所要求的成分控制精度。i合金的补加总量Q_i为：

$$Q_i = q_i + q'_i + q''_i + \cdots \tag{2.28}$$

（2）补加系数法。根据计划熔炼产品的控制成分和用于添加的各种合金的成分，预先对每一个合金元素计算出只适用该控制成分和合金成分的补加系数p_i。在熔炼过程中，根据炉前分析的结果，按式（2.27）计算出各合金元素的补加量，然后累加得第一次补加量$\sum q_i$，$\sum q_i$分别乘各元素的补加系数p_i，再加上q_i就是i合金元素在这次熔炼中所需补加的总量Q_i：

$$Q_i = q_i + p_i \cdot \sum q_i \tag{2.29}$$

补加系数按以下方法求得。设所炼产品有若干种合金元素（用i代表），其控制成分分别为$w[\%i]$，添加用的合金中i的含量为$w[\%i]_{\mathrm{M}-i}$。现假定配制100kg，为控制成分的产品，则各种合金的需用量为：

$$q_i=\frac{100w[\%i]}{w[\%i]_{M\text{-}i}} \tag{2.30}$$

各种合金的总量为$\sum q_i$，必然$\sum q_i<100\text{kg}$，不足部分配以纯铁q_{Fe}，所以：

$$q_{Fe}=100-\sum q_i \tag{2.31}$$

定义：

$$p_i=\frac{q_i}{100-\sum q_i} \tag{2.32}$$

由式（2.32）可知p_i的含义为：为炼得控制成分的产品，每增加1kg铁，需添加p_i的i合金。

2.6 感应炉熔炼工艺

由于工频感应炉的特点，工频炉主要用于各类铸铁的生产。而钢与合金主要由中频感应炉熔炼，且炉衬绝大多数为碱性，所以本节只讨论中频碱性感应炉的熔炼工艺。

2.6.1 熔炼方法的选择

2.6.1.1 按炉衬材质分类

按感应炉坩埚耐火材料的性质，可分碱性熔炼和酸性熔炼两类。酸性熔炼法的耐火材料主要是石英砂（SiO_2）或锆英石（$ZrO_2 \cdot SiO_2$）。熔炼时，造含SiO_2 60%～70%的酸性渣。酸性熔炼法具有产品中气体含量低、浇注性能好、金属回收率高、电效率高、坩埚寿命长等优点。但是，在熔炼过程中不能去硫、磷，对原材料的要求高，无法熔炼含有比硅活泼的合金元素的钢和合金，也无法生产低硅的钢和合金。所以酸性熔炼法的应用受到很大的限制，一般只用于铸钢的熔炼，特别是精密铸件的熔炼。

2.6.1.2 按熔炼工艺分类

按工艺方法，感应炉熔炼可分为熔化法和氧化法两种。熔化法中又可分为全新料熔化法和返回料熔化法两种。由于氧化法中安排有脱磷和脱碳的操作，所以对原材料中磷含量的要求可以放宽一些，碳含量的波动范围也可以大一些。这样就可以使用较便宜的钢铁料，使生产成本降低。但是感应炉的脱磷能力远差于氧气转炉和电弧炉，所以在感应炉熔炼中安排脱除较多量的磷，在技术上和经济上都是不合理的。熔炼中脱碳必然要使熔池温度提高，以及钢液与熔渣对坩埚的冲刷加剧，使坩埚寿命降低。因此，氧化法一般只用于大型感应炉熔炼一些低合金钢。

全新料熔化法的炉料是由相应的纯金属、合金以及工业纯铁组成，所以它适用于含合金元素较多、质量要求高、批量又不大的钢与合金的熔炼。对于批量大、积累的返回料较多的品种，为了利用返回料中的合金元素，降低成本，可应用返回料熔化法。在应用该法时，应注意熔炼过程中难以去除的杂质元素的积累。

2.6.2 工艺过程

熔炼所用的废钢中，通常会含有一定量的水分和油污。这种炉料直接加入炉内，特别是已形成熔池的炉内，是不安全的，常常会导致喷溅；同时，它还是产品中氢的主要来源之一。所以有些厂设置了废钢的预热或干燥系统，用加热的办法去除废钢上附有的水分和油污，以保证使用的安全和阻止氢的一项来源。此外，加入已预热的废钢还可以缩短熔炼的熔化时间和降低电能的消耗。

2.6.2.1 装料

已经配好的炉料可以用人工或机械的方法装入炉内。小容量炉座（小于1t）常用人工方法装料，为减轻劳动强度，可借用料斗或溜槽等工具，将炉料倒入炉内；机械化装料可应用料桶或输送带等。在感应炉熔炼的装料中，若用料桶，则把料桶也作为炉料，装入后随同桶内的其他炉料一起熔化。如图2.22所示，要求装入的炉料下层紧密，上层较松，大块料尽量装在中下部，以防止熔化过程中上层炉料搭桥。为尽早造渣，保护已熔化的金属液，装料前在坩埚底部装入占料重2%~5%的底渣，其组成为石灰70%~80%，萤石20%~30%。

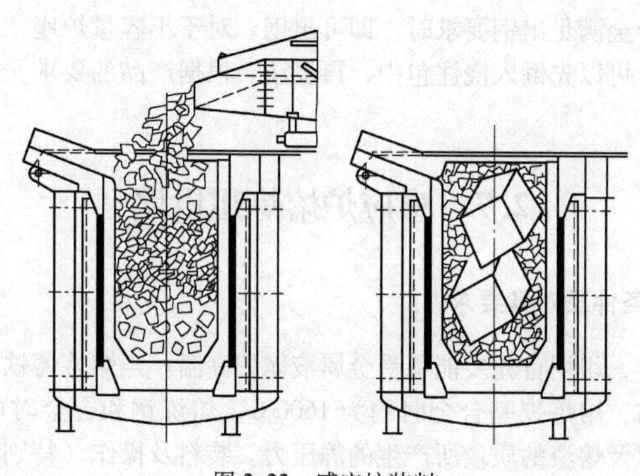

图2.22 感应炉装料

2.6.2.2 送电升温

装料完毕后，送电熔化。炉料的熔化过程直接关系到金属液中气体含量的变化和合金元素的回收，同时还影响到熔炼时间、坩埚寿命、电能的消耗等技术经济指标。因此，必须重视熔化期的操作。为保证快速熔化，首先是合理供电，同时减少炉口的散热损失。在熔化过程中，随着坩埚底部熔池的形成和不断地扩大，上层的炉料应该均匀地下沉，操作人员再及时地续加余料。当发现炉料不再下沉，应尽早采取措施，防止熔池过热和架桥的炉料之间焊合。破坏架桥的常用方法是捅料。如桥已焊死无法捅开时，应向熔池加小料，以保证炉料直接加入熔池，使液面上升，让熔池将焊死的炉料熔化。如果桥已把炉子封死，无法直接向熔池加料时，应小心摇炉，使熔池能在出钢口一侧把桥化掉。当桥上熔化出一个开口后，再加炉料（直接加入熔池），既为冷却熔池，又可使熔池液面升高而化桥。当桥化完后，再按正常操作程序加入剩余的炉料，和按正常的供电制度供电，继续熔化。

2.6.2.3 精炼

炉料全部熔化完毕后，加硅、锰预脱氧，测温、取样（不具备炉前快速分析的条件，或熔池成分完全有把握时，可以不取样）。装料时加入的底渣，碱度较高，熔化期炉衬耐火材料的溶入，炉料带入杂物的熔化，以及某些合金元素的氧化产物，都将使渣变黏。为方便精炼期对炉渣的调整，可以部分或全部除渣。由于感应炉熔炼的特点（炉容量小、渣温低、渣流动性差），通常都是先使渣变黏，然后将渣扒出。当炉料中含铬时，为还原熔化渣中的铬，可先加入萤石、石英砂、黏土砖碎块或高铝砖碎块，以调整渣的流动性，再加入硅、铝等还原剂，促使渣中铬的还原。

精炼期的主要任务是脱氧、合金化和调整熔池温度。调整熔池温度主要是通过控制输入功率来实现。要求炉料熔化完毕后，逐渐提高熔池温度，直至达到要求的出钢温度。升温速率的控制应保证与脱氧和合金化的操作同步，即当脱氧任务完成和合金成分已调到控制要求的同时，正好熔池温度达到出钢温度。合金化即成分的调整是与脱氧同时进行的，精炼期的脱氧操作应根据产品的成分和对质量的要求，选择相应的脱氧剂和制定脱氧剂的加入方法、加入时间，以及加入顺序，以控制脱氧产物的组成、大小、形态和分布。

2.6.2.4 浇铸

当熔炼的钢或合金满足出钢要求时，即可出钢。对于小容量炉座，可以直接浇注；对于较大容量的炉座，可以先倒入浇注包中，再浇注。根据产品的要求，可浇注成锭、铸件或自耗电极。

2.7 感应炉熔炼用坩埚

2.7.1 坩埚的工作条件及对其要求

在感应炉熔炼中，坩埚首先要能承受金属液体的高温。当熔炼铸铁时，熔炼温度通常为1400~1500℃左右，熔炼镍基合金时约为1600℃，熔炼钢和合金时可高达1700℃。坩埚还要承受金属液以及熔渣的质量所产生的静压力。装料及操作（特别是捅料）时，还会受到金属料的撞击和其他机械作用力。在感应加热时，金属液所受到的电磁力会导致金属液的搅拌，运动的金属液必然会冲刷坩埚内壁。金属液中某些组元，会与坩埚材料中的氧化物反应，而使坩埚受到侵蚀。当熔炼含活泼元素较高的钢与合金时，这类活泼元素会还原耐火材料中的氧化物。当金属液脱氧良好，氧势很低时，耐火材料中的一些不稳定氧化物，如 SiO_2，会分解而溶入金属液中。覆盖在液面上的炉渣也会侵蚀坩埚，特别是熔渣的组成不合理时，这种侵蚀还相当严重。从电的角度，要求坩埚壁尽可能地薄，除对坩埚的强度要求更高外，还使坩埚内外壁之间出现了很大的温差。由于感应炉是间歇生产的，所以每次出钢后，坩埚壁的温度将以极快的速率下降，这样坩埚必将遭受急冷急热的冲击。坩埚在整个熔炼时期一直处于一个强大的交变磁场的作用下，所以坩埚耐火材料的电阻率和磁导率将决定耐火材料内部的发热和受力。根据上述的工作条件，对坩埚耐火材料的主要要求有：

（1）耐火度和高温结构强度。坩埚材料的耐火度和高温结构强度应满足熔炼温度的要求，以及能承受高温下的金属液的重力负荷和液流运动的冲刷。此外，还应能承受操作过程的机械力，坩埚内外壁温差大而产生的热应力，和急冷急热而引起的热应力等。

（2）耐急冷急热性。即要求耐材具有良好的热稳定性。影响热稳定性的关键因素是从工作温度到室温的温度范围内，耐火材料是否出观相变，以及耐火材料的热膨胀系数。无相变、热膨胀系数小的耐火材料，耐急冷急热性就好。

（3）抗渣性。即要求耐火材料具有良好的抗渣侵蚀能力。耐火材料的化学成分、致密的程度，以及坩埚内表面的光洁度都影响着耐火材料的抗渣侵蚀能力。在实际操作中，渣线部位的侵蚀是无法避免的。当熔炼含有高活性组元的钢和合金时，耐火材料的氧化物被高活性组元所还原，而使耐火材料受到侵蚀。

（4）导热性。感应炉的结构特点是坩埚壁较薄，坩埚外壁又紧靠着水冷的感应圈。这样，导致坩埚内外壁之间的温差高达1400~1600℃，大约有熔炼所需总能量的10%~15%由坩埚壁向外散失。为减少散失的热量，要求耐火材料的导热性应尽可能低一些。常用的坩埚耐火材料在熔炼温度下导热系数约为1~2W/(m^2·K)。

（5）绝缘性能。在熔炼过程中，坩埚中的金属炉料与感应圈之间存在着一定的电位差（通常为几十伏到数百伏）。为此，要求坩埚材料具有一定的绝缘性能。但是随着坩埚耐火材料电阻率的提高，磁感应强度穿过坩埚壁时的损失增大，所以耐火材料的电阻率并不要求尽可能大。在炼钢温度范围内，常用坩埚材料的电阻率约为10^2~10^4Ω·cm。坩埚材料的纯度对电阻率的影响最明显，特别是如Fe_3O_4，Fe_2O_3等铁磁性物质会显著降低电阻率。

（6）无污染、无害、挥发性低、抗水化性强、成本低廉。

到目前为止，还没有一种耐火材料能够全面地满足上述这些要求。在实际工作中，小型坩埚都偏重于强调热稳定性，而大、中型坩埚除强调热稳定性外，还需侧重于高温结构强度。

2.7.2 坩埚用耐火材料

感应炉坩埚用耐火材料，按其化学属性可分酸性、碱性和中性三大类。选用时，除根据其寿命、成本等方面的要求外，还要考虑到所炼金属的成分和熔炼的方法。

2.7.2.1 酸性耐火材料

酸性耐火材料常以石英砂为代表。由石英砂制备的坩埚，耐急冷急热性好，取材方便，价格便宜。对于熔炼过程中不要求去除硫、磷的产品，如一般要求的铸铁和铸钢，就可以应用酸性坩埚。显然，若熔炼的产品对磷、硫有较严格的要求，或原材料质量较差，要求在熔炼过程中去除一部分磷和硫时，酸性坩埚就不适用了。此外，熔炼含铝或钛等活性较强元素的钢和合金时，钢中的活性元素会将炉衬中的SiO_2还原，以使产品中的硅难以控制，及坩埚损坏加剧。在酸性坩埚中熔炼钢时，钢中SiO_2夹杂较多，使锻造性能变差。因此，大部分钢和合金是在碱性坩埚中熔炼。

2.7.2.2 碱性耐火材料

常用的碱性耐火材料主要是镁砂和铝镁尖晶石等。碱性耐火材料具有熔点高、荷重软化点高等特点，但其膨胀率较大。非真空感应炉用坩埚，一般用冶金镁砂（由菱镁矿经高温煅烧而成，也称烧结镁砂）制作。为了进一步降低镁砂中的SiO_2，Fe_2O_3等杂质，将冶金镁砂在电弧炉中重熔，并用焦炭还原镁砂中的SiO_2，Fe_2O_3等杂质，即可得到纯度更高的电熔镁砂。部分冶金镁砂和电熔镁砂物理化学性质见表2.13，电熔镁砂多用于制作真空感应炉的坩埚。由于纯氧比镁材料膨胀系数大，坩埚易产生龟裂，所以只适宜制作小型坩埚，而容量超过1t的大型感应炉坩埚，目前多使用耐火度高、热膨胀系数小的铝镁尖晶石型耐火材料。

表 2.13　镁砂理化性质（YB/T 5266—2004，GB/T 2273—2007）　（%）

牌　号		化学成分/%					颗粒体积密度/$g \cdot cm^{-3}$
		MgO ≥	SiO_2 ≤	CaO ≤	Fe_2O_3 ≤	Al_2O_3 ≤	≥
电熔镁砂	FM990	99.0	0.3	0.8	0.3	0.2	3.5
	FM985	98.5	0.4	1.0	0.4	0.2	3.5
	FM980	98.0	0.6	1.2	0.6	0.2	3.5
	FM975	97.5	1.0	1.4	0.7	0.2	3.45
	FM970	97.0	1.5	1.5	0.8	0.3	3.45
	FM960	96.0	2.2	2.0	0.9	0.3	3.35
牌　号		MgO ≥	SiO_2 ≤	CaO ≤	灼烧减量/%	CaO/SiO_2 ≥	颗粒体积密度/$g \cdot cm^{-3}$ ≥
冶金镁砂	MS98A	98.0	0.3	—	≤0.30	3	3.4
	MS98B	97.7	0.4	—	≤0.30	2	3.35
	MS98C	97.5	0.4	—	≤0.30	2	3.30
	MS97A	97.0	0.6	—	≤0.30	2	3.33
	MS97B	97.0	0.8	—	≤0.30	—	3.28
	MS96	96.0	1.5	—	≤0.30	—	3.25
	MS95	95.0	2.2	1.8	≤0.30	—	3.20
	MS94	94.0	3.0	1.8	≤0.30	—	3.20
	MS92	92.0	4.0	1.8	≤0.30	—	3.18
	MS90	90.0	4.8	2.5	≤0.30	—	3.18
	MS88	88.0	4.0	5.0	≤0.50	—	—

2.7.2.3　中性耐火材料

锆英石是一种中性的耐火材料。它是天然矿物，精选后即可使用，其主要矿物组成是 ZrO_2，SiO_2，理论含量为 ZrO_2 67.2%，SiO_2 32.8%。这种耐火材料的耐火度较低，只有 1800℃，所制作的坩埚允许的工作温度只有 1650℃。它具有良好的耐急冷急热性，对酸性渣具有很好的化学稳定性。它的缺点是：当温度超过 1600℃ 时，锆英石会分解成 ZrO_2 和 SiO_2，使体积膨胀，从而导致坩埚内壁剥落。另外，锆英石坩埚的抗碱性渣性能差。由于以上原因，锆英石坩埚很少应用于炼钢生产。

可作为感应炉坩埚耐火材料的其他高纯氧化物还有 Al_2O_3，CaO，ZrO_2，ThO_2 等（其纯度均要求大于 98%）。感应炉常用耐火材料的性能见表 2.14。

表 2.14　感应炉常用耐火材料的性能

名　称	主要矿物成分/%	制品耐火度/℃	最高工作温度/℃	平均热膨胀系数（20~1000℃）/$\times 10^{-6}$
石英砂	SiO_2≥98	1650	1550	11.5~13.0
电熔镁砂	MgO≥98	2300	1800	14.2
冶金镁砂	MgO≥90	2000	1700	14.2

续表 2.14

名　称	主要矿物成分/%	制品耐火度/℃	最高工作温度/℃	平均热膨胀系数 (20~1000℃)/×10⁻⁶
刚玉	Al_2O_3	1750	1650	8.6
铝镁尖晶石	$Al_2O_3 \cdot MgO$ (71.8 : 28.2)	1900	1800	8.0 (20~800℃)
铬镁尖晶石	$Cr_2O_3 \cdot MgO$(80 : 20)	2180	2090	—
锆英石	$ZrO_2.SiO_2 \geqslant 95$	1800	1650	7.0
氧化钙砂	CaO	2000	1850	

2.7.3　坩埚成型方法

感应炉坩埚成型可分为炉外预制成型、炉内捣制整体成型、炉内砌筑成型三种。国内大型感应炉以炉内砌筑式炉衬为主，中小型感应炉以炉内捣制整体成型为主，但炉外预制成型坩埚近年来发展迅速。这里主要介绍炉内捣制整体成型坩埚和炉外预制成型坩埚的制作。

无论是用石英砂还是用镁砂制作的坩埚，为了保证坩埚的密实度，所用耐火材料都需要有一个合理的粒度配比，以便制作的坩埚在成型后具有最小的气孔率。在操作中，常将砂料的颗粒分成粗、中、细三类。粗粒的尺寸范围取决于炉子的容量。例如，500kg 以下的坩埚，2~4mm 的砂粒称为粗粒；1~5t 的坩埚，粗粒为 2~6mm，0.5~2mm 的砂粒称为中等粒度，小于 0.5mm 称为细粒。表 2.15 中列出几种不同容量的镁砂坩埚的粒度配比情况。

表 2.15　几种不同容量坩埚镁砂粒度的配比

坩埚容量/kg	粒度配比/%				
	4~6mm	2~4mm	1~2mm	0.5~1mm	<0.5mm
1300	15	30	25	20	10
430		50	10		40
200		25	30	10	35
10		15	15	55	15

2.7.3.1　炉内捣制整体成型

A　黏结剂

为了使散砂黏结成型，在制作坩埚的耐火材料中，通常要加入少量的黏结剂，如硼酸 H_3BO_3、卤水（MgCl 的水溶液）、水玻璃（Na_2SiO_3 的水溶液）等。卤水、水玻璃等液态的黏结剂用于坩埚的湿法成型，能提高未烧结时制品的机械强度。硼酸呈固体粉末状，用作干法成型坩埚的黏结剂，其作用为：(1) 降低烧结温度。当打结后的坩埚采用金属型芯法烧结时，最高的加热温度大约为 1350℃左右，远低于镁砂或石英砂的烧结温度。当有硼酸存在时，硼酸先分解成 B_2O_3，然后在 1000~1300℃的温度范围内就能与 MgO 或 SiO_2 形成低熔点的共晶，从而使烧结过程可以在较低的温度下进行。(2) 促进尖晶石的形成。当镁砂中加入 8%~15%Al_2O_3 时，在高温下可形成尖晶石（$MgO \cdot Al_2O_3$）。它具有较高的耐火度和耐急冷急热性。是一种较好的坩埚材料。但是为了使尖晶石晶体在坩埚材料的基体中形成较为理想的烧结网络，必须使烧结温度高于 1600℃。但当有 B_2O_3 存在的条件下，在 1300℃就有 90%的尖晶石形成。（3）降低了坩埚的体积变化率。在烧结过程中，坩埚砂料会产生膨胀与收缩，当体积变化的幅度较大时，会导致烧结层产生裂纹。少量的硼酸会使体积变化的幅度变小。

硼酸的用量，炼钢用碱性坩埚为 0.8%~1.5%，其中非真空感应炉取 1.2%~1.5%，真空感应炉取 0.8%~1.2%。酸性坩埚硼酸用量为 1.5%~2.0%。熔炼铸铁的工频感应炉取 2.0%~2.5%。当选用的烧结方法可达到较高烧结温度时，硼酸的用量偏下限选取；反之取上限。

B 型芯

制作前的准备工作有砂料及黏结剂的配制与混匀、感应圈的清理和检查、制作坩埚用模具的准备、成型工具和装备的准备。

每次打结坩埚前，先在感应圈内侧铺 1~2 层玻璃纤维布或石棉布，以避免感应圈匝间缝隙漏砂，同时起绝缘和隔热作用。模具主要是指坩埚型芯，型芯是用于控制坩埚内形和容积的胎具。感应炉坩埚型芯，对小型感应炉一般是用石墨电极加工而成，对大容量感应炉可用钢板焊成，如图 2.23 所示。表 2.16 和表 2.17 给出了型芯参考尺寸。

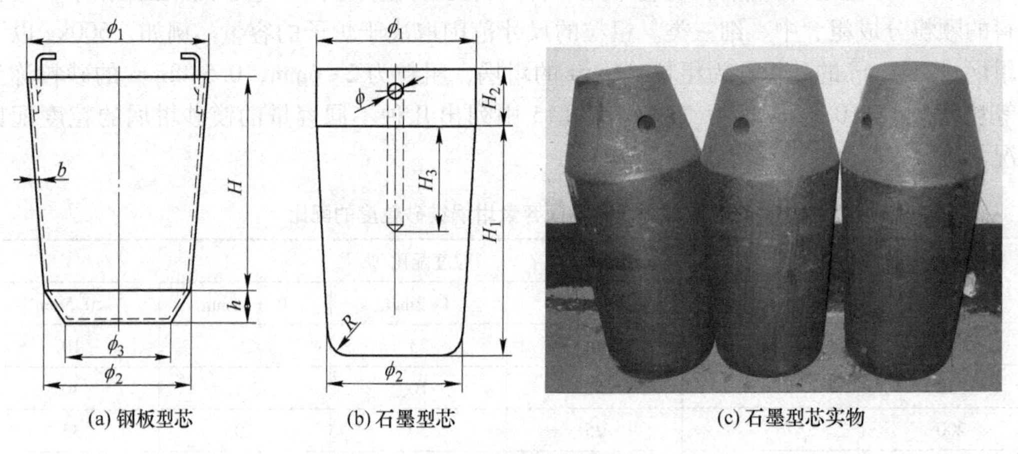

(a) 钢板型芯　(b) 石墨型芯　(c) 石墨型芯实物

图 2.23 感应炉坩埚用型芯

表 2.16 感应炉坩埚钢板型芯尺寸 (mm)

项目	坩埚容量/kg							
	150	500	1000	1500	3000	6000	10000	20000
ϕ_1	280	400	540	580	800	970	1150	1300
ϕ_2	250	360	480	500	690	870	1040	1200
ϕ_3	210	320	420	440	620	800	950	1100
H	490	770	800	1100	1550	1650	1800	2500
H	20	30	30	40	40	50	70	100
b	3	4	4	5	5	6	10	15
使用情况	多次	多次	多次	多次	熔化	熔化	熔化	熔化

表 2.17　感应炉坩埚石墨型芯尺寸　（mm）

项目	坩埚容量/kg			
	10	30	50	150
ϕ_1	120	160	220	300
ϕ_2	90	120	180	260
H_1	250	280	300	550
H_2	80	80	100	120
H_3	120	140	150	200
ϕ	20	20	25	30
R	20	20	30	50

C　成型

用石墨型芯制作坩埚时，需在型芯表面包裹 2~3 层马粪纸，便于坩埚完成高温烧结后从炉衬中脱模。小容量感应炉坩埚炉衬采用人工打结成型（图 2.24），大容量感应炉坩埚炉衬采用机械振动成型（图 2.25）。机械振动成型所用设备为振动筑炉机，它由气动振动机、炉底振动块和炉壁振动器组成。振动筑炉机以压缩空气驱动的空气马达产生的振动作为振源，可产生 0.3~0.5MPa 压强，通过炉底振动块和炉壁振动器把振动力传递给砂料，以使砂料达到高的填充密度。

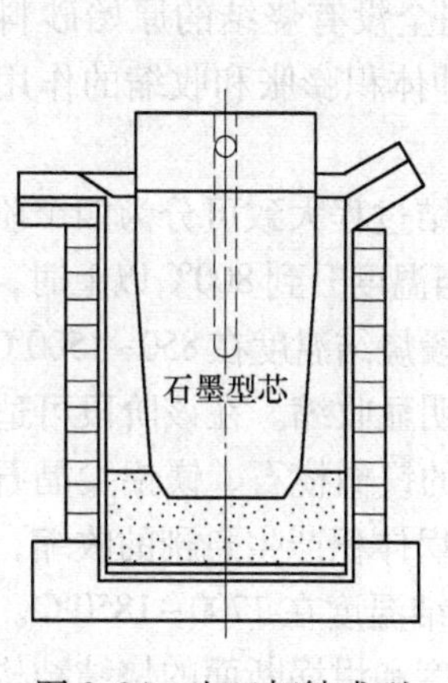

图 2.24　人工打结成型

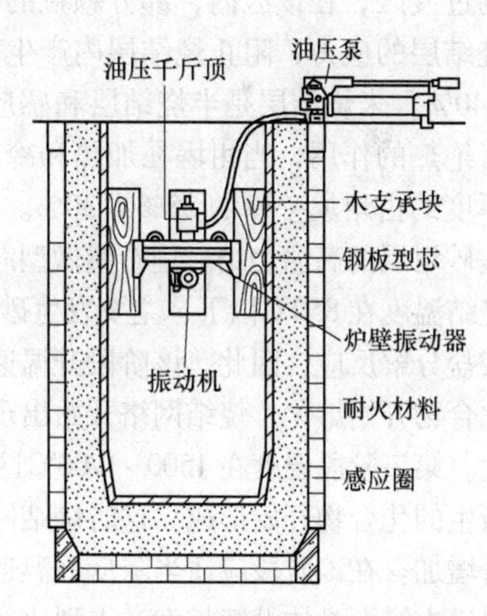

图 2.25　振动筑炉机振动成型

确定坩埚底部打结层的厚度，除考虑钢液的静压力外，还必须考虑底部的散热条件。由于感应圈端头磁力线发散，在炉底部位不是最高温区，为此要求保持炉底打结层有足够的厚度，以增大热阻，减少散热。炉底的打结是分层进行的，混匀的砂料分四至五批加入，每批料加入后均匀打实。为了保证坩埚壁与底部接缝处的强度和可靠性，应该在已打实的坩埚底上，挖出一个与型芯底部形状相同的凹坑，再将型芯座于该凹坑内并对中，固定型芯，然后再分批加入砂料，逐层打结坩埚壁。由此可见，所挖凹坑的底部位置，决定了坩埚在感应圈中的安放位置。为保证坩埚内温度分布的合理，凹坑底部的位置应处在从感应圈下端往上数的第二匝之上。从电磁的角度出发，坩埚壁在强度和保温允许的条件下，应尽可能的薄。为此打结坩埚壁的砂料中应严格防止混入杂物，以及防止层与层之间连接薄弱，烧结时出现横向裂纹。当坩埚壁打结到感应圈由上向下数第二或第三匝的位置时，即转入炉口的扣打结操作。由于此位置以上，已不再与钢液直接接触，所以加热温度低，坩埚耐火材料烧结质量差。为防止出钢过程中此处落砂，可在炉口区的砂料中增加细粉料的比例，增加粘结剂的用量，以保证在温度不太高的条件下炉口区能达到较好的烧结质量。

D 烧结

为了使打结成型后的坩埚炉衬变成致密的整体，并获得足够强度和体积稳定性，需要对坩埚炉衬材料进行烧结。

烧结过程是在高温下使砂料的接触面上出现液相结合，形成连续的烧结网络，通过网络使整个砂料联成一个整体。烧结后坩埚的理想断面结构如图 2.26 所示。

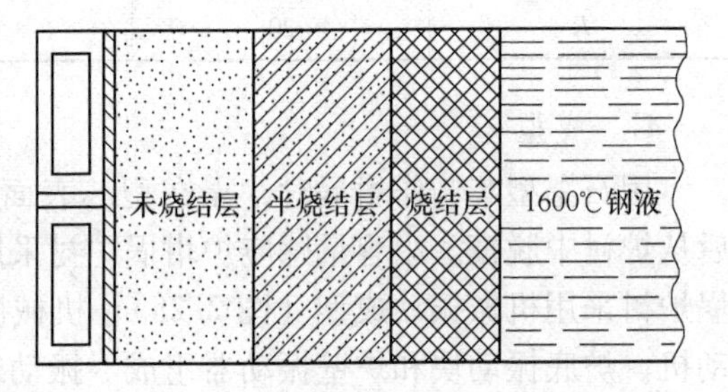

图 2.26 坩埚的烧结断面结构示意图

由图 2.26 可见，烧结后的坩埚断面应分为未烧结层、半烧结层、烧结层。烧结层的厚度约占全壁厚的 30%~50%，应尽量避免烧结层的横向裂纹。半烧结层是烧结层和未烧结层之间的过渡区，在该区内，部分颗粒的接触面开始熔化，烧结网络不完全。该层的作用是缓冲烧结层的应力，阻止烧结层内产生的裂纹向外延伸。半烧结层的厚度约占坩埚厚度的 35%~40%。未烧结层是半烧结层和感应圈之间有一层完全没有烧结的原始砂料，这层砂料起着绝热的作用，当坩埚在加热和冷却时，也起着缓冲体积膨胀和收缩的作用。未烧结层的厚度约占坩埚壁厚的 25%~ 30%。

镁砂坩埚的高温烧结。用石墨做型芯的镁砂坩埚的烧结过程大致可分为四个阶段。第一阶段烧结温度在 850℃以下，主要发生砂料的脱水反应。当温度升到 800℃以上时，还发生微量碳酸盐分解反应，因此，该阶段升温速度缓慢。第二阶段烧结温度在 850~1500℃区间，低熔点化合物开始熔化，烧结网络开始出现，坩埚体积发生明显收缩。在该阶段可适当增大升温速度。第三阶段温度在 1500~1700℃区间。镁砂中原有的镁橄榄石、镁铝尖晶石等开始熔化，新生的化合物开始形成。这时烧结网络迅速形成，坩埚体积产生急剧的收缩，密度和强度显著增加。在该阶段应适当降低升温速度。第四阶段烧结温度在 1700~1850℃。该阶段目的是促进方镁石晶体继续长大，得到比较理想的烧结层厚度和坩埚断面的烧结结构。容量为 150kg 的纯镁砂坩埚的高温烧结工艺曲线如图 2.27 所示。

镁砂坩埚的低温烧结。利用钢板型芯制作的坩埚均采用低温烧结，低温烧结过程分两步进行，第一步利用感应加热，通过钢板型芯使砂料加热至 1300℃左右，达到初步烧结。然后装入低碳钢料或工业纯铁进行第二步烧结，利用钢液温度来加热。这两步烧结过程又可分为三个阶段。

第一阶段温度在 850℃以下，主要发生脱水反应和碳酸盐的分解反应，升温速度缓慢；第二阶段温度在 850~1400℃之间，含 B_2O_3 的低熔点化合物的烧结网络迅速形成，坩埚强度增加；第三阶段温度在 1500~1550℃之间，使经过初步烧结后的坩埚继续扩大烧结层的厚度，

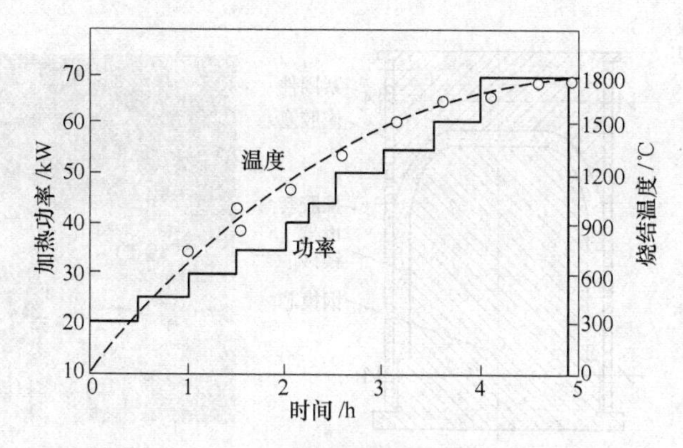

图 2.27 150kg 纯镁砂坩埚高温烧结工艺曲线

并烧结得到理想的烧结网络。容量为 0.5t 的镁砂坩埚的低温烧结工艺曲线如图 2.28 所示。

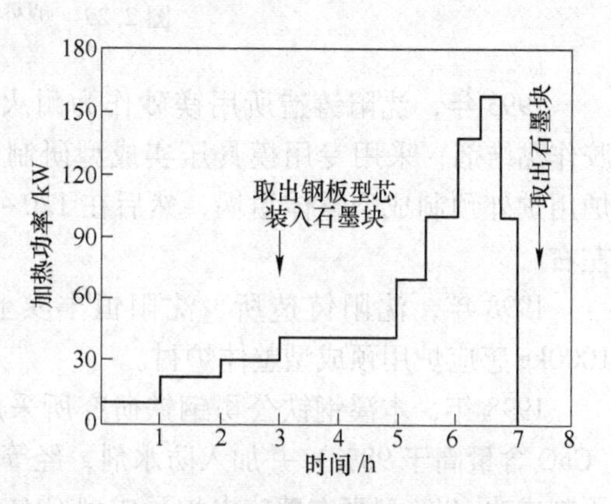

图 2.28 容量为 0.5t 的镁砂坩埚低温烧结工艺曲线

E 洗炉

坩埚制作的最后一个步骤是洗炉。洗炉的作用是将坩埚进一步烧结，继续去除坩埚耐火材料中的气体和水分，以及去除坩埚表面粘附的杂物。而且由于熔融金属的渗透作用，使坩埚表面孔隙度减小，从而保证在正式熔炼时金属液与坩埚壁的作用降到最低限度，特别是保证所炼产品成分的稳定。也就是说洗炉可以纯化坩埚表面。

根据熔炼品种的需要，烧结后的新坩埚一般要求用铁或镍（当熔炼镍基合金时）洗炉。洗炉的装料量应比正式熔炼时多装 5%～10%，以保证渣线部位及坩埚上部能得到进一步的烧结。在实际操作中，洗炉与第一炉正式熔炼已没有什么原则上的差别，只是新坩埚启用的最初几炉在安排熔炼的品种时考虑到新坩埚的特点而已。

2.7.3.2 炉外预制成型坩埚

炉外预制成型坩埚是在耐火材料制品厂内制成。如图 2.29 所示，炉外预制成型坩埚通常是将配好的砂料用黏结剂润湿，加入特制的坩埚模具中，然后在压力机上压制成型，经脱模、干燥后和烧结后，即可供感应炉安装使用（见图 2.30）。预制成型坩埚在感应圈内安装时，也需要先在感应圈内侧铺一至二层玻璃纤维布或石棉布，然后用耐火材料铺好底料后将预制成型坩埚在感应圈内对中就位。感应圈与预制成型坩埚之间的间隙用耐火材料填充密实。炉口需要用耐火材料细粉料加水玻璃溶液捏成的耐火“泥团”修筑光滑。

坩埚预成型方法有振动压实成型和等静压成型等。国内最早有关用于黑色金属熔炼的感应炉炉外整体成型坩埚的文献是 1986 年申请的“镁质感应电炉坩埚制造方法”专利，专利所描述的坩埚为双层结构，内层选用大粒度、高纯度镁砂（4～12mm 高纯镁砂 92%、-100 目电熔镁粉 5%、氯化镁溶液 3%），外层选用小粒度、重烧镁砂（2～10mm 重烧镁砂 88%、-100 目电熔镁粉 7%、氯化镁溶液 5%）。通过压实成型后，在 1650℃高温烧结而成。

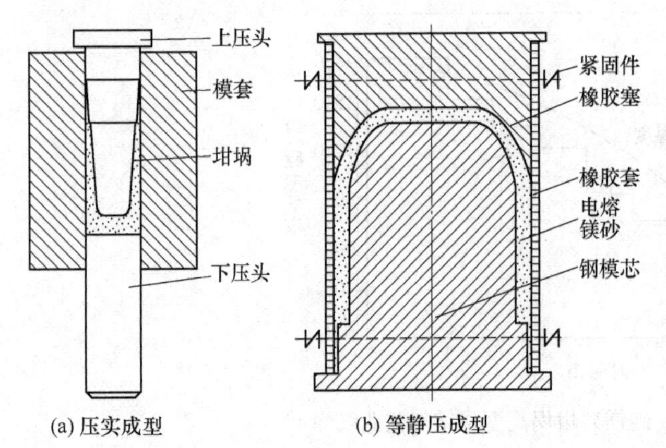

(a) 压实成型　　(b) 等静压成型

(c) 等静压预成型镁砂坩埚

图 2.29　炉外成型坩埚制作方法

1993 年，沈阳铸造所用镁砂作为耐火材料，用 901 胶作黏结剂，采用专用模具压实成型研制出 500kg 感应炉用炉外预制成型整体坩埚，然后在 120～240℃加热 4h 左右。

1998 年，沈阳铸造所、沈阳恒丰实业公司制备出 1000kg 感应炉用预成型整体炉衬。

1998 年，本溪钢铁公司钢铁研究所采用电熔氧化钙（CaO 含量高于 98%）并加入防水剂，经等静压成型工艺研制成功 10kg 型真空感应电炉预成型 CaO 坩埚，制品体积密度高于 $2.7g/cm^3$，气孔率小于 15%。而用 200t 液压机压制 10kg 型预成型 CaO 坩埚体积密度较低为 $2.5 \sim 2.6g/cm^3$，气孔率较高，为 18%～21%。

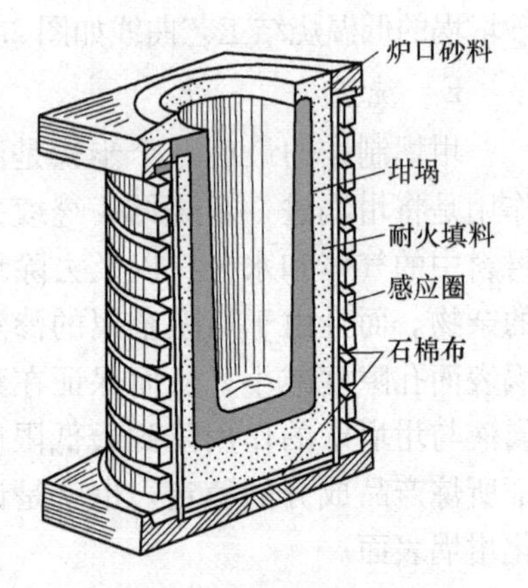

图 2.30　炉外预制成型坩埚的安装方法

2005 年，西安航空职业技术学院采用电熔刚玉质浇注料，用低钙氧化铝水泥和活性 $\alpha\text{-}Al_2O_3$ 微粉作为黏结剂，研制出用来熔炼钛合金的中频感应炉炉外预制成型整体坩埚。其生产工艺过程如下：将搅拌好的浇注料装入装配式模具内，并充分振动，表面抹光，12h 后脱模，保湿养护 2d，再在 120℃烘箱中放置 24h 即可。该成型坩埚的最高工作温度为 1800℃。

2.7.4　坩埚的使用和维护

2.7.4.1　影响坩埚寿命的因素

坩埚制作完成后（图 2.31）即可投入使用，为提高坩埚使用寿命，在熔炼操作和日常维护过程中应该注意以下事项。

（1）坩埚材质的特性。不同的材质以及耐火材料中杂质的数量、种类，使得各种耐火材料的物理化学特性有很大的差别，它们对熔炼条件的适应能力也不相同。能较好地适应熔炼条件的耐火材料，寿命就高。

（2）坩埚容量。感应炉坩埚的使用寿命随其容量的增大而降低。这是因为随容量的增大，钢液的静压力增大。例如，容量为 1t 的坩埚所承受的静压力是 150kg 坩埚的 2 倍，

10t 坩埚所受的静压力是500kg 坩埚的4.5倍。因为静压力大，钢液容易向坩埚壁渗透，而加速坩埚的破坏。此外，随容量的增大，电源的频率降低，电磁搅拌力增大，所以坩埚受到钢液的冲刷加剧，大容量坩埚的炉口温度高，所以炉渣流动性好，对炉衬的侵蚀加剧。

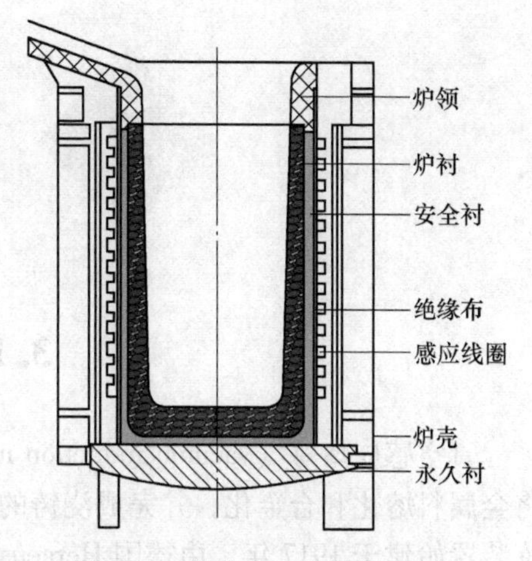

图 2.31　制作完成的坩埚示意图

（3）坩埚的工作状况。即坩埚的作业制度。连续作业比间歇作业的使用寿命长，因为在连续作业中，坩埚所受的温度变化冲击较小。

（4）坩埚的制作工艺。这涉及砂料颗粒度的配比、黏结剂的种类和用量、坩埚的打结方法、烧结工艺制度，等等。这需要在生产中积累经验，并制定相应的工艺规程，按照规程要求执行，以达到较高的坩埚使用寿命。

（5）熔炼工艺制度。包括熔炼温度、所炼品种、造渣制度，以及操作习惯，如处理“架桥”的操作，装料的操作等。

2.7.4.2　坩埚的使用和维护

正确使用和维护坩埚是提高其寿命的重要途径。除注意上述影响坩埚寿命的因素外，特别应注意在熔炼操作过程中对坩埚的维护。

新砌的坩埚在使用初期，因坩埚还没有完全烧结好（尤其是低温烧结的坩埚），要特别注意烧结层的破裂，除在装料和处理“架桥”时要更加仔细外，在所炼品种的选择、供电制度、造渣制度的确定等方面，都要考虑到如何促进新坩埚的烧结和改善新坩埚的工作条件。例如，新坩埚的最初几炉，避免熔炼流动性好的高碳、高锰钢种，也不宜熔炼一些密度大的高合金钢，而应安排一些低碳、低合金钢种。又如所造炉渣黏度应偏大一些。

在间歇作业的情况下，应当尽量集中生产，减少停炉次数。对于容量较大的炉座，如果短时间间断熔炼，可考虑采用保温措施，使坩埚温度保持在600~800℃。例如，熔炼铸铁的工频感应炉，在停炉期间，可留一部分铁水在炉中，继续供电加热，以使坩埚保持一定的温度。

在坩埚的整个炉役期，应全面安排熔炼的品种。通常前期以熔炼低碳、低合金钢为主，中期以高合金钢为主，后期则以高碳钢为主。

每炉出钢后，应迅速清除坩埚内的残渣，检查有无裂纹和局部侵蚀。如发现问题可及时进行修补。如损坏严重，可等坩埚冷却后，用细粉较多的砂料与卤水混合均匀后，修补坩埚，烘干、烧结后继续使用。

参 考 文 献

[1] 王振东，曹孔健，何纪龙．感应炉冶炼［M］．北京：化学工业出版社，2007.
[2] 丁永昌，徐曾启．特种熔炼［M］．北京：冶金工业出版社，1995.
[3] 崔雅茹，王超．特种冶炼与金属功能材料［M］．北京：冶金工业出版社，2010.
[4] 王振东．感应炉冶炼工艺［M］．北京：机械工业出版社，2012.

3 真空感应熔炼

3.1 概　述

真空感应熔炼（vacuum induction melting，VIM）是在真空下，利用电磁感应加热原理将金属料熔化和合金化，并完成浇铸的一种钢和合金的特种熔炼方法。第一台真空感应熔炼装置始建于1917年，由德国Heraeus公司制造，用于熔炼飞机和火箭发动机引擎镍铬合金。1926年，德国制造出了容量为4t的真空感应炉用于熔炼含钴镍的合金。第二次世界大战期间，由于真空技术的进步，欧、美、日等国家的真空感应熔炼技术迅速发展，这种方法多用于熔炼耐热钢、轴承钢、纯铁、铁镍合金、不锈钢等金属材料。镍基、钴基、铁基高温合金采用真空感应熔炼炉工艺熔炼时，其热加工性能和力学性能明显提高。由于大型真空抽气设备（如罗茨增压泵）的出现，真空感应炉也逐步向大型化发展。以美国为例，至1969年，已有容量达15t、30t和60t的真空感应炉，可满足各种金属材料工业化生产的需求。为了达到喷气式发动机部件对合金的质量要求，西欧各国也在20世纪50~60年代将真空感应熔炼法用于生产耐热钢和高温合金，并将炉子向大型化和多功能化方向发展，逐渐诞生了可在不破坏真空的条件下，进行装料、铸模准备及浇铸操作等，实现连续的或半连续的真空感应熔炼。

美国Consarc公司和德国ALD公司是目前世界上最主要的大型真空感应熔炼炉制造企业，生产的大型真空感应熔炼炉可以达到30t以上。我国生产的真空感应熔炼炉的容量一直比较小，主要为5~1500kg，2t以上的大型真空感应炉主要从德国、美国、日本进口。20世纪80年代初，抚顺特钢在国内率先从德国引进3t/6t大型真空感应炉。20世纪90年代以后，国内宝钢特钢、东北特钢和攀长钢等企业先后从国外引进了大型真空感应炉，最大容量为12t。进入21世纪，随着我国制造业技术的快速进步，我国真空感应熔炼炉大型化制造技术取得突破，苏州振吴电炉有限公司研发制造的13t真空感应熔炼炉在南通中兴能源装备公司投入使用。2016年12月1日，抚顺特钢第三炼钢厂20t真空感应炉投产，这是我国目前装备的容量最大的真空感应炉。

3.2 真空感应炉熔炼的特点

钢铁材料在大批量生产过程中，为了保证不同炉次熔炼的同品种材料在相同的热加工和热处理制度下能达到同样的机械力学性能，在熔炼过程中要求将各合金成分的波动控制在尽可能窄的范围内。对于如镍、铬、钴、钨、钼等不活泼的元素，窄成分控制并不困难。但对于像铝、钛、锆、硼和稀土等活泼元素的窄成分控制则相当困难。若在大气中熔炼，由于炉气中氧势高，氮的分压大，要精确控制这类活泼元素的含量甚至是不可能的。

为此，只有将熔炼炉置于与大气隔绝的环境中进行。在钢和合金的生产中，真空感应炉熔炼就是一种最常用的与大气隔绝的熔炼方法。真空感应炉熔炼法有以下特点：

（1）产品的气体含量低、纯净度高。由于在真空条件下熔炼与浇铸，因而不仅避免与大气接触，同时还可以充分发挥真空脱气的作用和真空下碳的脱氧作用，从而减少气体和脱氧产物在所熔炼产品中的含量，即降低钢和合金中的非金属夹杂物的含量。所以真空感应炉熔炼的产品纯净度远优于其他熔炼方法。表 3.1 列出不同熔炼方法生产 SAE4340 钢中气体的含量。真空感应炉熔炼的铬镍钢或合金（包括含钛、铌、铝的品种），其非金属夹杂的含量，一般只有非真空熔炼的同品种的 1/3~1/5。

表 3.1　不同熔炼方法生产的 SAE4340 钢中气体含量

熔炼方法	钢中气体含量/$\times10^{-6}$		
	T.O	[H]	[N]
炉料	251	1.8	29
电弧炉	31	1.7	59
非真空感应炉	30	1	50
真空感应炉	3	0.1	5

（2）能精确控制产品成分的含量。在熔炼真空度为 1.33~0.67Pa 的大型真空感应炉内熔炼含铝、钛、硼、铬、钴等合金元素较多的 Udimet700 镍基高温合金时，统计熔炼的 100 多炉合金的成分波动范围：铝和钛小于±0.10%，硼为±0.003%，碳为±0.010%。这样的精确度是其他冶炼方法达不到的。

（3）对原材料的适应性强。真空感应炉熔炼与重溶法（电渣、真空电弧等）相比，在选用原材料时，其灵活性要大得多，它可以利用切头、轧制及机械加工时产生的废料（废品、边角余料或车屑），以及报废的零件。上述特点是因为在真空感应炉熔炼时，可以在真空或保护性气氛下熔化形状不规则的固体炉料，并能将熔融状态保持足够长的时间，以完成添加合金、调整成分和调整温度等冶金任务。

（4）浇铸过程无二次氧化。可在真空或保护气氛下完成金属液的浇铸成锭，也可浇铸成形状复杂的铸件，从而较好地解决了已精炼的钢液在浇铸成型过程中再被二次氧化的问题。

但是，真空感应炉熔炼也存在一些问题。如熔炼过程中，高温金属液长时间地与坩埚耐火材料接触，必然存在耐火材料玷污金属液的问题。其次，所熔炼的金属液的凝固条件和一般浇铸方法没有什么区别，金属锭中仍存在疏松、偏析等缺陷。此外，设备庞杂，基建和操作费用较高。真空感应炉普遍用于熔炼附加值高的材料，如高温合金、精密合金、高强度特殊用途钢或合金、特种不锈钢、滚珠轴承钢和工具钢等。精密合金是一类具有特殊的磁、电和热性能的金属材料，如磁性材料、弹性材料、超导材料、磁致伸缩材料、膨胀合金、形状记忆合金、储氢合金等。真空感应熔炼的钢水也可以浇铸成圆棒状自耗电极，作为电渣炉或真空自耗电弧炉重熔的母材。

3.3　真空感应炉结构

3.3.1　真空感应炉结构形式

真空感应炉按真空熔炼室的启闭方式，可分成立式（图 3.1）和卧式（图 3.2）两种

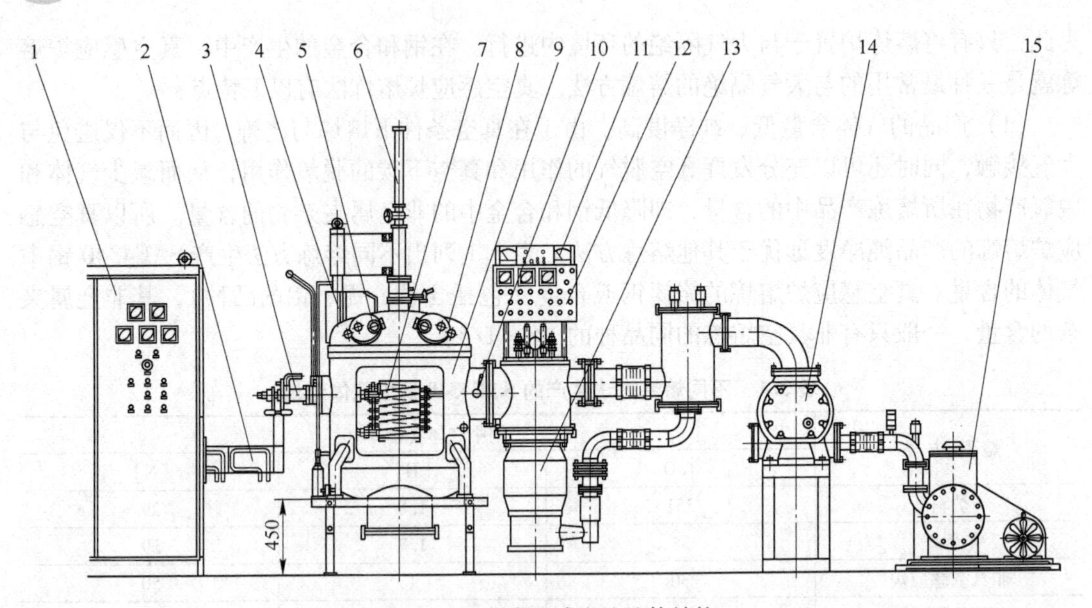

图 3.1 立式真空感应炉炉体结构

1—电源柜；2—水冷电缆；3—转动轴；4—炉盖升降柱；5—窥孔；6—取样捣料杆；7—感应圈及坩埚；8—炉盖；9—炉体；10—测温操作杆；11—仪表盘；12—操作钮；13—扩散泵；14—罗茨泵；15—旋片式机械泵

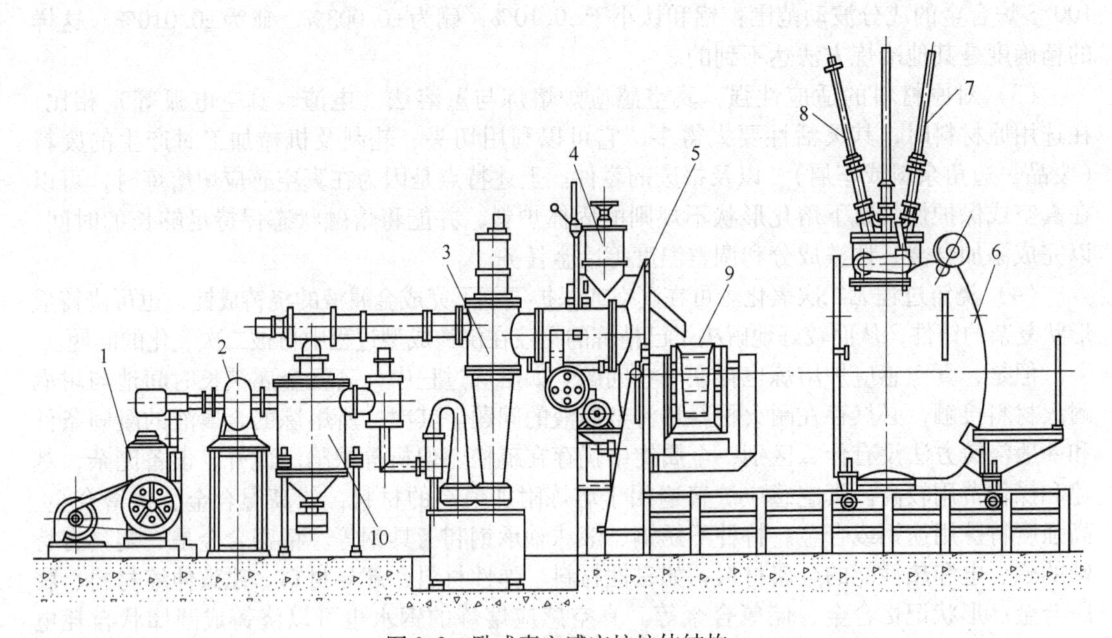

图 3.2 卧式真空感应炉炉体结构

1—机械泵；2—机械增压泵；3—扩散泵；4—合金加料室；5—固定炉体；6—移动炉体；7—测温装置；8—捣料杆；9—感应圈及坩埚；10—过滤器

形式。前者真空熔炼室炉盖呈翻盖式启闭或先用千斤顶将炉盖提升后再作水平旋转方式启闭（图 3.3），这种结构虽占地面积小，但由于其结构上的局限性，只适用于间歇式生产的小型炉座；后者真空熔炼室的活动炉体部分呈开门式启闭或呈水平移动式启闭（图

3.4)。卧式炉体可将感应圈和坩埚完全暴露出来，这种结构便于坩埚的制作，真空室的清理、维修、检查，中型和大型炉座均采用水平移动启闭方式。

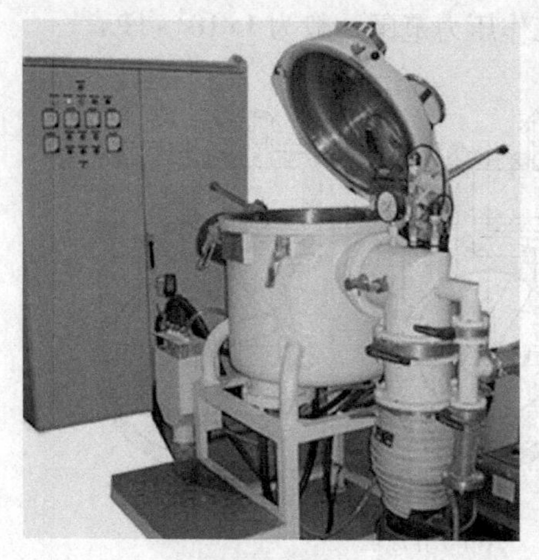

(a) 翻盖式启闭

(b) 先提升后水平旋转方式启闭

图 3.3　立式真空感应炉炉盖启闭方式

(a) 开门式启闭

(b) 水平移动式启闭

图 3.4　卧式真空感应炉炉盖启闭方式

3.3.2　真空感应炉设备构成

真空感应熔炼炉结构组成包含真空系统、真空熔炼室及炉体、电源控制柜和冷却水系统等。

3.3.2.1　真空系统

真空感应炉的真空系统由真空泵（机械泵、增压泵、扩散泵)、真空阀门和复合式真空计等组成。熔炼室真空度是指低于一个大气压的熔炼室的压强（力)，表压为负值。真空度越高，熔炼室的压强（力）越低。按照熔炼室压力的高低，可将真空度分为：粗真空（$10^5\sim10^3$Pa)、低真空（$10^3\sim10^{-1}$Pa)、高真空（$10^{-1}\sim10^{-6}$Pa)、超高真空（$10^{-6}\sim10^{-12}$Pa)、极高真空（$<10^{-12}$Pa)。真空感应熔炼的极限真空度通常在 $10^{-2}\sim10^{-3}$Pa 之间。

A 真空泵组

真空感应炉的真空泵通常由三级泵组构成，第一级真空泵通常为如图 3.5 所示的旋片式油封机械泵，或如图 3.6 所示的滑阀式真空泵，其工作压力范围一般为 $1\times10^5\sim1$Pa。

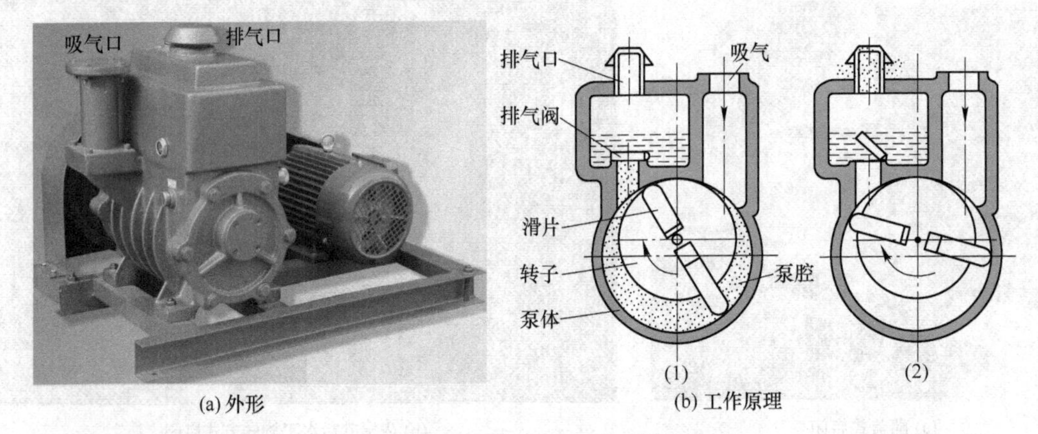

图 3.5 旋片式机械泵及其工作原理

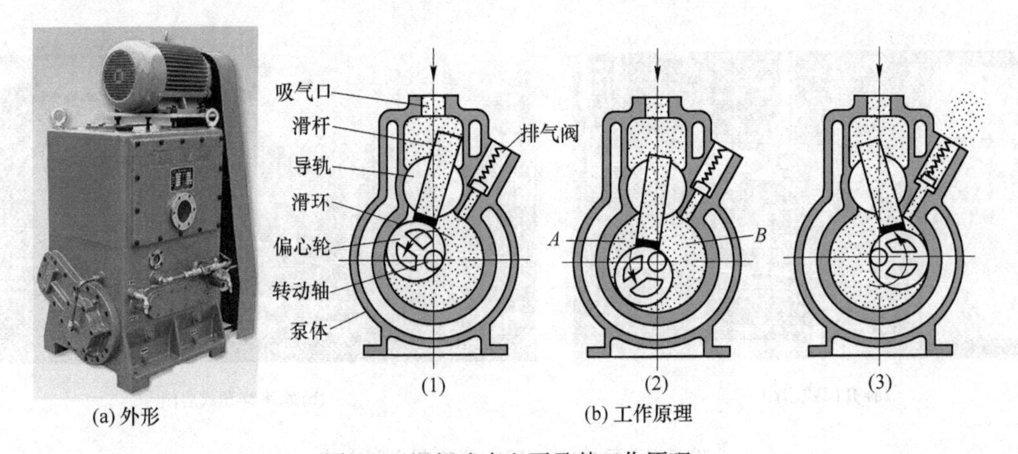

图 3.6 滑阀式真空泵及其工作原理

第二级真空泵为增压泵，通常为如图 3.7 所示的罗茨式真空泵，或图 3.8 所示的螺杆式干式真空泵。罗茨式真空泵（简称罗茨泵）是一种无内压缩的旋转变容式真空泵，利用两个 8 字形转子在泵壳中旋转而产生吸气和排气作用。由于它在低压力范围内工作，气体分子自由程较大，气体漏过微小缝隙的阻力很大，因而能获得较高的压缩比。罗茨泵在很宽的压力范围内（1000~1Pa）有很大的抽气速度（30~10000L/s），能迅速排出突然放出的气体，弥补了扩散泵和油封机械泵抽速都很小的缺陷。因此，它最适合作增压泵用。但它不能单独把气体直接排到大气中去，需要和前级真空泵串联使用，被抽气体通过前级真空泵排到大气中去。单级罗茨泵的极限真空度为 6.5×10^{-2}Pa。

螺杆式干式真空泵是把两个螺杆转子在泵腔内作同步高速反向旋转，由此来产生吸气和排气。螺杆真空泵的两个螺杆之间留有间隙，不发生互相摩擦，因此泵腔内无需润滑油。与罗茨泵相比，螺杆真空泵运转平稳、噪声低，消耗功率更低，能抽除含有大量水蒸

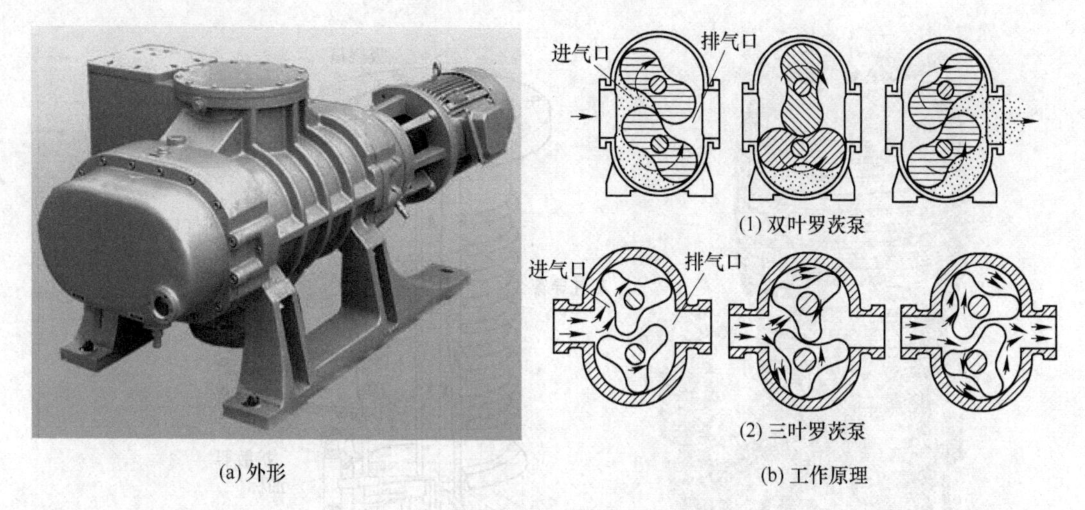

(a) 外形　　(b) 工作原理

图 3.7　罗茨式真空泵及其工作原理

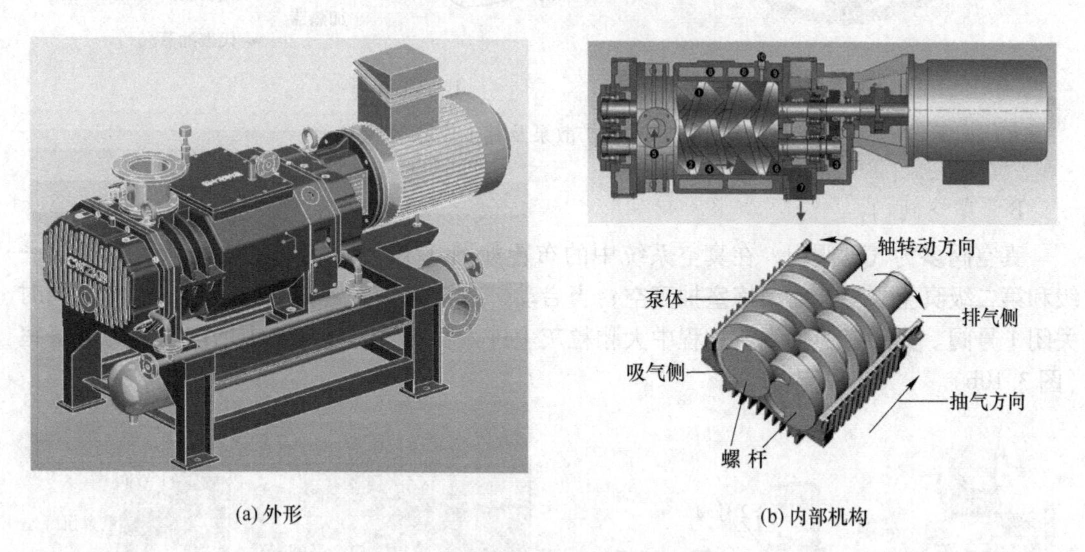

(a) 外形　　(b) 内部机构

图 3.8　螺杆式真空泵及其工作原理

气及少量粉尘的气体。螺杆真空泵的极限真空度为 1Pa。

第三级真空泵为扩散泵。如图 3.9 所示，扩散泵是利用低沸点的硅油用小功率的电炉加热沸腾气化后，通过中心导管从顶部的二级喷口处喷出，在喷口处形成低压，将周围气体带走，而硅油蒸气随即被冷凝成液体回到底部，循环使用。被夹带在硅油蒸气中的气体在底部聚集，立即被增压泵抽走。在上述过程中，硅油蒸气起着一种抽运作用，其抽运气体的能力取决于以下三个因素：硅油本身的摩尔质量要大，喷射速度要高，喷口级数要多。用摩尔质量大于 3000 以上的硅油作工质的三级扩散泵的极限真空度可达 10^{-4}Pa，若用四级扩散泵，其极限真空度可达到 10^{-7}Pa。

油扩散泵不能单独使用，必须依靠前级泵（罗茨泵或螺杆泵）将其抽出的气体抽走。扩散泵的硅油易被空气氧化，所以使用时应用前级泵先将整个体系抽至低真空后，才能加热硅油。硅油不能承受高温，否则会裂解。

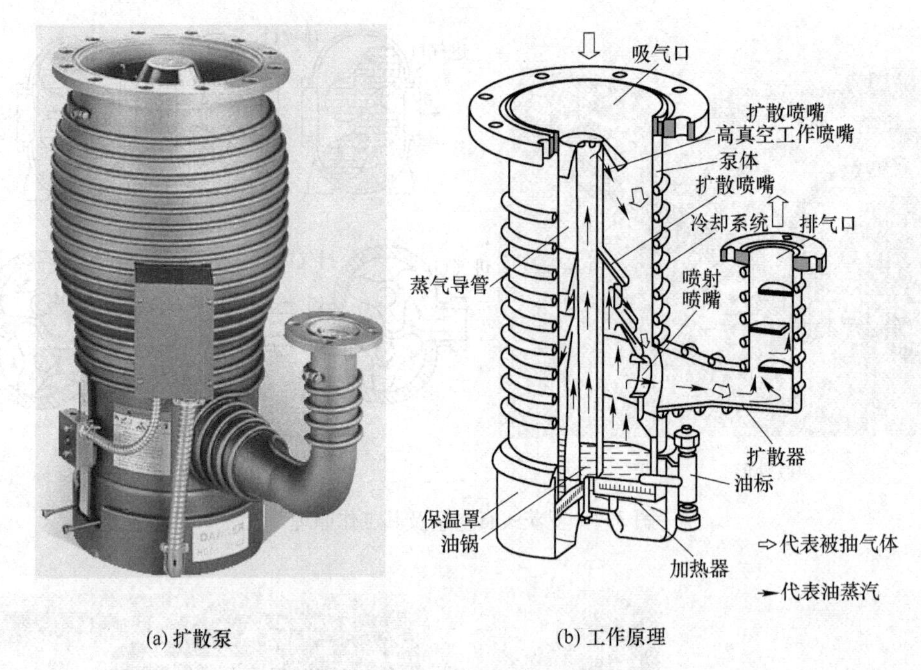

(a) 扩散泵　(b) 工作原理

图 3.9　油扩散泵及其工作原理

B　真空阀门

真空阀多为气动阀门，在真空系统中的布置如图 3.10 所示。打开 1 号阀，开启第一级和第二级真空泵就能对熔炼室抽真空；当启动扩散泵时，需要打开 2 号和 3 号阀，同时关闭 1 号阀。为了避免抽真空过程中大颗粒灰尘进入罗茨泵，在气路中增加了重力沉降室（图 3.10b）。

(a)　(b)

图 3.10　真空阀在真空系统中的位置

C　复合式真空计

复合式真空计是用来测量真空度的一次仪表，包括热偶真空规（图 3.11）和电离真空规（图 3.12）。

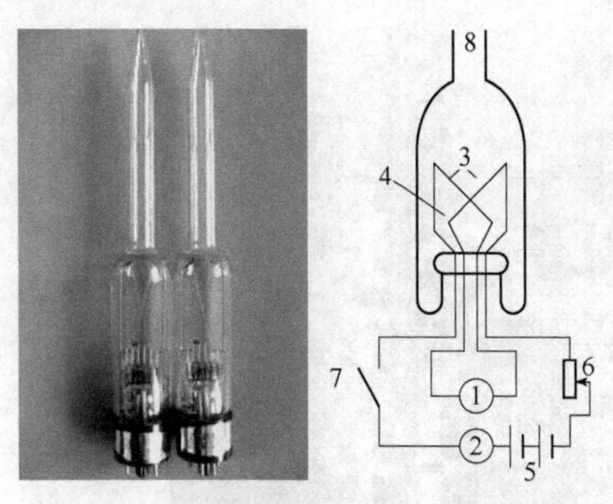

图 3.11　热偶真空规及其工作原理
1—毫伏表；2—毫安表；3—加热丝；4—热电偶；
5—热丝电源；6—电位器；7—开关；8—接真空系统

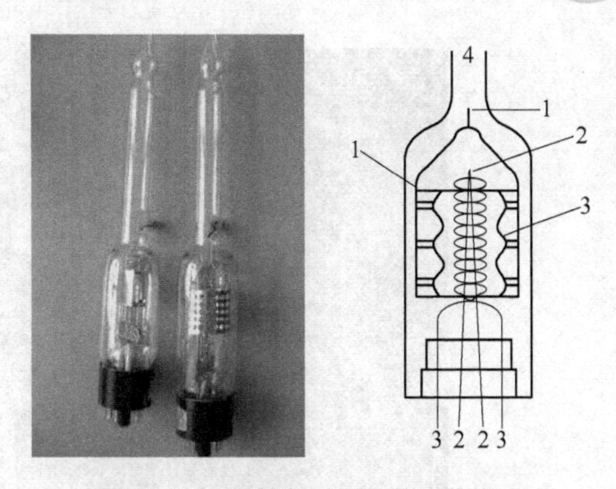

图 3.12　电离真空规及其工作原理
1—筒状阳极；2—阴极；3—栅极；4—接真空系统

热偶真空规管由发热丝和热电偶组成，是利用低压时气体的导热能力与压力成正比的原理制成的真空测量仪，其量程范围为 10~10^{-1}Pa。当电流恒定时，若压力降低，则气体导热率降低，造成加热丝的温度升高，热电势也随之升高，根据热电势与压力之间的关系，可直接读出压力值。

电离真空规是一只特殊的三极电离真空管，当电离真空规管接通电源后，加热阴极发射电子，电子向阳极运动时与规管内的气体分子碰撞并发生电离。若电流恒定不变，则正离子流大小与气体压强成正比。电离真空规的量程范围为 10^{-1}~10^{-6}Pa。通常是将这两种真空规复合配套组成复合真空计。

3.3.2.2　真空熔炼室炉体及炉盖

真空熔炼室是水冷炉壳和炉盖所包围的熔炼空间，里面装有感应圈及坩埚、钢锭模，如图 3.13 所示。金属料的熔化、合金化和钢液浇铸都在真空下完成。钢水凝固后破真空，将钢锭模连同钢锭从熔炼室吊出来脱模。

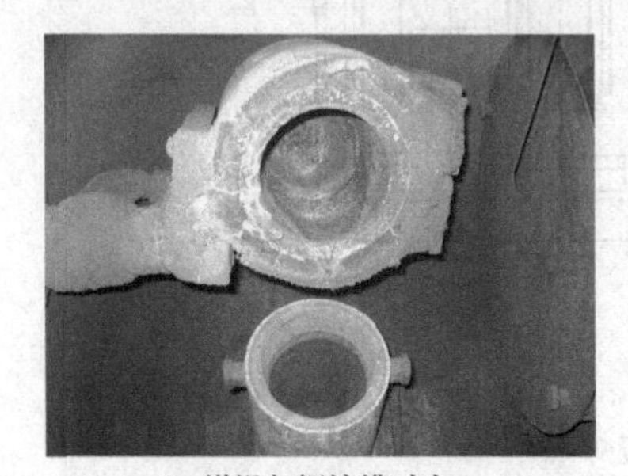
(a) 坩埚与钢锭模对中

(b) 浇钢后破空

(c) 钢锭脱模

图 3.13　真空熔炼室结构

对于容量较大的立式真空感应炉，为了便于熔炼前将钢锭模放入熔炼室及浇完钢将钢锭及钢锭模从熔炼室移出，可在熔炼室侧面设计一个门（图 3.14）。

立式真空感应炉炉盖上设有窥孔、合金加料室、捣料杆、取样器、合金料斗拉杆和压力表等装置（图 3.15）；而在卧式真空感应炉上，上述这些装置分别设在移动炉体和固定

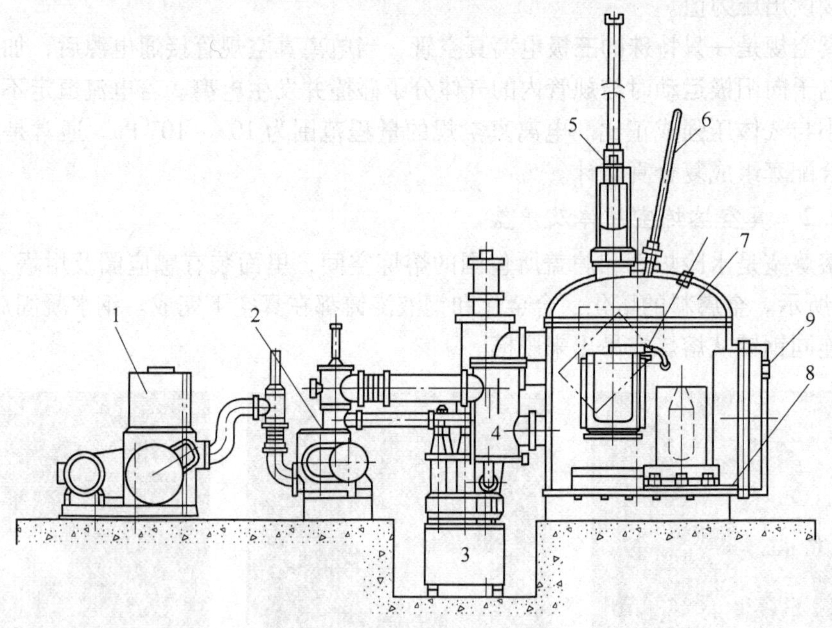

图 3.14 熔炼室开侧门的真空感应炉

1—机械泵；2—机械增压泵；3—油增压泵；4—灰尘沉降室；5—加料装置；6—捣料杆；7—炉盖；8—炉体；9—炉体侧门

炉体上（图 3.2）。

3.3.2.3 电源控制柜和冷却水系统

如图 3.16 所示，电源控制柜紧挨着真空熔炼室布置，集成了中频电源和真空系统两部分的电器元器件及二次仪表。中频电源部分在面板上包括工频电压、中频电压、直流电

(a) 正面

(b) 背面

图 3.15 立式真空感应炉炉盖

压、直流电流、频率及功率等显示仪表，以及控制电路、逆变电路、主回路等开关按钮，功率调节钮，相应的指示灯及冷却水低压报警灯。真空系统主要包括真空泵、真空阀和空压机的开关按钮，以及真空度和钢水测温二次仪表，冷却水低压报警等。

图 3.16 真空感应炉电源控制柜

真空感应炉冷却系统主要冷却电源和炉体两大部分。电源部分包括电源柜内组成中频电源的各元器件和电容组的冷却。炉体部分包括炉壳和炉盖、感应圈、捣料杆、真空泵等的冷却。中频电源需要低温的冷却水（纯净水），出水温度要控制在 55℃以内，但电炉感应线圈的冷却水温度可以略高，为了避免电源和炉体两大冷却系统相互影响，采用相互独立的二套冷却装置。

中频电炉炉体内的感应线圈的管径比较大，不易堵塞，所以感应线圈冷却对于水质没有电源冷却对于水质要求高，采用一般的冷却设备就可以满足需求。炉体感应线圈冷却，既可以采用普通蓄水池的水，也可以采用板式换热器，或者闭式冷却塔等其他的冷却设备。

电源部分由精密电器元器件组成，冷却管道直径比较细。为了防止管内结垢堵塞管道而引发故障，一般中频电源冷却使用软水或者纯水。在冷却设备选择的时候，一般推荐使用闭式冷却塔或者板式换热器。

3.4 真空下炉衬耐火材料与金属熔池的相互作用

3.4.1 真空下耐火材料的相对稳定性

以碱性氧化物 CaO 和 MgO 为例，常温下它们的化学性质是十分稳定的。但随着温度升高，会发生如下分解反应：

$$MgO_{(s)} = Mg + 1/2O_2 \tag{3.1}$$

$$CaO_{(s)} = Ca + 1/2O_2 \tag{3.2}$$

Mg 和 Ca 的熔点分别为 651℃ 和 845℃，沸点分别为 1107℃ 和 1440℃；在 1600℃ 下，Mg 的蒸气压为 1.8MPa，而钙的蒸气压也超过 0.2MPa。因此，在炼钢温度下 CaO 和 MgO 的分解反应为：

$$MgO_{(s)} = Mg_{(g)} + \frac{1}{2}O_2,\ \Delta G^{\ominus} = 732702 - 205.99T(\mathrm{J/mol}) \tag{3.3}$$

$$\lg p_{O_2} = 21.52 - \frac{76547.6}{T} \tag{3.4}$$

$$CaO_{(s)} = Ca_{(g)} + \frac{1}{2}O_2,\ \Delta G^{\ominus} = 795378 - 195.06T(\mathrm{J/mol}) \tag{3.5}$$

$$\lg p_{O_2} = 20.38 - \frac{83095.6}{T} \tag{3.6}$$

式（3.4）和式（3.6）中 p_{O_2} 为 MgO 或 CaO 的分解压，即密闭的容器内与 Mg 或 Ca 的分压达到 1×10^5Pa 时相平衡的氧分压。氧化物的分解压越高，其化学稳定性就越差。图 3.17 给出了 MgO 和 CaO 的分解压与温度的关系。从图 3.17 可见，氧化物的分解压随着温度升高而升高，相比而言 MgO 的分解压比 CaO 高出四个数量级。

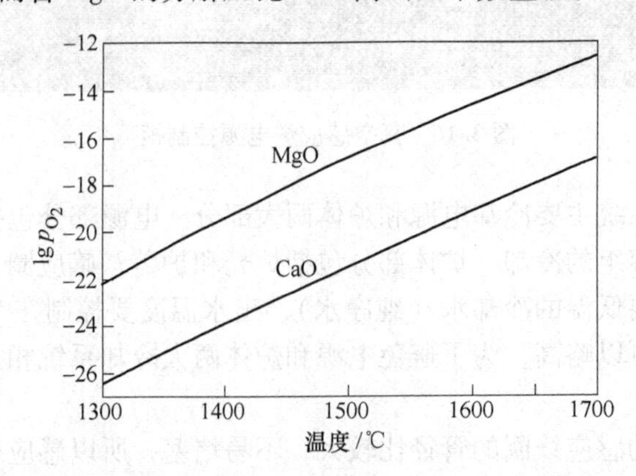

图 3.17 MgO、CaO 的分解压与温度的关系

3.4.2 真空下炉衬耐火材料向钢液供氧

3.4.2.1 真空下耐火材料与钢液作用的热力学

在有钢液存在时，坩埚耐火材料分解反应产生的 O_2 会溶解进入钢液，即：

$$MgO_{(s)} = Mg_{(g)} + [O],\ \Delta G^{\ominus} = 621984 - 208.12T(\text{J/mol}) \tag{3.7}$$

$$K_{MgO} = \frac{f_O \cdot w[O] \cdot p_{Mg} \times 9.87 \times 10^{-6}}{a_{MgO}} \tag{3.8}$$

$$w[O]_{MgO} = \frac{1.013 \times 10^5 \times a_{MgO} \cdot K_{MgO}}{f_O \cdot p_{Mg}} \tag{3.9}$$

$$CaO_{(s)} = Ca_{(g)} + [O],\ \Delta G^{\ominus} = 677578 - 196.92T(\text{J/mol}) \tag{3.10}$$

$$K_{CaO} = \frac{f_O \cdot w[O] \cdot p_{Ca} \times 9.87 \times 10^{-6}}{a_{CaO}} \tag{3.11}$$

$$w[O]_{CaO} = \frac{1.013 \times 10^5 \times a_{CaO} \cdot K_{CaO}}{f_O \cdot p_{Ca}} \tag{3.12}$$

式中 $w[O]_{MgO}$，$w[O]_{CaO}$——坩埚耐火材料中的 MgO 或 CaO 热分解反应与钢液达成热力学平衡时，钢液中的平衡溶解氧含量，%；

f_O——钢液中氧的活度系数，可根据钢液成分 $w[j]$ 及其对 O 的相互作用系数 e_O^j 计算得到；

p_{Mg}，p_{Ca}——分别为真空室中 Mg 和 Ca 的分压，Pa；

K_{MgO}，K_{CaO}——分别按式（3.7）和式（3.10）计算出的 MgO 和 CaO 分解平衡常数；

a_{MgO}，a_{CaO}——分别为坩埚耐火材料中 MgO 和 CaO 的活度，皆等于 1。

由式（3.9）和式（3.12）可知，只要知道真空熔炼室中 Mg 或 Ca 的分压，就能计算出 MgO 或 CaO 热分解反应与钢液达成热力学平衡时，钢液中的平衡溶解氧含量（%）。

当钢液中有 C 存在时，真空下会发生碳的脱氧反应：

$$[C] + [O] = CO \tag{3.13}$$

因此，与钢液接触的坩埚耐火材料的分解反应可表达为：

$$MgO_{(s)} + [C] = Mg_{(g)} + CO \tag{3.14}$$

$$CaO_{(s)} + [C] = Ca_{(g)} + CO \tag{3.15}$$

真空熔炼室中的气体除了高温下挥发的金属蒸气外，还有 Mg(或 Ca）蒸气和 CO。从式（3.14）和式（3.15）可知，Mg(或 Ca）蒸气的分压与 CO 的分压相等，当忽略金属蒸气的分压时，Mg(或 Ca）蒸气的分压应该等于真空熔炼室压力 P 的 1/2。这样，在钢种已知的情况下，就可以根据熔池温度和熔炼室的真空度 p，计算出 $w[O]_{MgO}$ 和 $w[O]_{CaO}$ 的具体数值，计算结果如图 3.18 所示。

图 3.18 中，$w[O]_{炉衬}$ 代表 $w[O]_{MgO}$ 或 $w[O]_{CaO}$。$w[O]_{炉衬}$ 越高，表明在真空下该种耐火材料越不稳定。若钢液中实际溶解氧含量 $w[O]_{实际} > w[O]_{炉衬}$，则炉衬氧化物处于热力学稳定状态，而不会分解向钢液供氧；若钢中 $w[O]_{实际} < w[O]_{炉衬}$，炉衬氧化物处于热力学不稳定状态，会分解向钢液供氧。从图 3.18 可以发现，影响 $w[O]_{炉衬}$ 的因素包括：

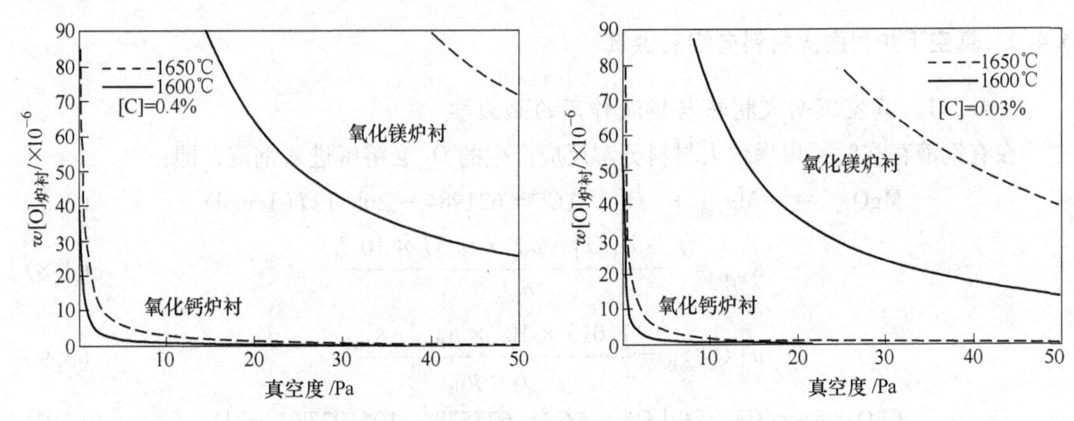

图 3.18　坩埚耐火材料热分解与钢液达成热力学平衡时的钢液溶解氧含量

（1）耐火材料本身的化学稳定性。CaO 的稳定性远高于 MgO，且熔池温度变化对 CaO 稳定性的影响远远小于对 MgO 稳定性的影响。

（2）熔池温度。熔池温度越高，耐火材料的稳定性越差。因此，在真空感应熔炼过程中应尽量避免不必要的功率输入。通过摇动坩埚来判断钢液的流动性，尽可能以较低的过热度浇钢。

（3）熔炼室真空度。真空度越高，耐火材料越不稳定，特别是对于分解产物呈气态的 MgO 和 CaO 质炉衬。因此，真空感应熔炼应该有个合理的真空度，而并非越高越好。

（4）钢或合金的 C 含量。熔池温度为 1600℃，真空度为 20Pa 时，熔炼 C 0.03%的超低碳钢的 $[O]_{MgO}$ 为 38×10^{-6}，而熔炼 C 0.4%的中碳钢的 $[O]_{MgO}$ 为 65×10^{-6}。表明熔炼钢水的 C 含量越高，炉衬耐火材料越不稳定。在真空条件下熔炼含碳量高的钢或合金时，炉衬耐火材料的工作条件就显得更加恶劣。感应炉中常用的坩埚耐火材料对碳的稳定性，依下列顺序降低：$CaO \rightarrow ZrO_2 \rightarrow MgO \rightarrow Al_2O_3 \rightarrow SiO_2$。虽然 CaO 的稳定性最好，但它的吸湿性强、密度小、墙体强度弱，限制了它的工业应用；锆质耐火材料成本又太高，所以广泛应用的是 MgO、Al_2O_3 和 $MgO \cdot Al_2O_3$。

对绝大多数钢铁产品而言，冶炼过程中都会用金属铝来脱氧，当［Al］为 0.02%～0.04%时，1600℃下与之相平衡的钢液溶解氧含量 $w[O]_{实际}$ 为（3～5）$\times10^{-6}$。在这种情况下，炉衬耐火材料热分解向钢液供氧是不可避免的，这将造成钢液中活泼元素的烧损，同时产生氧化物夹杂残留于钢液中。对于弱脱氧钢种的熔炼，炉衬耐火材料热分解向钢液供氧的结果使钢中 C 含量不断下降。利用真空感应炉熔炼的这一特性，可以生产碳含量极低的工业纯铁（图 3.19）。

3.4.2.2　炉衬供氧条件下钢液的脱氧动力学

在炉衬材料热分解向钢液供氧的条件下，钢液中的实际氧含量变化取决于真空下碳的脱氧速度和炉衬向钢液的供氧速度。

钢液中碳的脱氧反应可表达为：

$$[C] + [O] = CO$$

$$\Delta G^{\ominus} = -17138 - 42.47T \qquad (3.16)$$

$$K_{CO} = \frac{p_{CO} \times 9.87 \times 10^{-6}}{f_C \cdot w[C] \cdot f_O \cdot w[O]} \tag{3.17}$$

式中 p_{CO}——真空熔炼室中 CO 的分压，Pa；

f_C，f_O——分别为钢液中碳和氧的活度系数。

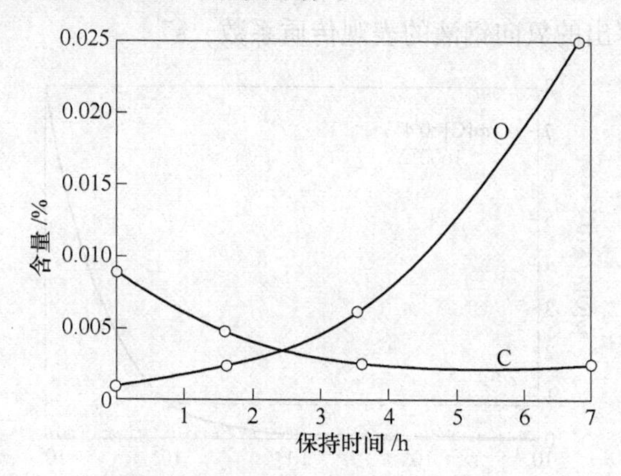

图 3.19 真空感应炉熔炼时纯铁液中的［C］、［O］变化

电熔镁砂坩埚，真空度（0.133~0.0133Pa）

1600℃时，根据钢液中［C］-［O］反应平衡常数 K_{CO}，可以计算出［C］-［O］反应达到平衡时钢液平衡氧含量与 CO 分压的关系，如图 3.20 所示。从图 3.20 的热力学分析，真空下碳具有很强的脱氧能力，如当 $p_{CO}=1000\text{Pa}$ 时，钢液平衡氧含量就可以降到 1×10^{6} 以下，但上述平衡关系只能反映熔池自由表面的碳氧平衡。而在熔池内部由于受钢液静压和气泡形核的附加压力作用，CO 分压远比熔池自由表面的 CO 分压高。这时控制［C］-［O］反应速度的将是钢液中的碳和氧向气-液界面的传质速度。由于钢液中碳的含量远比氧含量高，此外碳的扩散系数也比氧大（$D_C=2.0\times10^{-4}\text{cm}^2/\text{s}$，$D_O=2.6\times10^{-5}\ \text{cm}^2/\text{s}$），因此真空下钢液碳脱氧速度受氧的扩散控制，其速率方程为：

$$-\frac{dw[O]}{dt} = \frac{F_1}{V}k_O(w[O] - w[O]_C) \approx k_1 w[O] \tag{3.18}$$

$$k_1 = \frac{F_1}{V}k_O \tag{3.19}$$

式中 $-\frac{dw[O]}{dt}$——钢液中溶解氧的变化速率，%/s；

F_1——坩埚内钢液自由表面积，cm^2；

V——坩埚内钢液体积，cm^3；

$w[O]_C$——碳氧反应平衡时的钢液溶解氧含量，%；

$w[O]$——钢液中实际溶解氧含量，%；

k_O——钢液中氧向反应界面的传质系数，cm/s；

k_1——钢液中氧向反应界面的表观传质系数，s^{-1}。

另一方面，炉衬在真空下分解向钢液供氧，其速率为：

$$\frac{dw[O]}{dt} = \frac{F_2}{V}k_{炉衬}(w[O]_{炉衬} - w[O]) = k_2(w[O]_{炉衬} - w[O]) \tag{3.20}$$

$$k_2 = \frac{F_2}{V}k_{炉衬} \tag{3.21}$$

式中 F_2——接触钢液的坩埚内表面积，cm^2；

$k_{炉衬}$——炉衬分解出的氧向钢液的传质系数，cm/s；

k_2——炉衬分解出的氧向钢液的表观传质系数，s^{-1}。

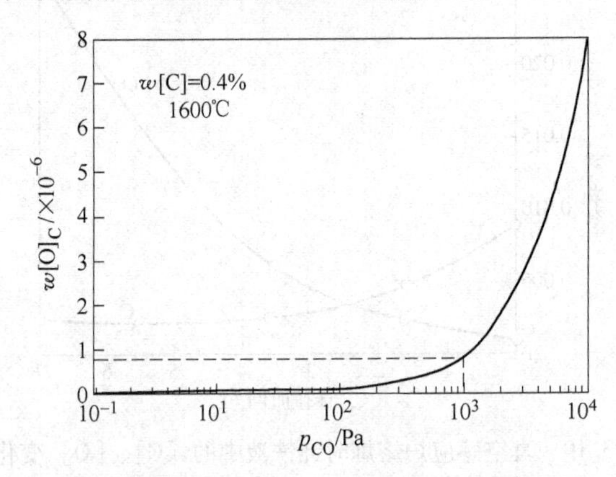

图 3.20 碳氧反应平衡时 p_{CO} 与钢液平衡氧含量关系

钢液中溶解氧的净变化速率为碳脱氧速率与坩埚分解增氧速率之差：

$$-\frac{dw[O]}{dt} = (k_1 + k_2)w[O] - k_2 w[O]_{炉衬} \tag{3.22}$$

对上式积分并整理得：

$$w[O] = \frac{k_2}{k_1 + k_2} \cdot w[O]_{炉衬} + \left(w[O]_0 - \frac{k_2}{k_1 + k_2}w[O]_{炉衬}\right)e^{-(k_1+k_2)t} \tag{3.23}$$

式中 $w[O]_0$——钢液的初始溶解氧含量，%。

随真空熔炼时间 t 无限延长，钢液所能达到的最低氧含量为 $w[O]_{min}$：

$$w[O]_{min} = \frac{k_2}{k_1 + k_2} \cdot w[O]_{炉衬} \tag{3.24}$$

毫无疑问，炉衬耐火材料的化学稳定性 $w[O]_{炉衬}$决定着最终的碳脱氧深度。若精炼时操作真空度较低，钢液中 $w[O]>w[O]_{炉衬}$，炉衬不发生分解。这时式（3.23）中 $k_2=0$，脱氧反应只受钢液中氧的扩散控制，钢液溶解氧含量随精炼时间的变化可表达成：

$$w[O] = w[O]_0 \cdot e^{-k_1 t} \tag{3.25}$$

图 3.21 所示为 25kg 真空感应炉在氧化钙坩埚中，真空度为 0.5Pa 下熔炼 $w[O]=0.4\%$的钢液时，按式（3.23）和式（3.25）计算的钢液溶解氧含量随熔炼时间的变化规律。

3.4.2.3 真空感应熔炼过程中炉衬材料向钢液供氧

在 25kg 真空感应炉中，以电熔镁砂捣打炉衬，用表 3.2 成分的钢样（中碳钢和工业纯铁）进行真空熔炼，真空度控制在 30~50Pa。熔炼后从钢锭上取样测定脱氧元素碳或铝的烧损量，以及钢锭 T.O 含量，结果如图 3.22 所示。

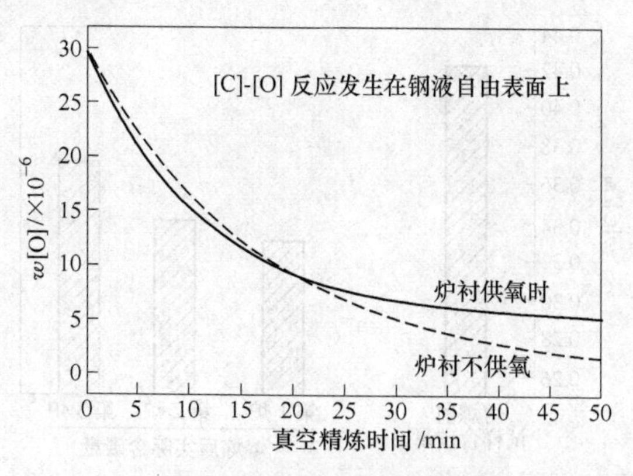

图 3.21 炉衬供氧对超低氧钢液真空碳脱氧的影响

表 3.2 真空感应熔炼用钢的化学成分 (%)

钢 样	C	Si	Mn	Al_s	T.O
中碳钢	0.330	0.010	0.007	<0.0005	0.0013
工业纯铁 I	0.020	0.083	0.020	0.0500	0.0032

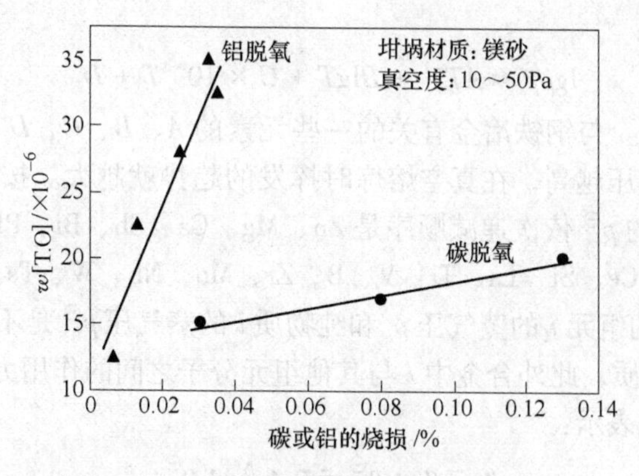

图 3.22 真空感应熔炼时钢液碳或铝烧损量与钢中 T.O 含量的关系

从图 3.22 可见，无论是碳脱氧钢还是铝脱氧钢，钢中 T.O 含量都随真空熔炼过程脱氧元素烧损量的增加而增加。对碳脱氧钢而言，尽管脱氧产物 CO 不会残留于钢液中，但随着碳烧损增加，钢中 T.O 含量从原料中的 0.0013%逐渐增加到 0.0020%，表明在熔炼条件下炉衬分解向钢液供氧速度大于［C］-［O］反应的脱氧速度；对铝脱氧钢，原料 T.O 含量为 0.0032%，真空熔炼过程中同时存在 Al_2O_3 夹杂上浮与钢液分离过程的脱氧和炉衬分解出的氧将钢液中的铝氧化过程的增氧。随着铝烧损量的增加，钢中 T.O 含量迅速增加，并逐渐超过原料纯铁的 T.O 含量。图 3.23 所示为 25kg 真空感应炉用氧化钙坩埚在 0.5Pa 真空度下熔炼 $w[C]=0.42\%$ 的钢液时钢中碳的烧损情况，可以看出，在熔炼 8~10min 后，碳的烧损量达到 0.04%~0.08%。这一结果表明，在用镁砂坩埚真空感应熔炼某些高温合金和高强度钢时，必须认真考虑钢中活泼元素的烧损和氧化物夹杂的增加问题。通过控制熔炼真空度和熔池温度可以减轻氧化镁质炉衬分解对钢液元素的烧损。

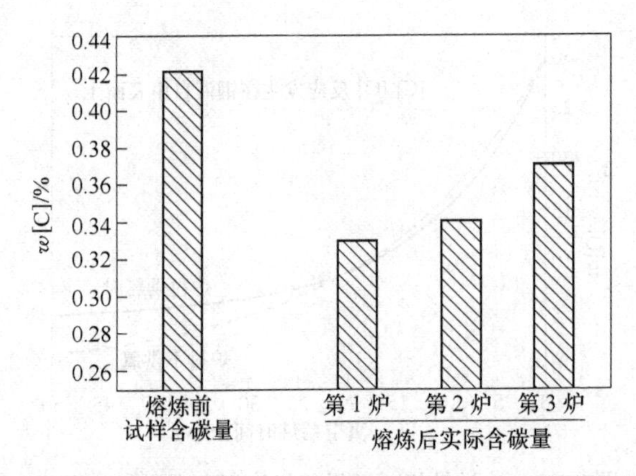

图 3.23　在真空感应炉中用氧化钙坩埚熔炼时钢中碳的烧损

3.5　真空下金属熔池中元素的挥发

所有金属（包括部分非金属）都存在一个平衡的蒸气压 $p^{\ominus}$，它取决于该金属的物性、气态的存在形式（单原子、双原子还是多原子组成气态分子）以及温度。i 物质的蒸气压 $p_i^{\ominus}$ 与温度的关系式为：

$$\lg p_i^{\ominus} = AT^{-1} + B\lg T + C \times 10^{-3} T + D \quad (3.26)$$

式中，$p_i^{\ominus}$ 的单位是 Pa。与钢铁冶金有关的一些元素的 A、B、C、D 以及有关物性参数列于表 3.3。元素的蒸气压越高，在真空熔炼时挥发的趋势就越大。按表 3.3 所列数据可计算 1873K 时，各元素的 $p_i^{\ominus}$ 依次递减顺序是 Zn、Mg、Ca、Sb、Bi、Pb、Mn、Al、Sn、Cu、Cr、Fe、Co、Ni、Y、Ce、Si、La、Ti、V、B、Zr、Mo、Nb、W、Ta。

合金或粗金属中的组元 i 的蒸气压 p_i 和纯物质 i 的蒸气压 $p_i^{\ominus}$ 是不相等的，因为合金中 i 的浓度必然低于纯物质，此外合金中 i 与其他组元分子之间的作用力也不等于 i 分子之间的作用力。p_i 可由下式表示：

$$p_i = a_i \cdot p_i^{\ominus} = r_i \cdot N_i \cdot p_i^{\ominus} \quad (3.27)$$

式中　a_i——合金中 i 组元的活度；

r_i——i 的活度系数；

N_i——i 的摩尔分数浓度。

合金中任一组元 i 的活度总小于 1。对于大多数合金，各组元的分子之间具有较强的相互吸引力，特别是能形成各种化合物的情况下，$r_i < 1$。所以，合金中 i 的蒸气压 p_i 总是小于 $p_i^{\ominus}$。在铁基合金中，根据 p_i 与 p_{Fe} 的比较，以及真空感应炉常用的真空度，可将合金元素分成不挥发、易挥发和可以借助于挥发去除的杂质元素等三类。属于不挥发的元素有 Ti、V、B、Zr、Mo、Nb、Ta、W。这类元素的 $p_i^{\ominus}$ 都小于 $p_{Fe}^{\ominus}$（和 $p_{Ni}^{\ominus}$），所以在真空熔炼时，可以不考虑它们的挥发损失；属于易挥发的元素有 Mn、Al、Cr、Fe、Co、Ni、Cu 以及 Ca 和 Mg，在真空熔炼的条件下，这类元素会有或多或少的挥发。由于这类元素大多数都属于常用的合金元素，所以熔炼中要防止它们的挥发损失，在成分控制时要考虑到因挥发而造成的成分变化。钢和合金中有一些微量的金属元素，它们对钢和合金的性能有较大的危害，一般的化学方法又难以去除，若这类元素有较高的蒸气压，则可以在真空熔炼中

借助挥发而去除。这类金属元素有 Sn、Pb、Bi、Sb、Zn 等。

易挥发元素的挥发损失，取决于该元素的蒸气压、熔炼温度、真空度、该元素在合金中的含量和合金的组成，此外还与金属熔池在真空中暴露的表面积有关。在钢和合金中，锰是常用的合金元素，它具有较高的蒸气压，在真空熔炼时，应特别注意锰的挥发损失。即使锰含量不高（Mn，1.32%）时，若熔化后在 1.33Pa（10^{-2}mmHg）真空中保持60min，锰的含量将会降到 0.3%左右，锰的挥发损失率高达 77.5%。为此在实际操作中规定，锰不随炉料加入，而在精炼后期加入，加入前可向炉内充惰性气体，使炉内压力提高到 1.333~6.666kPa，并一直保持到浇注完毕。铬也是钢和合金中的重要元素，在熔炼温度下铬的蒸气压也较高，在真空熔炼时若控制不当，挥发损失也是很明显的。如用含铬 1.0%左右的返回料作炉料，在 0.133Pa（10^{-3}mmHg）下熔化和精炼，铬的损失率为 20%~25%；若在精炼期加入铬，损失率为 5%~8%。真空熔炼铬不锈钢的生产数据表明，随着炉内真空度的提高和熔炼温度的提高，铬的损失率增加；随含铬量的提高，损失率降低。真空熔炼含铬的精密合金、高温合金，以及镍铬不锈钢，在通常的条件下，铬的损失率一般在 5%以下。铝和钛的蒸气压也较高，且化学性质活泼，因此在熔炼过程中含量变化较大，难于精确控制。应用含铝或含钛的返回料，在真空下熔化，损失率较大，往往大于 50%。在精炼后期加铝或钛时，损失率一般为 3%~5%。铁、镍、钴这三种元素，在真空熔炼时，其含量基本上不发生变化。铁的蒸气压比镍和钴高，在熔炼镍基合金时，若铁是杂质元素，则难以用真空精炼来降低铁的含量。硅的蒸气压较低，在真空精炼时，钢和合金中的硅一般不会因挥发而损失。但是若碳低氧高时，会形成蒸气压很高的 SiO 而使硅含量降低。

表 3.3　某些元素的蒸气压及它们的一些常数

元素	$\lg p_i^{\ominus} = AT^{-1} + B\lg T + C \times 10^{-3}T + D$				温度范围 /K	熔点 /K	沸点 /K	气化潜热 /kJ·mol^{-1}	熔化潜热 /kJ·mol^{-1}	$p_{i(1873K)}^{\ominus}$ /Pa
	A	B	C	D						
As_4	−6160	—	—	7.70	600~900	876	895	114.3±10.5	—	4.529×10^8
P_4	−2740	—	—	5.72	317~553	317	553	51.9±2.9	2.6	3.777×10^8
S_2	−6975	−1.53	−1.0	14.10	388~898	388	898	106.3±4.2	1.67±0.13	5.506×10^7
S_x	−4830	−5.0	—	21.76	388~898	388	898	—	—	1.157×10^7
Zn	−6620	−1.255	—	10.22	699~1180	699	1180	114.3±1.7	7.28±0.126	6.813×10^8
Mg	−7550	−1.41	—	10.67	922~1378	922	1378	127.7±6.3	8.79±0.42	1.861×10^6
Ca	−8920	−1.39	—	10.33	1112~1756	1112	1756	150.7±4.2	837±0.42	1.835×10^5
Sb	−6500	—	—	4.25	904~1948	904	1948	16.5±3.3	39.77±0.84	1.059×10^5
Bi	−10400	−1.26	—	10.23	544~1953	544	1953	179.2±8.4	10.88±0.21	6.293×10^4
Pb	−10130	−0.985	—	9.04	600~2013	600	2013	177.9±2.1	4.81±0.13	4.493×10^4
Ba	−9340	—	—	5.30	993~1973	993	(1973)	185.5	7.66±0.42	3.613×10^4
Mn	−14520	−3.02	—	17.12	1517~2333	1517	2333	220.6±8.3	14.65	5.426×10^3
Al	−16380	−1	—	10.20	933~2723	933	2723	291±8.3	10.47±0.13	266.64
Sn	−15500	—	—	6.11	778~2896	505	2896	296.4±8.3	6.99±0.13	120.12
Cu	−17520	−1.21	—	11.09	1356~2843	1356	2843	306.9±6.3	12.98±0.42	104.99

续表 3.3

元素	$\lg p_i^{\ominus} = AT^{-1} + B\lg T + C \times 10^{-3}T + D$				温度范围 /K	熔点 /K	沸点 /K	气化潜热 /kJ · mol^{-1}	熔化潜热 /kJ · mol^{-1}	$p_{i(1873K)}^{\ominus}$ /Pa
	A	B	C	D						
Cr	−20680	−1.31	—	12.44	2148~2963	2148	2963	342.1±6.3	20.96±2.51	22.80
Pr	−17190	—	—	5.98	1425~1692	1204	(3293)	—	113.04±2.09	11.15
Fe	−19710	−1.27	—	11.15	1809~3343	1809	3343	340.4±12.5	13.77±0.42	5.28
Co	−22209	—	—	6.09	1768~3173	1768	(3173)	411.3±12.5	15.49±0.42	4.61
Ni	−22400	−2.01	—	14.83	1726~3193	1726	3193	375.1±16.7	17.17±0.33	3.44
Y	−22280	−1.97	—	14.01	1799~3573	1799	3573	366.6±12.6	11.51±0.42	0.82
Ce	−20304	—	—	6.09	1611~2038	1071	(3743)	—	5.23±1.26	0.31
Si	−20900	−0.565	—	8.64	1685~3553	1685	3553	382.9±10.5	50.66±1.67	0.29
La	−21530	−0.33	—	7.77	1193~4193	1193	4193	402.4±8.3	8.50±1.26	0.28
Ti	−23200	−0.66	—	9.64	1943~3558	1943	3558	425.8±10.5	14.65±2.01	0.21
V	−26900	−0.33	−0.265	8.00	298~2175	2175	2623		16.75±2.51	0.03
B	−29900	−1	—	11.76	—	2573	3948	—	—	5.83×10^{-4}
Zr	−30300	—	—	7.26	2130~4673	2130	4673		19.26±2.93	2.12×10^{-5}
Mo	−34700	−0.236	−0.145	9.54	298~4923	2873	4923	590.2±20.9	35.59±1.26	1.60×10^{-6}
Nb	−37650	−0.715	−0.166	6.82	298~5023	2741	5023	—	29.31±0.42	9.87×10^{-8}
Ta	−40800	—	—	8.17	298~3288	3288		—	24.70±2.93	4.27×10^{-10}
W	−44000	−0.51	—	6.64	298~3683	3683	(5773)	824.8±20.9	(35.17)	5.3×10^{-15}

钢与合金中的微量有害元素一般都具有较高的蒸气压，所以真空精炼是去除这类有害杂质元素最有效的方法。由于蒸气压不同，其他组元的影响不同，所以这些元素的挥发速率差别很大。如铁液中砷的挥发很慢，若要去除钢中50%的砷，需要在0.00133Pa（10^{-5}mmHg）真空度下保持2h，此时铁的挥发损失将达20%。铁液中的铜和锡等金属能较迅速挥发，并随熔炼温度和真空度的提高挥发速率增大；碳能提高锑的活度，硫能提高锡的活度，均能促进它们的挥发。

3.6　真空感应炉熔炼工艺

真空感应炉熔炼的整个周期可分为以下几个主要阶段，即装料、熔化、精炼、脱氧和合金化、浇注等。与非真空感应炉熔炼的操作相比，它具有以下不同点：

（1）坩埚耐火材料的选定。真空能促进耐火材料和金属液的反应，特别是当液体金属中含有一定量的碳时，耐火材料氧化物的还原反应就更为明显。此外，真空感应炉常用于熔炼一些含有活泼金属的钢和合金，这些活泼金属也会还原耐火材料氧化物。这类反应不仅加速了炉衬的损坏，在很大程度上还会影响所熔炼产品的质量，为此真空感应炉所用的耐火材料要求有更高的化学稳定性。当采用热装法时，坩埚还将遭受金属液流的冲击。

（2）炉料和装料。真空感应炉所用的炉料，一般都是经过表面除锈和去油污后的清洁原料，而且有的合金元素还以纯金属形式加入。这对控制成分、缩短熔炼时间和保证熔炼过程的顺利进行都是必要的。加料时严禁使用潮湿的炉料，以免影响成品的质量和在熔炼时发生喷溅。

实际上，在非真空感应炉熔炼装料时应遵循的一些原则，在真空感应炉上也同样适用。如装料时应做到上松下紧，以防止熔化过程中上部炉料因卡住或焊接而出现“架桥”；在装大料前先在炉底铺垫一层细小的轻料；高熔点又不易氧化的炉料应装在坩埚的中、下部高温区；易氧化的炉料应在金属液脱氧良好的条件下加入；为减少易挥发元素的损失，可以合金的形式加入金属熔池中，或熔炼室中充以惰性气体，以保持一定的熔炼室压力。

为缩短熔炼时间，提高真空感应炉的生产率，对于大容量的炉座可采用热装。采用热装除节省熔化时间，使一炉钢的熔炼时间明显缩短外，还可以使用质量较差的炉料，在熔化炉进行一定程度的初炼，以去除部分磷、硫等杂质。但是，由于在大气中熔化炉料，钢液被污染的程度必然比真空下熔化要严重得多，因而精炼时间要比冷装法延长；同时含铝、钛、锆等活泼元素的返回料难以利用。热装可以在常压下将熔化炉熔化的钢液兑入坩埚中，然后关闭真空室，抽真空，通电精炼。

（3）熔化。对于间歇式生产的真空感应炉，当装料完毕后，闭合真空室，开始抽真空。等到真空室压力达到 0.67Pa（5×10^{-3}mmHg）时，便可送电加热炉料。对于真空条件下装料的连续式生产炉座，装完料后，即可送电进入熔化期。

考虑到炉料在熔化过程中会释放气体，熔化初期不要求输入最大的功率，而是应根据金属料的不同特点（炉料中的气体含量、含碳量、炉料带入的氧量等），规定在熔化期内逐渐增大输入功率，使炉料的熔化速率能与炉料的放气量相适应，避免出现大量气体从金属中急剧地析出，从而导致熔池剧烈沸腾，甚至造成喷溅。

在高真空下由析出气体而造成的熔池沸腾，对去除气体、去除非金属夹杂以及去除蒸气压较高的微量有害元素都是有益的。但是气体的析出若过分剧烈而出现喷溅，则会对随后的熔炼带来麻烦。出现喷溅时，若炉料还没有全部熔化，则会使坩埚上部未熔炉料粘合在一起，导致“架桥”现象出现；若炉料已接近化清，则部分钢液从坩埚中喷出，有可能造成感应圈短路，烧坏真空室内的供电、供水等部件。因此，熔化过程中应注意避免和预防。当出现剧烈沸腾或喷溅时，可采取减少输入功率，降低炉料的熔化速率，或适当提高熔炼室的压力（关闭真空泵或充入一定量的惰性气体，使熔炼室的压力增大到 6.7～13.3kPa）的办法来加以控制。当已出现“架桥”时，可先用捣料杆锤击坩埚上部的炉料。如果这种办法不能解决问题，还可以倾动坩埚，使已熔化的金属液与上部黏结的炉料相接触，以便逐渐熔化这些炉料。当以上措施都不能处理“架桥”时，只能被迫破坏真空，将真空室打开，进行处理。

当补炉量过大，炉料放气过多，或坩埚在大气中暴露时间过长的情况下，可适当延长熔化时间，采用小功率供电，以放慢熔化速率。若炉料需分二次加入，第二批炉料应在坩埚内炉料熔化 70%～80%时加入，并等到第二批炉料发红后，再提高输入功率，以免炉内温度太高，冷料加入后，急剧析出气体而导致喷溅。炉料熔清的标志是：熔池表面平静，无气泡逸出。此时，熔炼转入精炼期。

（4）精炼。精炼期的主要任务是提高液态金属的纯洁度，为进一步脱氧合金化，特别是活泼元素的合金化创造条件。所以，精炼过程进行着金属的脱氧、脱气以及去除挥发性有害微量元素等反应。与此同时，还要调整熔池的温度和进行合金化。

熔化期结束后，对于高碳品种，可立即向熔池加入适量的块状石墨或其他高碳材料。应该特别注意的是当增碳量大时，应提前向熔炼室充 Ar 气，然后分批加入增碳剂，待增碳剂熔入钢液后再逐渐将真空度提起来。抽真空时应随时观察熔池状态，一旦有喷溅迹象（熔池像稀饭煮溢一样往上涨）必须果断调低输入功率。对于含铝的中高碳钢，可先加铝脱氧再加增碳剂增碳，可避免增碳过程熔池喷溅。对于低碳品种，则利用金属液所含有的碳，用提高真空度的办法，促进真空下的碳脱氧。随着真空度和熔池温度的提高，碳氧反应发展，并促进其他精炼反应的进行，使金属液的纯洁度不断提高。当熔池脱氧情况良好，温度合适时，即可进行合金化操作。先调整不很活泼的元素，如铬、硅、钒等。精炼后期，在充分脱氧和脱氮的条件下加入活泼金属或微量元素。加入的顺序一般为铝、钛、锆、硼、稀土、镁、钙等。加入合金时应做到均匀、缓慢，以免产生喷溅。加完一批材料后，应使用大功率搅拌 1~2min，以加速合金的熔化和分布均匀。由于锰的挥发性较强，一般在出钢前 5~10min 加入。当锰的合金比高时，锰的大量挥发会造成窥孔玻璃“失明”，应在窥孔玻璃完全“失明”前完成钢液浇铸。

为了顺利完成精炼期的任务，必须控制好诸如熔池温度、真空度和真空下保持时间等工艺参数。

熔池温度是指精炼温度，该温度明显地影响坩埚内所进行的所有有益的或有害的反应。从脱气、真空下碳的脱氧、合金的熔化、有害微量元素的挥发等精炼反应的热力学和动力学的角度，提高精炼温度能促进这些精炼反应的进行，从而有利于取得最佳的精炼效果。但是，过高的精炼温度会导致坩埚与金属液之间的反应加剧，促进坩埚材料分解向金属液供氧。同时，高温还会加速合金成分的挥发损失。因此，在精炼期应严格控制熔池温度，通常熔池温度控制在所炼金属的熔点以上 100℃左右。但是，应该注意的是熔点是指熔池实际成分下金属的熔点。

在真空熔炼的精炼期提高真空度将促进碳的脱氧反应，并随着 CO 气泡从金属熔池中的上浮排出，有利于［N］和［H］的析出，以及非金属夹杂的上浮。高的真空度还有利于微量有害元素的挥发，所以真空度的高低直接影响所炼产品的纯洁度。但是，过高的真空度将导致坩埚耐火材料与金属液相互作用的加剧，合金元素的烧损增大。所以精炼期的真空度并非越高越好。对大型真空感应炉，精炼期的真空度通常控制在 15~150Pa 范围内。而对小型炉，则为 0.1~1Pa。实际控制的真空度除与炉容量有关外，还取决于所炼的品种。熔炼高温合金和精密合金时，要求较高的真空度，熔炼不锈钢和低合金钢时，真空度可以控制得低一些。

所有精炼反应都有一定的速率，所以精炼时间越长，反应进行就越趋平衡。当被脱除的元素（如氮、氢、碳等）在精炼过程中没有来源时，则随着精炼时间的延长，这些元素的含量就越低，只是脱除的速率越来越小而已（图 3.24）。对于［O］，因有坩埚材料的供氧，所以金属熔池中的氧含量随精炼时间的变化取决于脱氧速率与供氧速率之和。由图 3.24 可见，在真空保持的最初阶段，脱氧速率大于供氧速率，所以氧含量是下降的，到一定时间之后供氧速率就大于脱氧速率，而使金属中氧量回升。氧量达到最低值的时间，也就是真空保持的最合适时间。该时间取决于所炼产品的成分、炉座的容量（容量越小，金属液与坩埚接触的比表面积越大）、真空度等。一般情况下，200kg 的炉座，精炼时间为 10~15min，1t 左右的炉座为 60~100min。

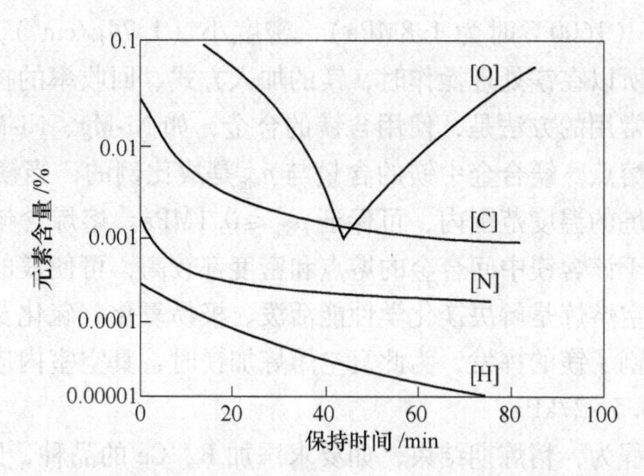

图 3.24 纯铁液［O］、［C］、［N］、［H］含量与真空保持时间的关系（MgO 坩埚）

（5）出钢和浇注。合金化结束后，坩埚中的金属液达到预定的成分和温度，真空室内的真空度也符合技术要求的规定，则可以出钢。小型炉通过摇动坩埚直接上注入钢锭模内。当容量较大时，也采用下注。对于大型炉，除可采用直接浇注的方式外，还可先出钢在中间包内，再注入钢锭模中。真空中浇注，铸锭容易发生气孔和偏析。因此对钢锭模的管理要求十分严格，即必须正确地预热锭模和使用合适的锭模涂料；浇注时采用保温帽或绝热板。浇注完毕后，铸锭在真空下凝固，根据锭的大小和钢种来确定保持时间。对于体积收缩大的精密合金（如弹性合金、膨胀合金等），在浇注到保温帽时，即破真空，立即打开真空室加发热剂和保温剂，以免缩孔进入锭身。对于成分复杂的高温合金，浇注后在真空下停留 15~20min，再破真空。对于大型连续式真空感应炉，铸锭可让它在真空下冷却。

3.7 合金的镁处理

镍基或铁基的高温合金、精密合金，含有较高的合金元素，有些还是较活泼的元素，如铝、钛等。这类合金即使在真空中熔炼，还不能保证得到令人满意的热塑性、焊接性能、高温强度和抗蠕变强度等性能。为此，需在精炼终了加入一定数量的镁，加入熔池后残留在金属中的镁，能显著地改进上述性能。

未用镁处理的合金，热塑性差主要表现在热加工时会出现轧制和锻造裂纹，焊缝区出现裂纹和焊缝的高温强度降低。热塑性和焊接性能差，多数与非金属夹杂的数量和形态有关。镁的脱氧和脱硫作用，除减少夹杂的数量外，还有效地改变了夹杂的形态，从而减少了形成裂纹的根源。固溶状态存在的微量的镁，富集在晶界或相界面，使沿晶界呈条状连续分布的碳化物变为块状，从而有效控制晶界滑移，提高合金的抗蠕变强度。镁在铁或镍中的溶解度有限，并随温度的降低，溶解度急剧降低。当加入的镁量过多时，在合金的凝固过程中会出现塑性很低的含镁相，反而使合金的热塑性降低。由此，合金中镁的残留量存在着一个最佳的范围。该范围的数值与合金品种有关，一般为几十个$\times10^{-6}$的数量级。

镁的蒸气压很高（1600℃时为1.8MPa），密度小（1.74g/cm³），熔点低（649℃），化学性质极其活泼，所以在镁处理操作时，镁的加入方式、回收率的控制都是难以完善解决的工艺问题。当前常用的方法是，使用含镁的合金，如Ni-Mg、Ni-Mg-Me，以降低镁的蒸气压，提高密度和熔点。镁合金中镁的含量与p_{Mg}是成比例的，当镁的含量为15%左右时，在真空感应炉熔炼的温度范围内，可保证$p_{Mg} \leqslant 0.1$MPa。熔炼含钼的镍基合金时，若使用镍镁钼合金，由于该含镁中间合金的熔点和密度都较高，可使镁的回收率比不含钼的镁合金提高1倍。真空熔炼是解决镁化学性能活泼、极易氧化、硫化及氮化的较为有效的措施。但是真空又加剧了镁的挥发，为此真空熔炼加镁时，真空室内应充以惰性气体，将真空室压力提高到13.5~27kPa。

镁处理的操作过程为，精炼期结束，如要求添加B、Ce的品种，则在B、Ce加入后，调整熔池温度，使温度尽可能低一些，一般低于出钢温度20℃左右。真空室内充高纯氩气至13~27kPa。镁以块状的含镁中间合金（尽可能提高该合金的密度）加入金属熔池。加镁后立即用最大功率搅拌熔池，搅拌时间不宜过长，以减少镁的挥发损失。加镁后，通常1~5min内出钢。按上述操作步骤，加镁量为0.1~0.5kg/t时，镁的回收率可达50%~70%。当不充氩时，镁的回收率只有3%~5%。

钙也有一定的改善高温合金和精密合金的热塑性作用。当所用的镁合金中含有钙时，钙可以促进镁的有利作用，但单独使用钙或硅钙合金时，其改善热塑性的作用远低于单独使用镁处理时。

进行镁处理操作后，在真空室内出现的冷凝物中，镁的含量可高达50%。这种成分的冷凝物粒度极细，燃点很低，当聚集量较多时，在大气中遇火会燃烧，甚至发生爆炸。为保证安全，间歇式生产的小炉座要求每炉清扫，连续生产的大炉座也必须定期用专门的机械在真空下清扫。

3.8 其他真空感应熔炼方法

3.8.1 半连续真空感应熔炼

通常的真空感应炉熔炼采用间歇方式组织生产。间歇式操作的真空感应炉只能一次性加足主炉料，在整个熔炼过程中不能补加主炉料；浇铸完毕后取出钢锭模之前必须将整个炉子破真空，在大气环境下取出钢锭，然后重新加料、抽真空、熔炼、浇铸、破真空、取出钢锭模，周而复始。这种方式生产效率低，坩埚寿命短。为了提高真空感应炉生产效率，同时延长炉衬寿命，产生了如图3.25所示的半连续式真空感应熔炼炉。

半连续式真空感应熔炼炉由熔炼室、锭模室和主加料室三大部分组成，各室之间有插板阀隔离，各室有自己的真空系统。由于各个功能室之间均相互分隔，熔炼室真空状态不被破坏。在熔炼室和锭模室的压力达到平衡时打开插板阀，将锭模车开至熔炼室浇钢位；坩埚中已熔炼好的钢液经过液压传动倾炉，浇注在锭模车上的钢锭模中；浇铸结束后将锭模车移至锭模室，关闭中间插板阀将熔炼室和锭模室隔离；在熔炼室不破坏真空的情况下再进行下一炉钢的加料、抽真空、送电、熔炼等操作过程。锭模室的钢锭完全凝固后将锭模室破空，打开炉门将锭模车移至炉外，铸锭脱模。再将空锭模置于锭模车上，将锭模车

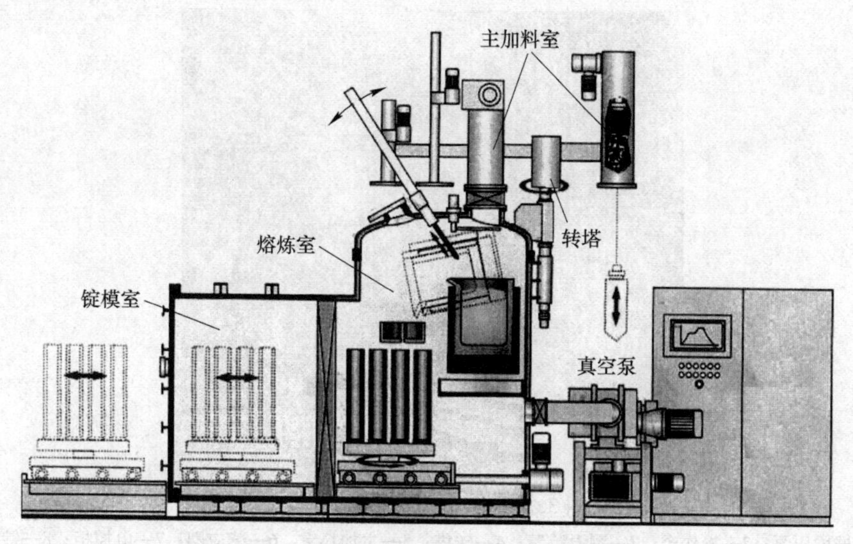

图 3.25 半连续式真空感应炉示意图

开回锭模室，关闭炉门，用辅助真空系统对锭模室抽真空，使之达到一定的真空度，以便在浇注时打开中间插板阀，将锭模车再次开至浇钢工位，进行一下轮操作。这就是所谓的半连续作业。

图 3.26 所示的半连续式真空感应炉，锭模室位于炉体前侧下方，与熔炼室之间有水平插板阀隔开。锭模室内装有液压升降和转动机构，以便在浇钢时将钢锭模升至浇钢工位。每炉可浇铸 1~2 只钢锭模。熔炼室和锭模室分属不同的真空系统，锭模室与主加料室共用一组真空机组。

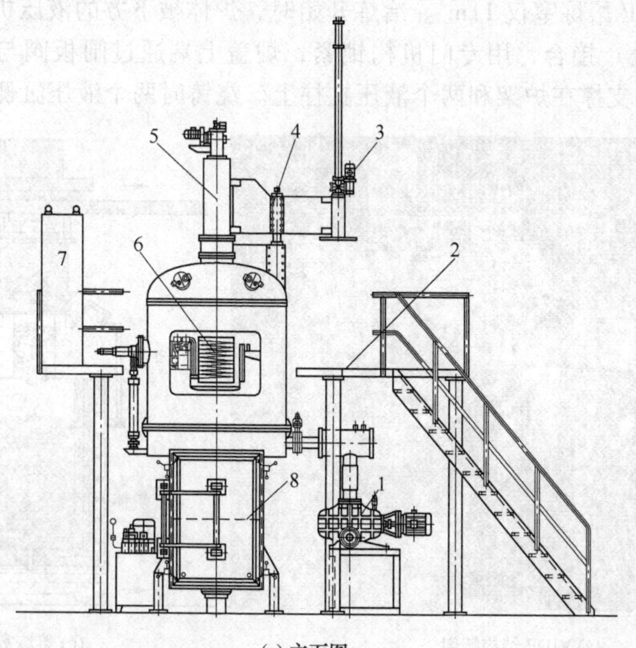

(a) 立面图

(b) 实物图

图 3.26 半连续式真空感应炉

1—机械增压泵；2—操作台；3—测温装置；4—转塔；5—主加料室；6—感应圈；7—电控柜；8—锭模室

3.8.2 真空感应浇铸炉（VIDP）

传统的真空感应炉（包括间歇式和半连续式），熔炼与浇铸在同一个空间，真空室容积大，抽真空时间长，需要配备大容量的真空泵抽气。1988 年，德国 ALD 公司的前身莱宝-海拉斯（Leybold-Heraeus）公司设计制造出了升级版的真空感应炉，称为真空感应浇铸炉（vacuum induction degassing and pouring furnace），简称 VIDP 炉。

如图 3.27 所示，VIDP 炉将熔炼室与浇铸室分开，两者之间有流道连接（图 3.28）。熔炼室仅装置感应圈坩埚，体积小，抽空时间和熔炼周期短。20t VIM 的熔炼室体积为 $350m^3$，而 20t VIDP 熔炼室仅 $11m^3$。冶炼开始时，炉体被下方的液压机构托起，与炉子的上部结构（炉盖）接合，用专门机构锁紧，炉盖上端通过闸板阀与加料室连接。炉盖由真空密封轴承支撑在炉架和两个液压缸柱上。浇铸时两个液压缸侧顶炉盖，炉盖带

(a) VIDP 结构解剖

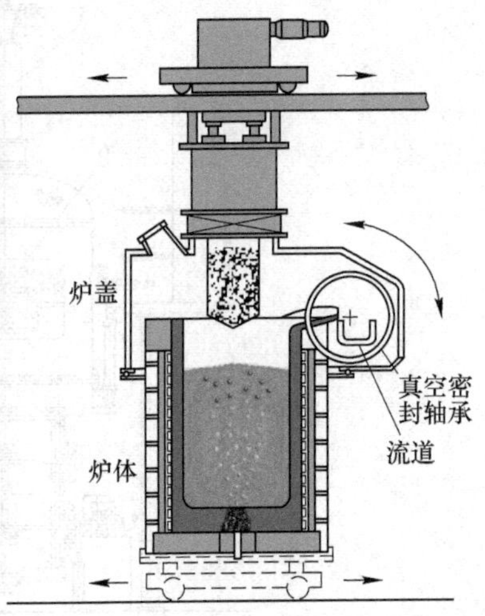

(b) 熔炼室结构

图 3.27 带有真空倾炉装置的 VIDP 炉

动熔炼室一起围绕真空轴承倾转。在倾斜浇铸状态时，熔炼室与感应圈坩埚没有相对运动。

图 3.28 熔炼室与浇铸室之间的流道连接

由于 VIDP 炉主要依靠快速抽真空和快速更换坩埚来提高生产率，并可配备小型真空机组降低设备投资，所以 VIDP 炉适用于制造大中型炉。VIDP 炉的不足是重达数十吨的熔炼室围绕真空轴承转动，轴承承受大载荷的同时保持高真空密封，保养和维护要求高。1988 年以来，世界各地安装了约 30 台 1~30t VIDP 炉。我国宝武集团烟台鲁宝公司 1999 年安装了 1 台 3t VIDP 炉用于冶炼铜及合金，钢研科技集团安泰科技 2005 年也引进了 1 台 3t VIDP 炉，用于冶炼高温合金和特种合金。大吨位的 VIDP 炉还设计了水平连铸机，图 3.29 所示为英国 Ross & Catherall 公司的装备了水平连铸机的 8t VIDP 炉，用于生产高温合金棒，设备左边仍然保留了圆棒铸锭室。

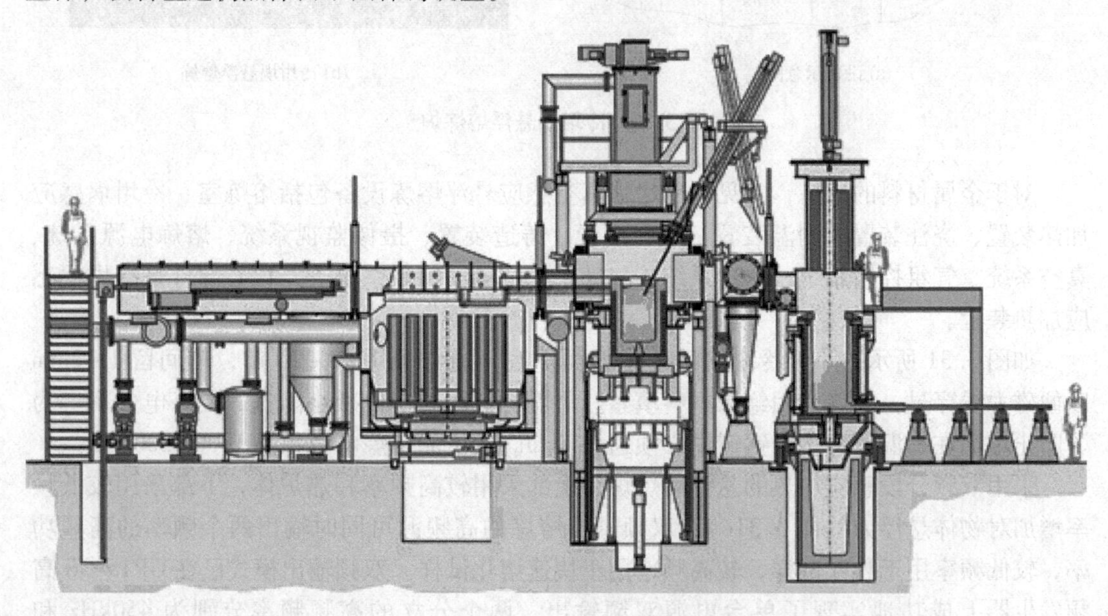

图 3.29 装备水平连铸机的 8t VIDP 炉

3.8.3 真空感应悬浮熔炼

3.8.3.1 冷坩埚悬浮熔炼

真空感应炉熔炼，排除了熔炼过程中大气对金属熔池的污染，但仍然存在坩埚耐火材料引起的对金属液的污染问题。冷坩埚感应悬浮熔炼技术（图3.30）是“将分瓣的水冷铜坩埚置于交变电磁场内，利用感应涡流加热坩埚中的金属使其熔化，依靠电磁力使熔融金属与坩埚壁不产生密切接触的技术”。因此，真空感应悬浮熔炼技术进一步消除了坩埚材料对被熔炼金属的污染，可被用来熔炼高纯度和高活泼性的金属材料。此外，由于磁悬浮的作用，使熔体与坩埚内壁脱离接触（或呈软接触状态），这样熔体与坩埚壁之间的散热行为由传导散热改为辐射散热，从而导致散热速度聚减，使熔体可达到很高的温度（1700~2000℃），可用来熔炼高熔点金属及其合金；在金属氧化物熔炼领域，使用温度已经超过3000℃。由于冷坩埚熔炼具有一系列技术上的潜在优势，决定了它将成为新世纪的重要精细冶金手段，在材料制备领域得到广泛应用。

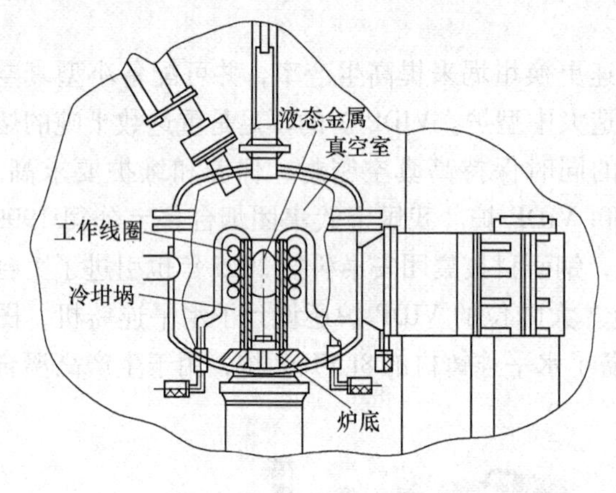

(a) 设备示意图

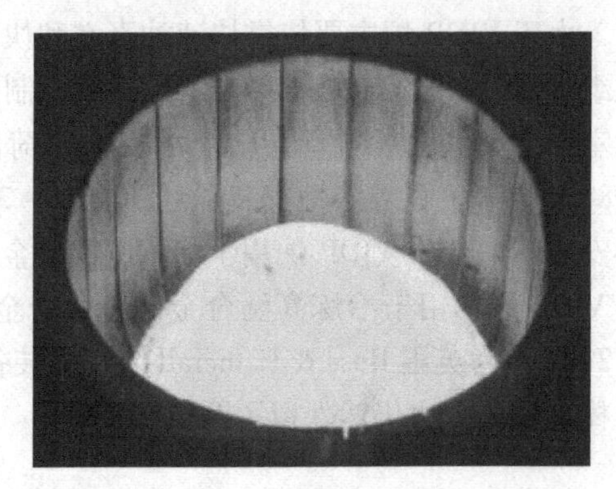

(b) 冷坩埚悬浮熔炼

图3.30 冷坩埚悬浮熔炼炉

对于金属材料的熔炼，常见的冷坩埚真空感应悬浮熔炼设备包括熔炼室、冷坩埚感应加热装置、浇注装置、测温装置、加料装置、铸造装置、摄像监视系统、熔炼电源系统、真空系统、气氛控制系统、水冷系统、气动系统及电气控制系统等，核心部件是冷坩埚感应加热装置。

如图3.31所示，小型冷坩埚采用抛物面炉底，通常采用18~24瓣，瓣间留1~2mm以便磁力线穿过，切缝内用绝缘材料填紧。坩埚材料用纯铜以减小阻抗，提高电效率。为了防止坩埚在高温下熔化，铜瓣中必须通水冷却。冷坩埚熔炼电源频率1000~8000Hz。

采用双频分段感应加热的悬浮熔炼炉，上部采用较高频率和热炉体，下部采用较低频率增加对物体悬浮力（图3.31c）。双频悬浮熔炼的高频源可同时输出两个频率的高频功率，较低频率用于悬浮试样，较高频率用于快速熔化试样。双频输出模式已在GP15-G6高频发生器上成功地实现了单台电源双频输出，两个分立的高频频率分别为450kHz和240kHz。金属材料在熔炼过程中与坩埚处于非接触状态，为了保证金属液在非接触状态下

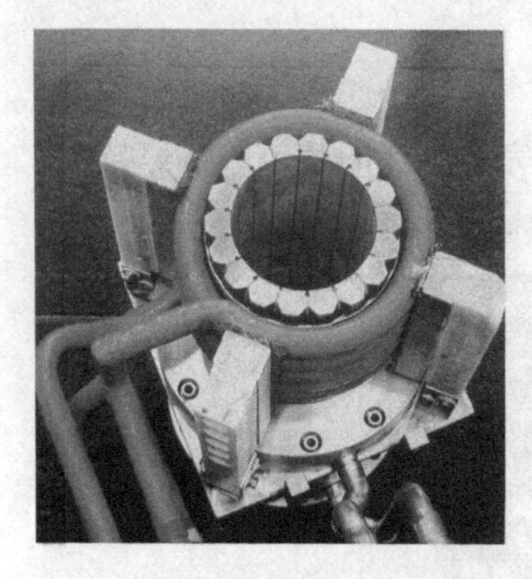
(a) 感应加热装置

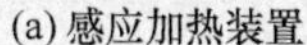

(b) 铜质分瓣坩埚

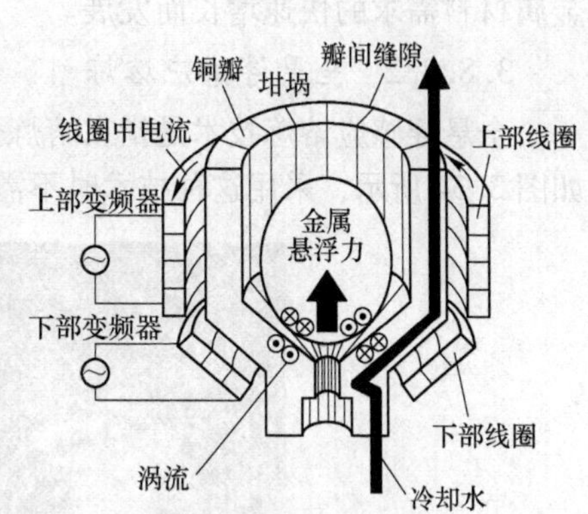

(c) 双频感应加热

图 3.31 冷坩埚感应加热装置

从坩埚内顺利倒出，采用了坩埚底部出口和真空吸铸两种浇注方式。改变上下两组线圈的功率使悬浮的金属液改变形状，减少悬浮力，靠金属液的重力使金属液从底部出口流出。流出过程中由于电磁力的作用，金属液与坩埚同样处于非接触状态。此外，在底部出口熔炼装置的基础上设置了如图 3.32 所示的结晶器（抽锭模），制造成连续铸造装置。

除上述熔炼装置外，还有一种在水冷坩埚底部有未熔化的凝壳支撑着熔体的装置，凝壳的成分与被熔炼金属是相同的，上部金属熔体与坩埚侧壁仍处于非接触浮游状态（图 3.33）。

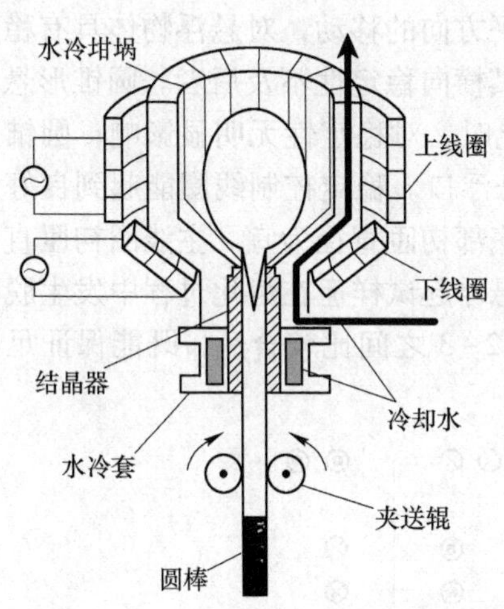

图 3.32 悬浮熔炼连续铸造示意图

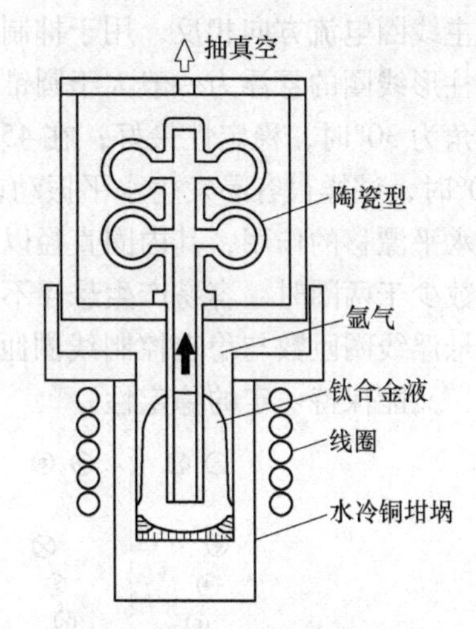

图 3.33 真空吸铸示意图

国外冷坩埚真空感应熔炼炉的设备容量已经超过 200kg（以钛计），主要用来熔炼飞机引擎的钛合金叶片和光电系统特殊功能晶体，人体关节和骨骼合金，核电材料的提取和核废料处理等。国内几个主要厂家的设备容量在 50kg 以下，如钢铁研究总院用 10kg 冷坩埚悬浮熔炼炉成功生产了多种金属间化合物 Ni_3Al，TiAl 和 Ti_3Al，用于航空工业，生产 NiTi 记忆合金、AlLi 轻比重合金及铽-镝-铁（Tb-Dy-Fe）磁致伸缩材料。在未来几年内，冷坩埚真空感应熔炼技术会随着航空航天、深海潜水器、核工业、生物医学等领域对高端金属材料需求的快速增长而发展。

3.8.3.2 全悬浮感应熔炼

全悬浮感应熔炼技术是指在熔炼过程中使被熔材料处于完全悬浮的状态的熔炼技术。如图 3.34 所示，采用这种技术时不需要坩埚，被熔材料直接悬浮在感应圈中。

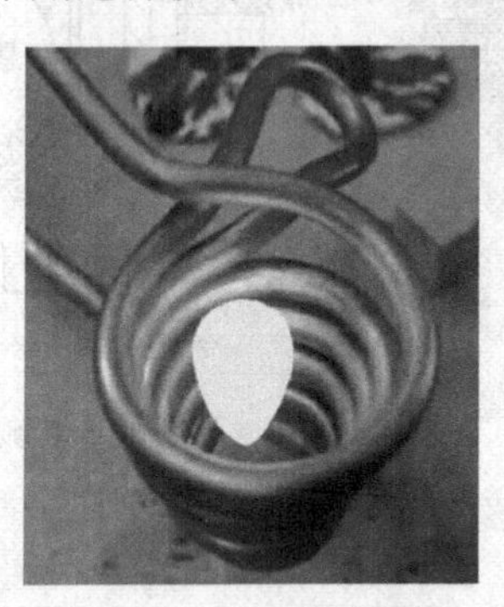

图 3.34 全悬浮感应熔炼

全悬浮感应熔炼技术始于 1952 年，至 20 世纪 80 年代，美国、日本、苏联等国已经采用该技术制备出了活泼金属超纯材料；1994 年，在研究人员采用该技术制备了超纯半导体材料之后，全悬浮熔炼技术获得了新的应用。

全悬浮感应熔炼线圈有圆锥形和圆柱形两种方式（图 3.35）。对圆锥形线圈而言，底部锥形线圈为主线圈，提供主悬浮力并加热物料，上部线圈为稳定控制线圈，其中的电流方向与主线圈电流方向相反，用于抑制悬浮物体水平方向的移动，对悬浮物体具有稳定作用。圆柱形线圈的悬浮力一般大于圆锥形线圈，但其横向稳定性不及后者。圆锥形悬浮线圈圆锥角为 30°时，稳定性最好；在 45°~55°间变化时，对稳定性无明显影响；圆锥角增大到 60°时，试样很容易发生水平振动，很难稳定悬浮口。稳定控制线圈能起到良好的抑制试样水平漂移的作用，其内圈直径以接近主线圈底部初匝直径为宜。主线圈初匝直径过大或圈数少于两圈时，容易产生悬浮不起试样或者悬浮起试样但在熔化过程中发生脱落现象。主悬浮线圈匝数与稳定控制线圈匝数比例选在 2~3 之间比较合适，既能保证足够的悬浮力，又能保持一定的稳定性。

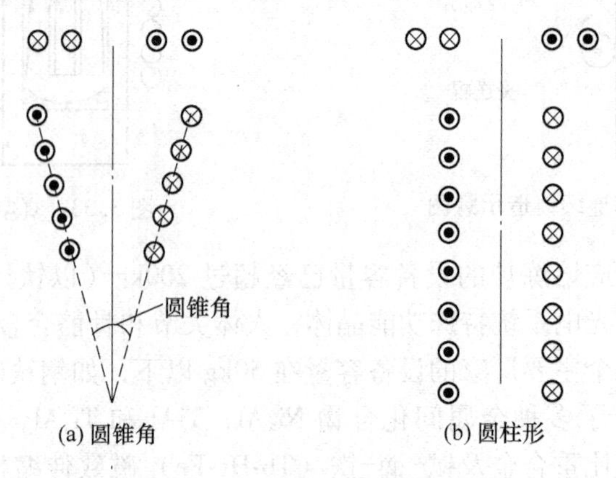

图 3.35 全悬浮感应线圈类型

参 考 文 献

[1] 王振东，曹孔健，何纪龙．感应炉冶炼［M］．北京：化学工业出版社，2007.
[2] 丁永昌，徐曾启．特种熔炼［M］．北京：冶金工业出版社，1995.
[3] 崔雅茹，王超．特种冶炼与金属功能材料［M］．北京：冶金工业出版社，2010.
[4] 贾理果，曹大明，姜治军．大型真空感应熔炼炉 VIDP 的发展［J］．特殊钢，2007，28（6）：39-42.
[5] 姜周华，董艳伍，李花兵．特殊钢特种冶金技术的新发展［J］．中国冶金，2011，21（12）：1-10.
[6] 李正邦．特种冶金新技术［J］．特殊钢，2002，23（6）：1-5.
[7] 薛正良，李正邦，张家雯．CaO 坩埚的研制及其在真空熔炼超低氧钢中的应用［J］．耐火材料，2003，37（5）：267-270.
[8] 薛正良，李正邦，张家雯，等．真空感应熔炼碳脱氧研究［J］．钢铁，2003，38（6）：12-14.
[9] 薛正良，李正邦，张家雯，等．用氧化钙坩埚真空感应熔炼超低氧钢的脱氧动力学［J］．钢铁研究学报，2003，15（5）：5-8.
[10] 薛正良，李正邦，张家雯，等．用氧化钙坩埚真空感应熔炼超低氧钢［J］．特殊钢，2003，24（1）：12-14.
[11] Xue Zhengliang，Yang Die，Qi Jianghua，et al. The effect of thermostability of refractory material on refining extra-low oxygen steel under vacuum［J］．Ceramic Forum International，2008，85（10）：E70-73.
[12] 马朝晖，谭天亚，严清峰，等．磁悬浮冷坩埚技术在特种金属功能材料制备中的应用［J］．材料科学，2012，（2）：110-116.
[13] 冯涤，骆合力．冷坩埚感应悬浮熔炼技术［J］．钢铁研究学报，1994，6（4）：24-30.
[14] 杨贵成．感应加热悬浮熔炼新技术［J］．铸造设备研究，2002（3）：52-54.

4 电渣重熔

4.1 概　述

金属结构材料的机械加工性能、力学性能和耐蚀性能等主要取决于材料本真质量和冶金质量两方面因素，前者包括材料本身的合金元素含量和微观金相组织；后者包括与冶炼工艺相关的金属的纯净度，以及与凝固过程相关的铸锭化学成分的均匀性和结构的致密性。为了提高铸锭的冶金质量，一方面需要通过精炼手段降低金属液中气体和非金属夹杂物的含量，即提高纯净度；另一方面，就是要降低或消除金属液在凝固过程中所产生的成分宏观偏析、组织不均匀、缩孔和疏松等低倍缺陷。

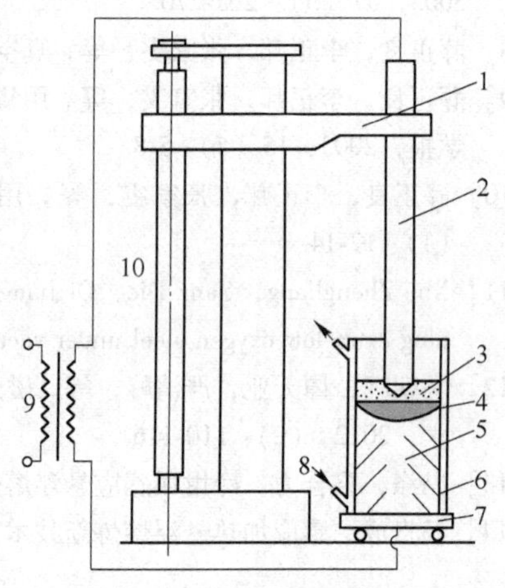

图 4.1　电渣炉示意图

1—电极臂；2—自耗电极；3—渣池；4—金属熔池；5—金属锭；6—结晶器；7—底水箱；8—冷却水；9—变压器；10— 丝杆

电渣重熔法（Electro-slag remelting，ESR 法，图 4.1），是在水冷的铜结晶器中，利用熔渣的电阻热来重熔自耗电极，生产高质量的钢和合金的一种方法。自耗电极是用其他初炼炉（如转炉、电弧炉、感应炉等）熔炼出的具有合格合金元素成分的钢水浇铸成的圆坯或方坯；若浇铸成钢锭，则需经热加工成金属棒。经过电渣重熔可有效去除自耗电极中的大型非金属夹杂物和杂质元素 S，金属液在水冷的结晶器内强制冷却凝固，得到具有致密结晶组织，且宏观偏析轻微，表面光滑的钢锭（图 4.2）。电渣重熔法系当今世界上采用最广泛的特种熔炼方法。它与真空自耗电弧炉相比，无需真空抽气系统，且采用交流电源供电，故其设备简单、操作方便，钢锭内部组织均匀致密，表面质量良好。

图 4.2　电渣锭

西方国家在论述电渣冶金发展史时往往追溯到1939年美国霍普金斯（R. K. Hopkins）所做的工作，他在用铁或镍的薄带卷成的空心管内填充合金或纯金属碎料，作为自耗电极，供以直流电，电极在渣层中不断熔化，同时在铜制的水冷结晶器中凝固成锭。这一方法于1940年获得专利，随后凯洛（Kellogg）公司将霍普金斯的专利变成了最早的工业电渣炉（图4.3），并称此熔炼方法为“凯洛法”。

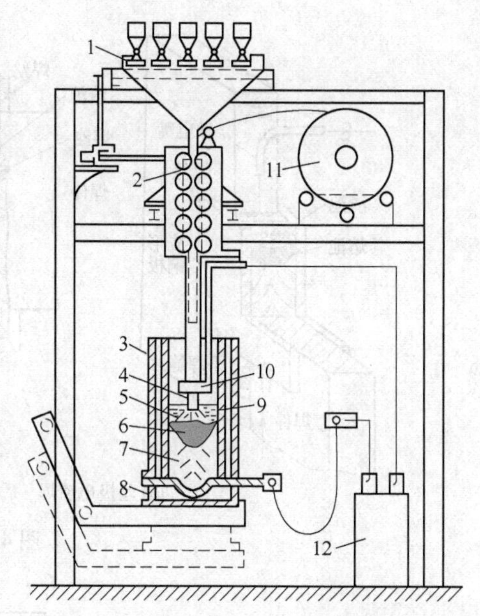

图4.3 起源于美国的凯洛重熔法
1—计量器；2—管子成形装置；3—结晶器；4—自耗电极；5— 渣池；6—金属熔池；7—金属锭；8—底水箱；9—电弧；10—导线；11—带卷；12—电源

霍普金斯（R. K. Hopkins）作为凯洛（Kellogg）公司技术指导和Firth-Sterling公司副总经理，长期垄断这一技术，但由于独家封闭性生产，技术上若干难题未能解决而止步不前，如空心管电极包裹的合金碎料在熔化过程中出现掉块造成铸锭中出现“夹生块”。此外，冶金理论上存着电渣冶金是埋弧放电而非电渣过程的错误思想，致使电渣冶金发展长期处于停滞状态。第二次世界大战期间，曾采用此法生产过高速工具钢，1947年又用这种方法熔炼出含Cr 16%、Ni 26%、Mo 6%的耐热钢，用于制作发动机涡轮盘。1950年后开始研究用实心自耗电极来取代金属管包裹合金碎料电极，变直接冶炼为重熔精炼。但与此同时，在1950~1956年间另一种特种冶金方法“真空电弧重熔”受到广泛重视。由于在相当长的一段时间内，真空自耗电弧重熔所生产的钢锭质量优于“凯洛法”，故“凯洛法”这一技术的发展较缓慢。直到1956年又重新开始研究实心自耗电极电渣炉，1959新建了3台3.6t电渣炉，但依旧用直流电源供电，铸锭接负极。

前苏联电渣冶金发源于乌克兰巴顿电焊研究所，1953年Г. З. 沃洛什凯维恰在埋弧焊接纵缝过程中偶然发现，过多渣液会使电弧熄灭，并使操作变平稳，焊缝质量优异，由此得到启示发明了如图4.4所示的电渣焊（ESW）。将电渣焊方法应用于冶金领域，在1954~1955年间建成了如图4.5所示的P-813型电渣直接合金化丝极炉，采用的自耗电极为细截面（直径小于6mm）丝，熔炼出直径ϕ135~300mm的钢锭，熔炼过程中可以进行合金化。1958年在乌克兰第聂伯特殊钢厂建立了一台P-909型工业性试验的交流单相电渣炉（图4.6），并采用实心的合金钢棒为自耗电极，能生产ϕ300mm重0.5t钢锭。1959年建成了一台ДCC-1型三相电渣重熔设备，能生产1t重电渣锭。

前苏联的电渣生产发展十分迅速，20世纪70年代就建成了三相多电极、大吨位的电渣炉，锭子的直径可以达到1800~2700mm，锭子重量为80~200t。尤其在电渣冶金理论、电渣炉设备和工艺技术改进上进行了一系列研究，在发展双极串联重熔板坯、电渣熔铸异型产品、多孔电渣重熔等方面做出了卓越的贡献。

我国的电渣重熔技术是在学习前苏联电渣焊（ESW）基础上发展起来的，起步稍晚但发展很快。1958年开始研究，1960年就召开了全国第一次电渣炉现场会议，1961年开始

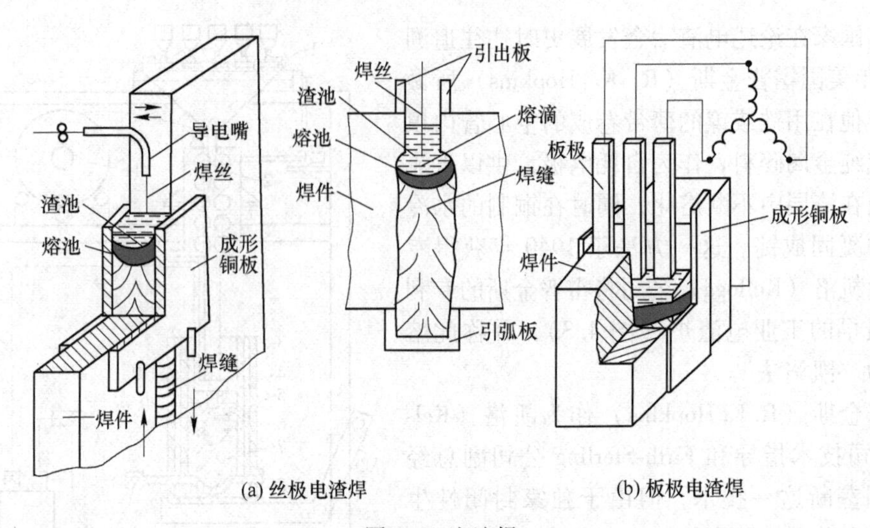

图 4.4 电渣焊

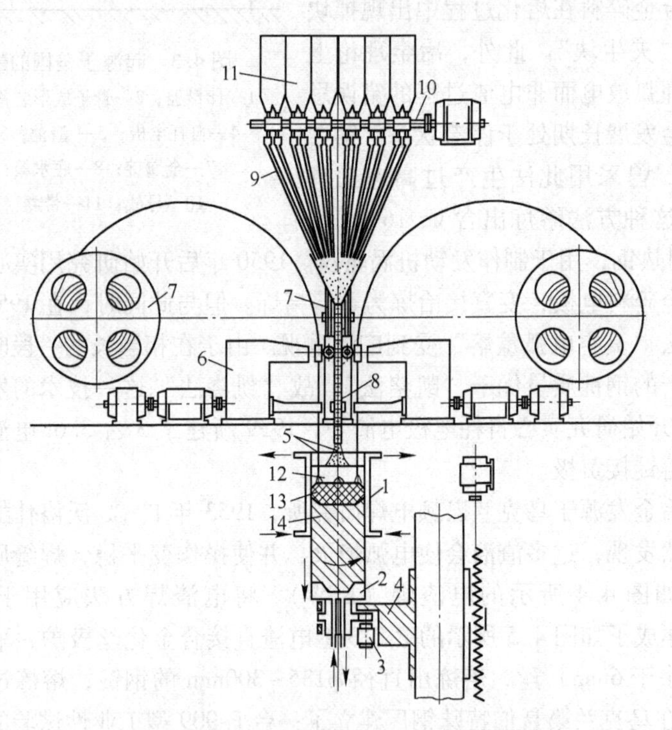

图 4.5 起源于前苏联的 P-813 型电渣试验炉

1—水冷结晶器；2—底水箱；3，4—底水箱旋转和下放机构；5—电极丝；6—电极丝送给机头；7—电极丝卷筒；8—导料管；9—松料管；10—炉料定量器；11—料槽；12—渣池；13—金属熔池；14—金属锭

在全国各特殊钢厂广泛建立电渣重熔设备并投入生产，基本与世界同步。1980 年，在上海重型机器厂建造和投产了 200t 级的电渣炉（图 4.7），为秦山 30 万千瓦核电站生产核安全一级压力容器用钢锭和秦山核电站蒸发器和稳压器等所需的电渣锭。2009 年又建成了当今世界上最大的 450t 级的电渣炉（图 4.8），结晶器内径 ϕ3700mm，输入功率 9000kV · A×3，重熔速率 6t/h，为我国第二代、第三代百万千瓦核电机组的汽轮机低压转子、发电机

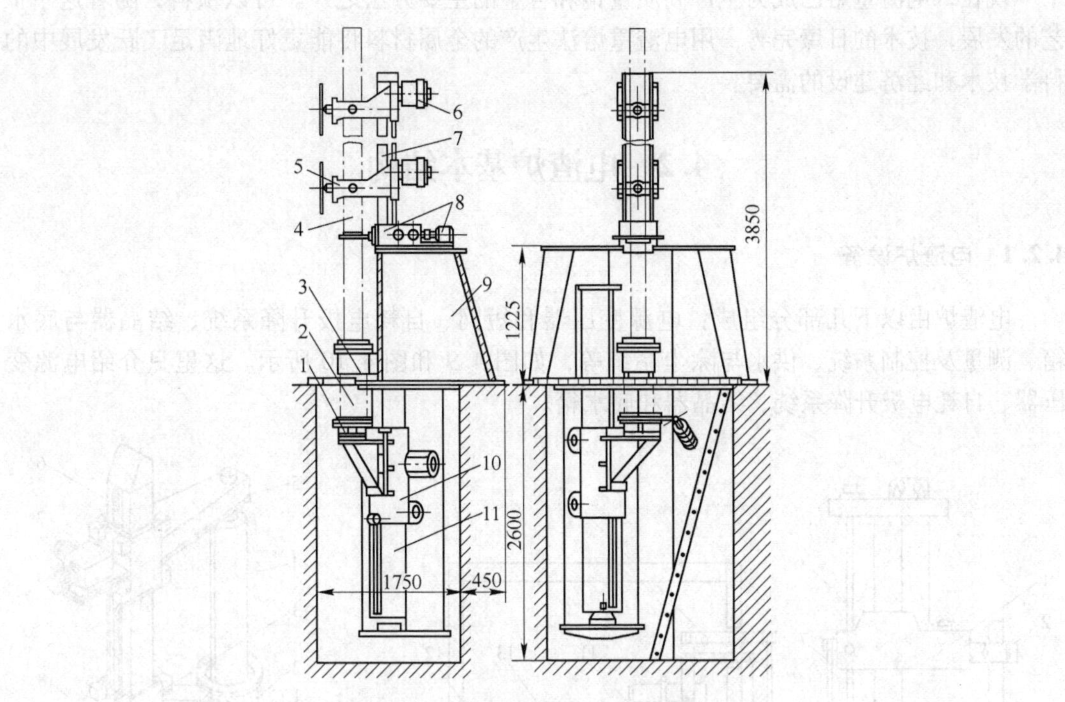

图 4.6 P-909 型工业性试验电渣炉

1—底盘；2—钢锭；3—结晶器；4—自耗电极；5—电极夹持器支架；6—电极夹持器快速拖动机构；7—电极夹头工作拖动机构；8—电极夹持器工作进动拖动机构；9—底座；10—底盘车；11—底盘车导向柱

转子、管板以及大型支承辊等超大型锻件提供电渣锭。同时，我国的电渣冶金工作者在电渣冶金理论、工艺技术、装备大型化、生产自动化和智能化控制，以及在扩大电渣钢品种和电渣熔铸技术方面做了大量开拓性的工作。

图 4.7 200t 电渣炉

图 4.8 450t 电渣炉

近几十年来，美国、前苏联、英国、法国、德国、奥地利、日本、韩国等国家相继采用电渣重熔法生产高质量的钢和合金，品种由最初的几个扩大到几十个、上百个，甚至已扩大到重熔铜、钛等有色冶金领域。

现在，电渣重熔已成为生产高质量钢和合金的主要方法之一。可以预料，随着这一工艺的发展，技术的日臻完善，用电渣重熔法生产的金属材料将能更好地满足飞跃发展中的科学技术和经济建设的需要。

4.2 电渣炉基本结构

4.2.1 电渣炉设备

电渣炉由以下几部分组成：电源变压器和短网、自耗电极升降系统、结晶器与底水箱、测量及控制系统、供水与除尘系统等，如图 4.9 和图 4.10 所示。这里只介绍电源变压器、自耗电极升降系统、结晶器和底水箱。

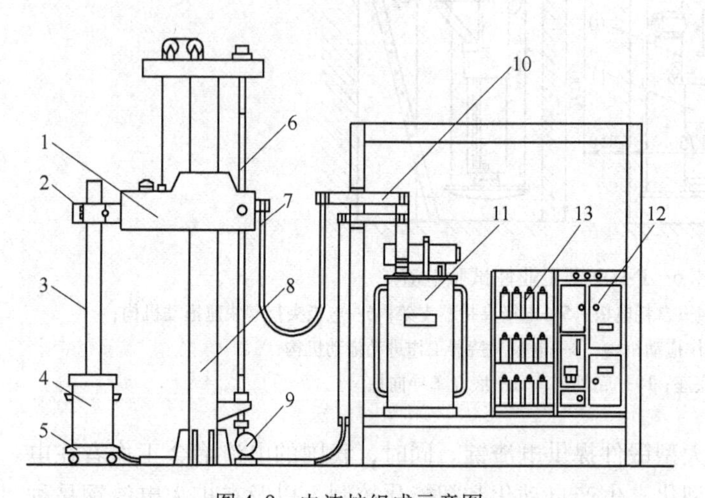

图 4.9 电渣炉组成示意图

1—横臂；2—上夹持器；3—自耗电极；4—结晶器；5—运锭车；6—丝杆；7—电缆；8—立柱；9—驱动装置；10—铜排；11—变压器；12—开关柜；13—补偿电容柜

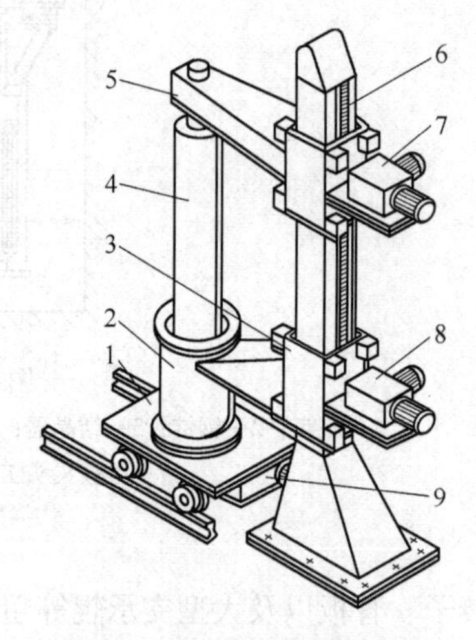

图 4.10 电渣炉结构示意图

1—底板小车；2—结晶器；3— 结晶器小车；4—自耗电极；5—电极夹持器；6—立柱；7—电极传动装置；8—结晶器移动传动装置；9—底板移动传动装置

4.2.1.1 电源变压器及短网

电渣重熔电制度的特点是使用的大电流、低电压的交流电源。为此需要选择与电渣炉容量相适宜的变压器将外部输入的高压电转变为低压电（40~100V）。

电渣炉变压器可以是单相变压器，也可以是三相变压器。小吨位电渣炉多采用单相变压器，大吨位电渣炉多采用三相变压器。但无论单相还是三相，变压器的电力曲线都应该是硬特性的，即在冶炼过程中变压器输出电压不随冶炼电流而变化。变压器的容量大小与钢锭直径或结晶器的横截面积相关（表 4.1）。

短网，也就是大电流电路，由变压器二次侧至电极夹头，以及至底水箱之间连接的铜排、电缆、铜管和低压电流互感器等组成。由于大电流线路中通过强大的电流，在电渣炉附近会形成一个强大的交变磁场，磁场内的导电构件，甚至混凝土中的钢筋都会产生涡流发热，即增加电路的电能损耗。为了减少大电流线路的阻抗值，进出电缆布置应尽量靠近，使布线磁场相互抵消，并采用同轴设计（同轴导电立柱和同轴电缆）及大截面水冷电缆供电。

表 4.1　电渣炉变压器容量

电渣炉吨位/t	变压器容量/kV·A	相数	结晶器直径/mm	最大二次电压/V	最大二次电流/A
0.03	150	单相	120	50	3000
	200		140		
	216		150		
0.20	250	单相	180		
	300		200		
0.50	400	单相	230	60	7000
1.00	750	单相	350	80	10000
2.00	1800	单相	500	80	20000
5.00	2500	三相	800		

4.2.1.2　自耗电极升降机构及电极夹头

电渣炉的电极升降机构通常采用丝杆传动，这种传动方式平稳、精度高。为适应熔化速度的要求，缩短辅助时间，变速箱采用双行星齿轮差动式变速器，双电机输入，可以满足电极快速提升、快速下降和慢速熔炼的要求。为保证电极升降的自锁，差动减速器除采用双行星及双蜗轮蜗杆外，电机采用电制动型。立柱用无缝钢管及方钢焊接。横臂为铜钢复合式导电横臂，升降为台车式结构，通过六对导轮上下移动，灵活可靠。为减轻传动部分的负荷，在立柱芯部配有平衡锤，以平衡自耗电极和横臂的重量。丝杆装有保护套和自动调节装置，防止灰尘进入，并自动调节丝杆间隙。

电极升降臂的前端为电极夹紧装置，通常是水冷的铜夹头（图 4.11）。电极夹头的作用是：（1）传导电流，把软电缆传来的大电流传到电极上；（2）夹持作用，夹紧自耗电极尾部焊接的假电极。电极夹头的工作条件十分恶劣，它受高温炉气的烘烤，当电流流过时，本身会发热。因此，对夹头材料的要求是耐高温、抗氧化、电阻小和高强度。也就是说，电极夹头和假电极应保持良好的接触，以降低电耗和本身产生的电阻热，并有足够的强度卡住电极，确保在重熔时不会掉下来。

图 4.11　三相电渣炉电极夹头结构

4.2.1.3　结晶器

结晶器是电渣炉最重要的部分，如图 4.12 所示。电渣重熔过程中，不仅自耗电极在结晶器内熔化，而且液态金属还在结晶器内强制冷却和凝固，形成金属锭或铸件。它是炉子的熔炼室，同时又是金属凝固的锭模。电渣重熔过程中，由于结晶器内盛有高温熔渣，其渣面温度可高达1800℃左右，并且电渣重熔的大电流电有可能流经结晶器，因而使得结晶器工作的热工条件十分恶劣。所以对结晶器的主要要求是良好的导热性、一定的刚性和防爆性能良好等。

结晶器的内外套均可用钢制成。用钢制成的结晶器内套的导热性能比铜要差，容易产生粘锭现象。因而目前普遍采用的是铜制内套和不锈钢制外套。冷却水从结晶器下部流入，从上部流出。冷却水的出水口位置应高于结晶器的上平面。为了使金属锭易于脱出结晶器，在重熔过程中，结晶器的内套与金属锭之间需形成一层薄渣壳。为此，要求结晶器的内套与渣壳接触的表面平整光滑，还应有一定的锥度，一般将此锥度设计为±2%。

为了提高冷却水在结晶器内的流动速度，提高冷却效果，在结晶器的内外套之间安装一中间隔套（又称导水板），由不锈钢板制成。结晶器所用的冷却水质要好。为了不使水垢残留在结晶器，结晶器应定期拆洗。

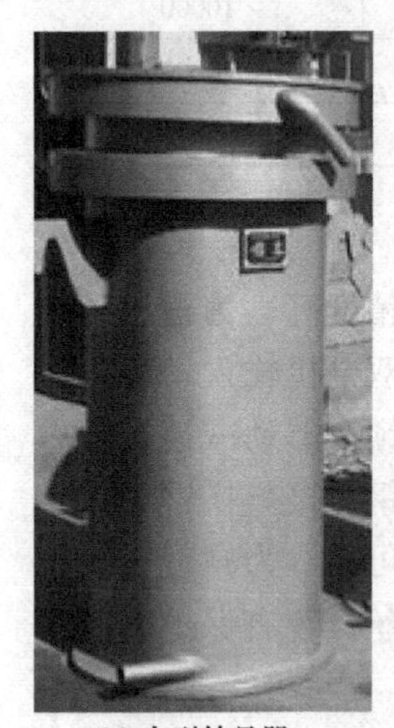
(a) 小型结晶器

(b) 240t 圆锭结晶器

(c) 80t 矩形锭结晶器

图 4.12　电渣炉结晶器

由于电渣重熔技术的发展，这种熔炼方法不仅能生产金属锭，同时还能熔铸多种异形铸件。结晶器的形状更加复杂，其结构多种多样，主要有锭模式结晶器、滑动式结晶器和组合式结晶器三类（图 4.13）：

（1）锭模式结晶器（图 4.13a）。这种结晶器在电渣重熔过程中金属锭与结晶器之间没有相对的移动，电渣炉的结构比较简单，熔炼钢锭的高度小于结晶器高度，图 4.12 所示都是锭模式结晶器。

（2）滑动式结晶器（图 4.13b）。这种结晶器也称短结晶器。在重熔过程中，金属锭与结晶器之间有相对的移动。它生产的金属锭的长度可以超过结晶器的高度，因此可以生产高径比很大的大型金属锭。

（3）组合式结晶器（图 4.13c）。组合式结晶器可生产复杂的大型电渣铸件，它由两部分组成，相对于金属铸件来说，其中一部分是相对固定的，而另一部分则可以相对移动。熔炼结束时，为了便于取出异型铸件，结晶器应做成可拆卸式。

4.2.1.4　底水箱

底水箱安装在结晶器的下面，电渣熔炼初期它承受着大量的热负荷，并且还有部分

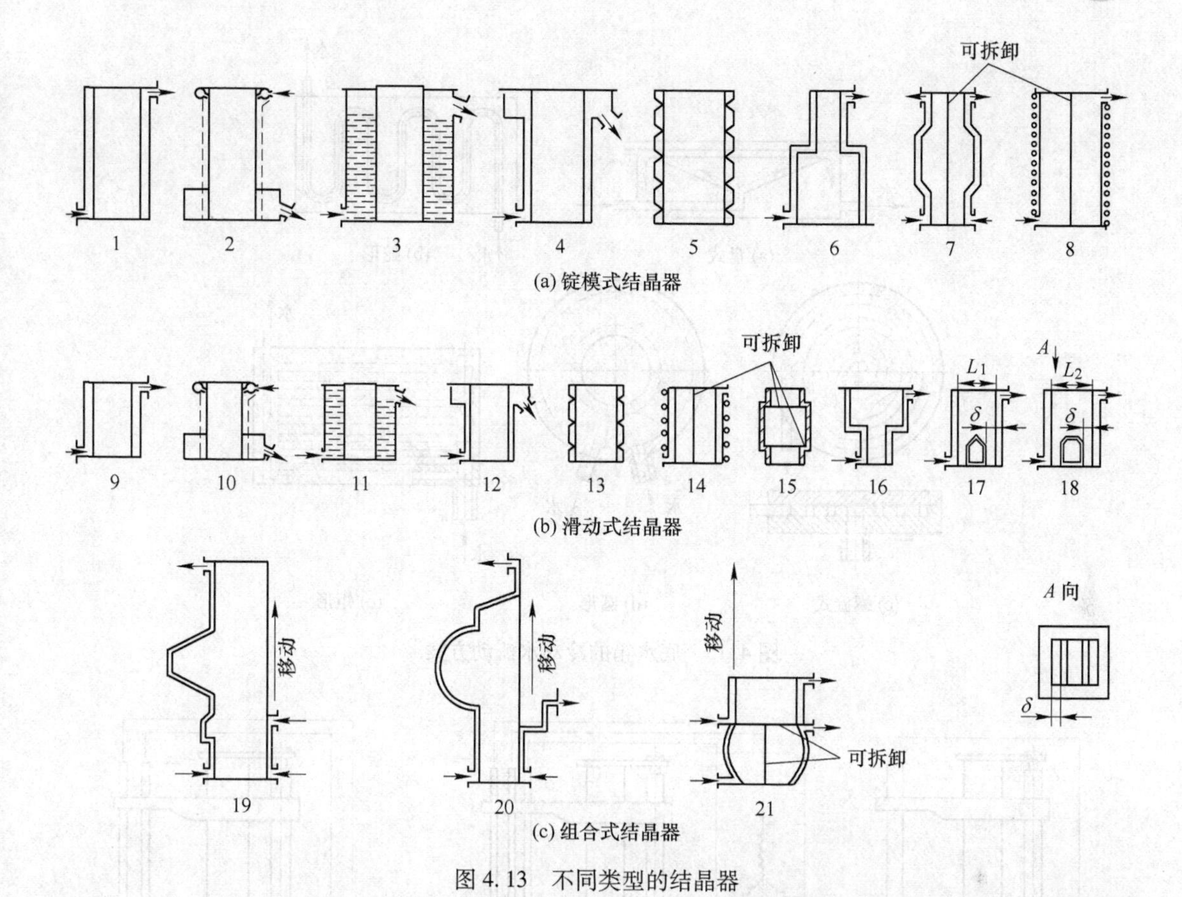

图 4.13　不同类型的结晶器

（或全部）熔炼电流通过底水箱。它对铸锭起到冷却和承重作用，还起导电作用。要求底水箱具有良好的导电性能和冷却能力，并且要有足够的刚度。如图 4.14 所示，底水箱的上盖板应采用光滑的紫铜板做成，箱体内通水冷却。冷却水在底水箱中可设计成不同的流向，底水箱也可制成不同的形式（图 4.15）。

在底水箱内可安装喇叭形的喷水口（图 4.15a），以保证冷却水与底部中心温度最高部位的铜板能够充分接触，获得良好的冷却效果。同时，冷却水的出水管应尽量焊在其上表面处，有利于热水的排除和消除底水箱中的蒸汽。

图 4.14　底水箱

4.2.2　电渣炉类型

电渣炉的类型很多，结构也多种多样。本节仅对电渣炉的电源种类、供电方式、机架结构类型等作介绍。按电源可分为直流电渣炉和交流电渣炉两种，但在工业生产中大量采用的是交流电源供电。按供电方式可分为单相电渣炉（图 4.16）、三相电渣炉（图 4.17）以及双极串联电渣炉（图 4.18）。图 4.19 所示为这三种电渣炉对应的电源布置示意图。

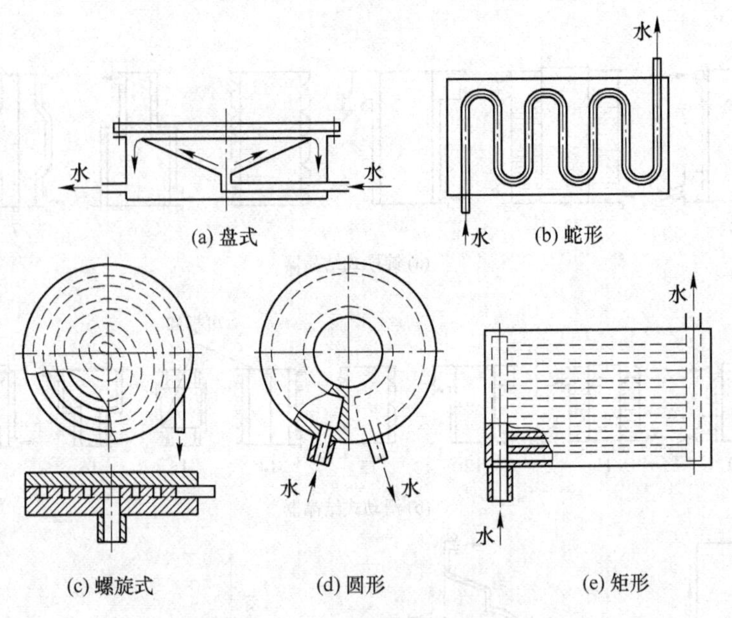

图 4.15 底水箱的冷却水流动方案

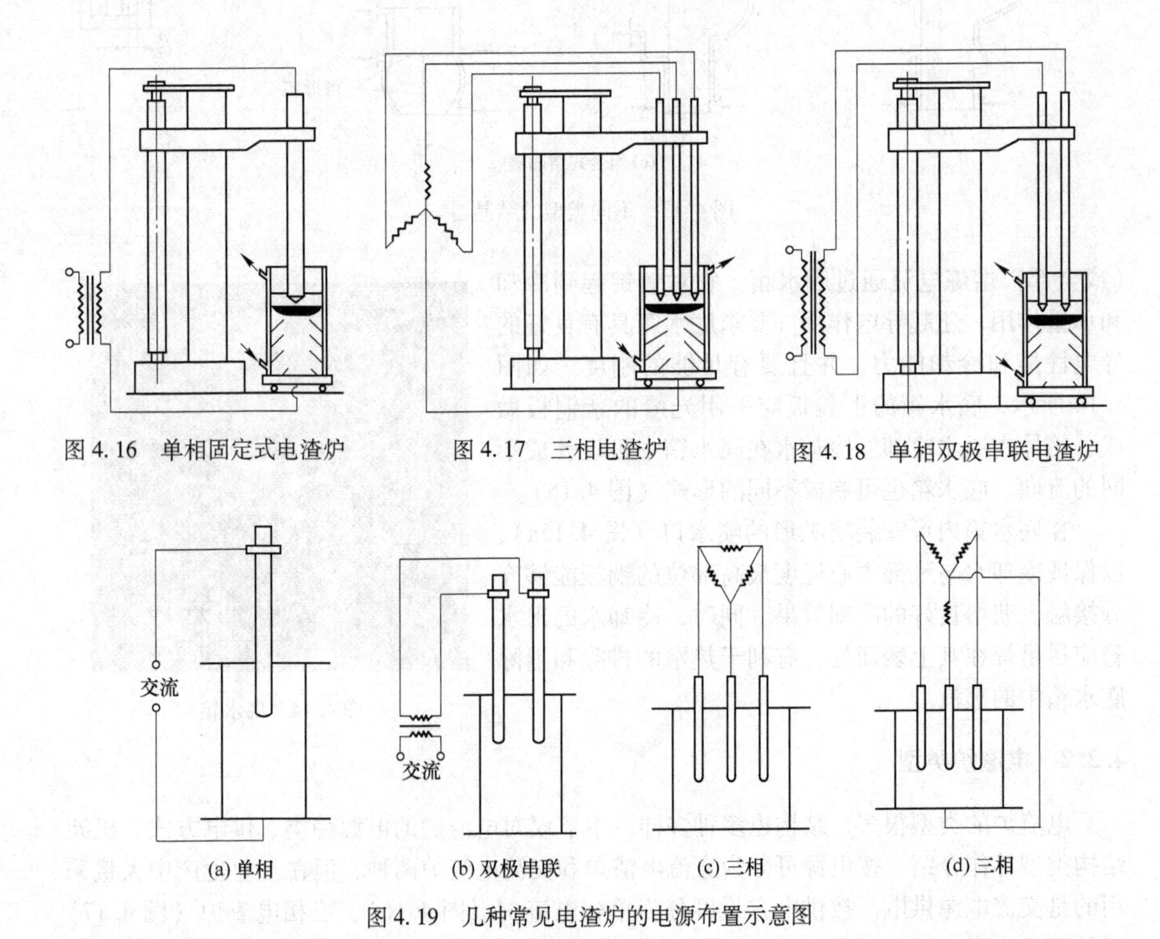

图 4.16 单相固定式电渣炉

图 4.17 三相电渣炉

图 4.18 单相双极串联电渣炉

图 4.19 几种常见电渣炉的电源布置示意图

4.2.2.1 电渣炉的电源种类和供电方式

电渣炉按电源种类和供电方式，可分为如下几种：

(1) 单相电渣炉。单相电渣炉结构最简单（图4.20），工业生产中的小型电渣炉基本上都是选用单相交流电渣炉。

(2) 三相电渣炉。三相三电极电渣炉（图4.21）采用三相交流电源供电，这类型的电渣炉可以采用一个电极升降机构同时控制三根自耗电极的升降，也可以采取三个单独的电极升降机构分别对三根自耗电极进行调节和控制。当采用三个单独的电极升降机构分别调节和控制时，机电设备要复杂一些。但是，这种结构可以克服三根自耗电极出现熔化速度不相等的缺点，因而在操作上也灵活方便一些。三相三电极电渣炉还可以当做三个单相电渣炉使用，即同时在三个结晶器内重熔三根小的金属锭。

图4.20 单相电渣炉

图4.21 三相电渣炉

(3) 双极串联电渣炉。如图4.22所示，双极串联电渣炉是将两根自耗电极都固定在一个电极夹持器上，电流从其中一根自耗电极经过熔渣（小部分电流还流经金属熔池，然后再流回熔渣），最后流回到另一根自耗电极。双极串联电渣炉的电流进出电缆可布置成平行的，并且相互靠近，使布线磁场相互抵消，线路上的感抗小，功率因素高，电能消耗降低。据资料报道，功率因素 $\cos\varphi$ 可由0.80提高到0.92，最高可达到0.98，而电能消耗可降低30%~40%。由于采用双极串联这种方式，可以改善渣池内的热量分布，使温度分布较均匀，金属熔池扁平，这对提高电渣锭的冶金质量是十分有利的。在重熔过程中，电流不需流经底水箱，因此也不需要采用护锭

图4.22 双极串联电渣炉

板，可以大量节省护锭板材料的消耗。此外，还可以消除底水箱被击穿的危险，增加了操作时的安全可靠性。国内外生产实践表明，双极串联电渣炉对于生产扁锭是非常有利的。

（4）三相双极串联电渣炉。三相电渣炉采用双极串联供电方式在大型电渣炉上应用，形成三相双极串联电渣炉（图 4.23）。我国建造的公称吨位 200t 和 450t 特大型电渣重熔炉就是采用这种结构。450t 电渣炉是目前世界上最大的电渣炉，三相输入功率 27000kV · A（9000×3），重熔速度 6t/h，能生产 ϕ3600mm×6000mm 的电渣锭，等效于 600t 级真空浇铸钢锭，可覆盖当今世界上最大吨位的锻件用钢锭。

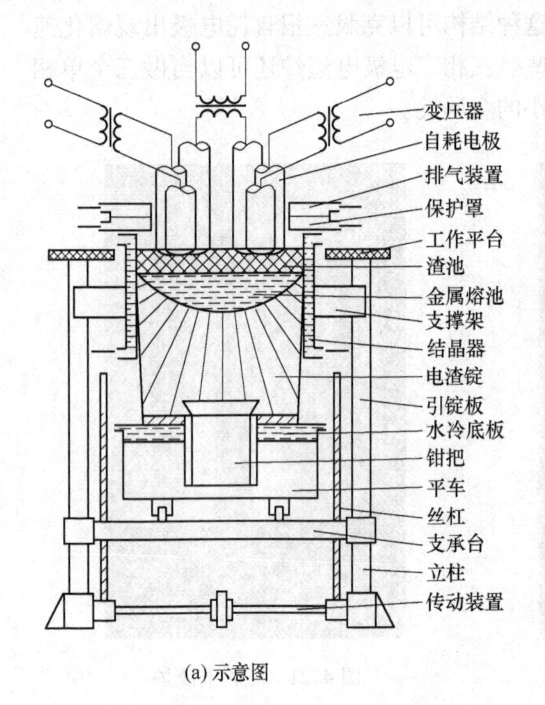

(a) 示意图

(b) 实物图

图 4.23　三相三摇臂双极串联电渣炉

4.2.2.2　电渣炉的机架结构

目前，电渣炉的机架和炉体结构多种多样，常见的有如下几种：

（1）单机架结晶器固定（或开出）式。单机架结晶器固定式：这种类型的电渣炉结构最简单，设备质量小，操作方便，重熔时结晶器固定，自耗电极随熔化逐渐下降，一根自耗电极重熔一支金属锭，重熔和脱模在同一个工位上操作，是当今工业电渣炉最普遍的形式。用它生产大锭，必须要加大自耗电极的长度，要求厂房的高度增加。因此，这种结构的炉型更适宜于小型锭的生产。单机架结晶器开出式（图 4.24）：为了提高生产效率，节省结晶器整理时间，可将装有结晶器的底水箱置于导轨上。重熔结束后立即将底水箱连同结晶器通过导轨移离重熔工位脱模，同时将另一个整理好的结晶器移至重熔工位。

（2）单机架抽锭式。这类抽锭式电渣炉又可分为两种，一种是结晶器固定，而底水箱连同金属锭一起向下降，此时自耗电极也相应地由上向下移动进行重熔（图 4.25a、b）；另一种是底水箱和金属锭均固定，而结晶器由下向上移动，此时自耗电极也相应地由上向

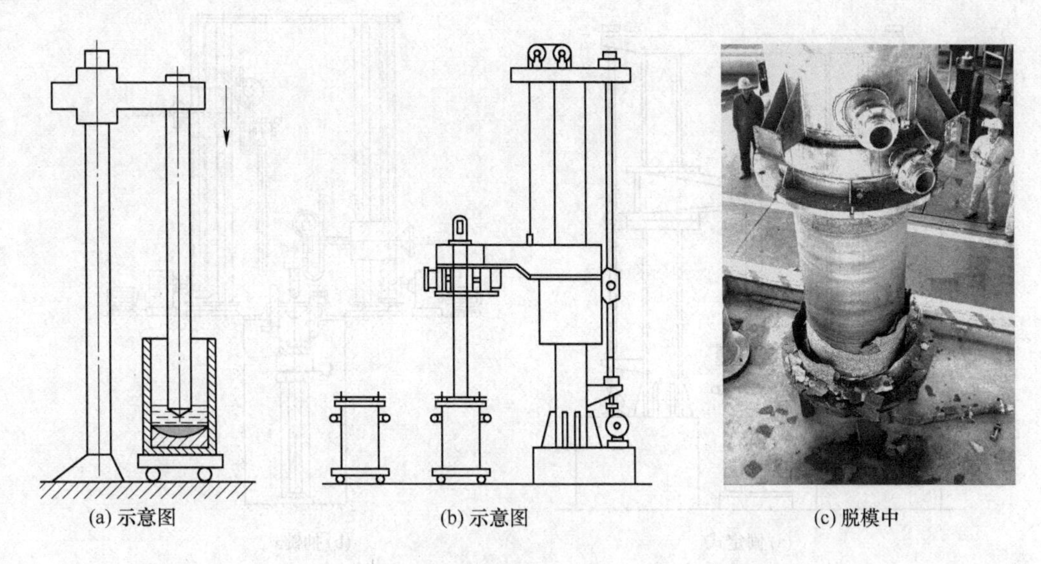

(a) 示意图　　(b) 示意图　　(c) 脱模中

图 4.24 单机架结晶器固定（或开出）式电渣炉

下移动（图 4.25c）。

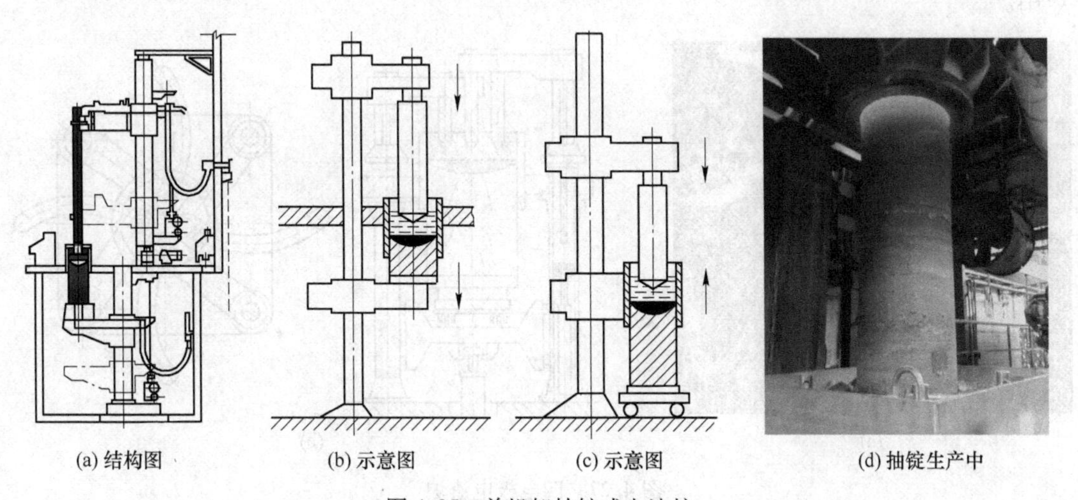

(a) 结构图　　(b) 示意图　　(c) 示意图　　(d) 抽锭生产中

图 4.25 单机架抽锭式电渣炉

（3）单相双臂交换式电渣炉。这种电渣炉可利用多根自耗电极来生产长锭（或大锭），它的设备矮，导电网路短。除采用固定式（图 4.26a）外，还可采用抽锭式（图 4.26b）。按机架数量不同，双臂电渣炉又可分为单机架双臂式和双机架交替式两种。在操作过程中，更换电极的时间应尽量缩短为好。

（4）多机架电极更换式。在重熔过程中可更换自耗电极，因此可利用多根电极来生产大型金属锭。在更换其中某一根电极时，其他的电极仍在继续重熔，仍继续向渣池中供热，因而不会像单相电渣炉更换电极时那样，稍不注意便会使电渣锭的质量受到影响。图 4.27（a）所示为四电极电渣炉设备结构。这种炉子在重熔过程中可以更换自耗电极，由

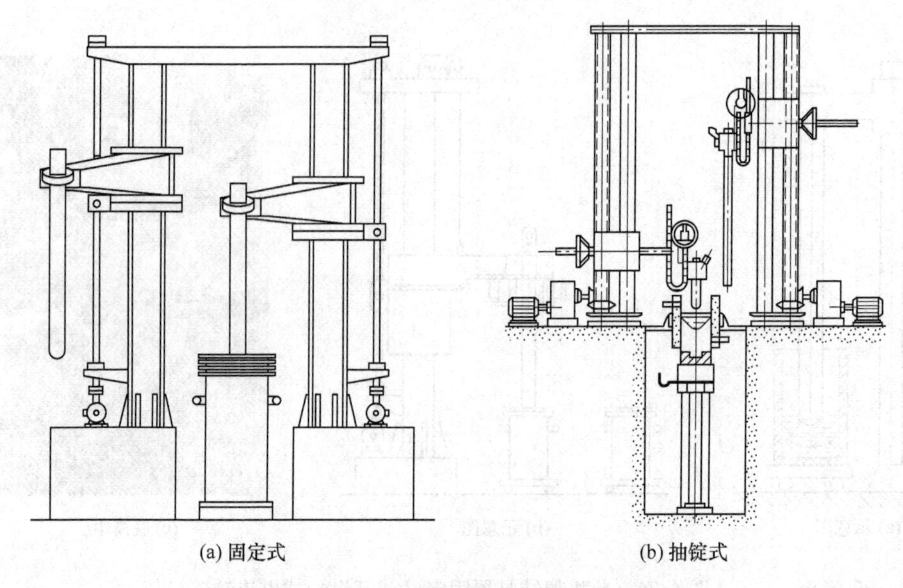

图 4.26　单相双臂交换式电渣炉示意图

于立柱可以转动，炉子的灵活性比较大，既可以用四根电极重熔，也可作单电极电渣炉用。

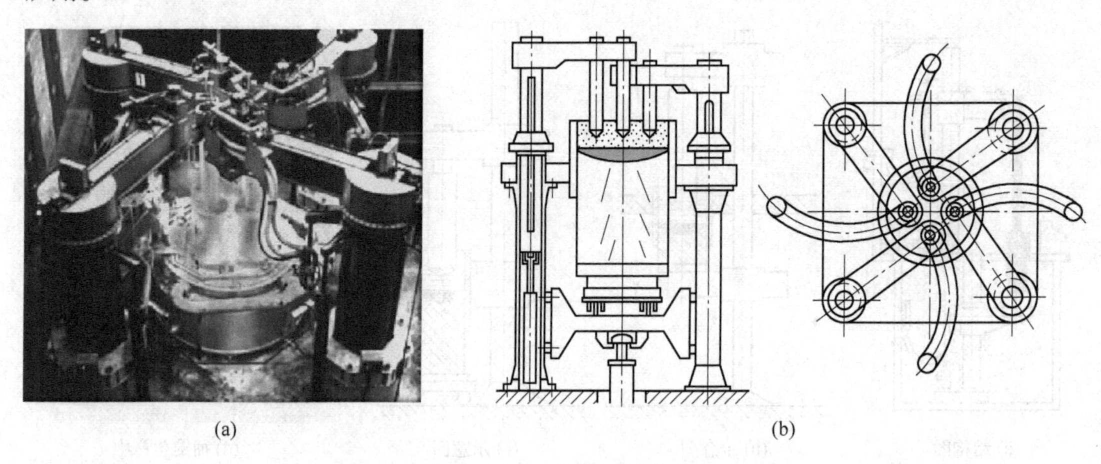

图 4.27　四电极电渣炉

图 4.27（b）所示为德国于 1971 年建造的容量为 160t 的电渣重熔炉，它有四根可以转动的立柱，在每根柱子上均有一台电极夹持器的小车。在立柱的中部，有一根横臂与结晶器相连接。在结晶器的下部，装有一根与底板相连接的活动横梁，该横梁能沿着四根立柱上下移动，可根据结晶器中的金属充满程度来抽锭。

（5）T 形结晶器式。为了生产不同形状的产品，结晶器的形状也随之设计成各种各样形状的。图 4.28 是一种 T 形结晶器（图 4.28a），利用大截面的自耗电极来生产长锭或小截面锭的结构形式（图 4.28b），也可以用一个结晶器同时熔炼多根钢锭（图 4.28c）。重熔过程中，电极由下向上匀速移动，而结晶器也跟随电极一样，由下向上移动。

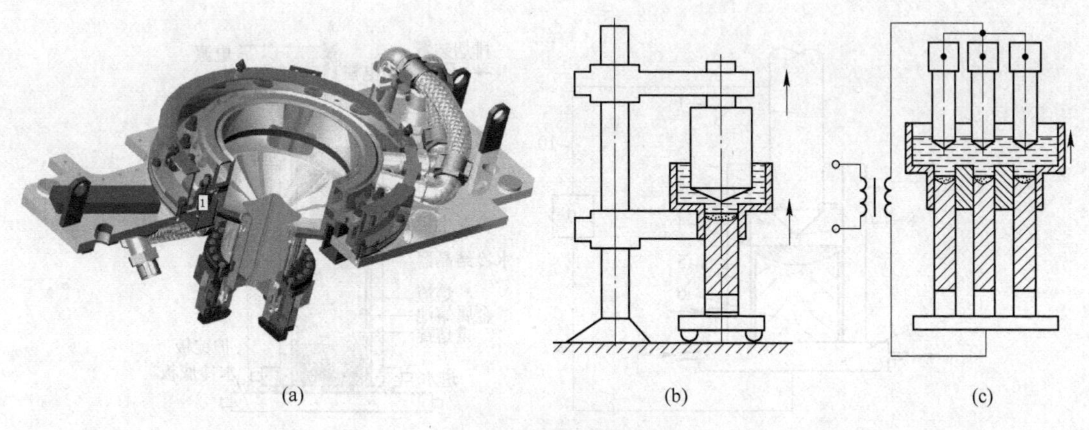

(a)　　(b)　　(c)

图 4.28　T形结晶器

4.3　电渣重熔的基本原理

电渣重熔是把初炼炉（感应炉、电弧炉或转炉）冶炼的钢进行重熔精炼的方法。电渣重熔钢的原料是金属自耗电极，自耗电极可以是铸造的（图 4.29a、b）、锻造的（图 4.29c），也可以是连铸坯。在重熔过程中电极被导电的熔渣加热并逐渐熔化掉，所以称之为“自耗电极”。

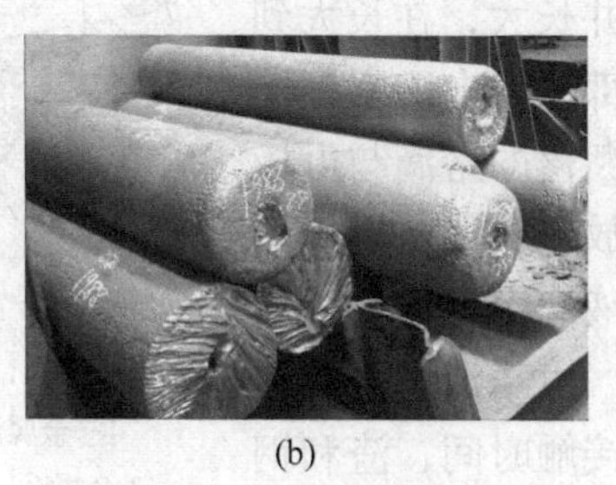

(a)　　(b)　　(c)

图 4.29　自耗电极

4.3.1　基本过程

电渣重熔的基本过程如图 4.30 所示。在铜制水冷结晶器内装有高温的熔渣，自耗电极的一端插入熔渣。通过自耗电极—渣池—金属熔池—钢锭—底水箱—短网（大电流电缆）至变压器形成回路。

当电流通过回路时，渣池靠自身的熔渣电阻发热（焦耳热）加热到高温。单位时间内渣池中析出的热量 Q 用下式表示：

$$Q = 1.005I^2R \tag{4.1}$$

式中　Q——单位时间内产生的电阻热，J/s；

I——通过熔渣的电流强度，A；

R——渣池在熔炼温度下的电阻，Ω。

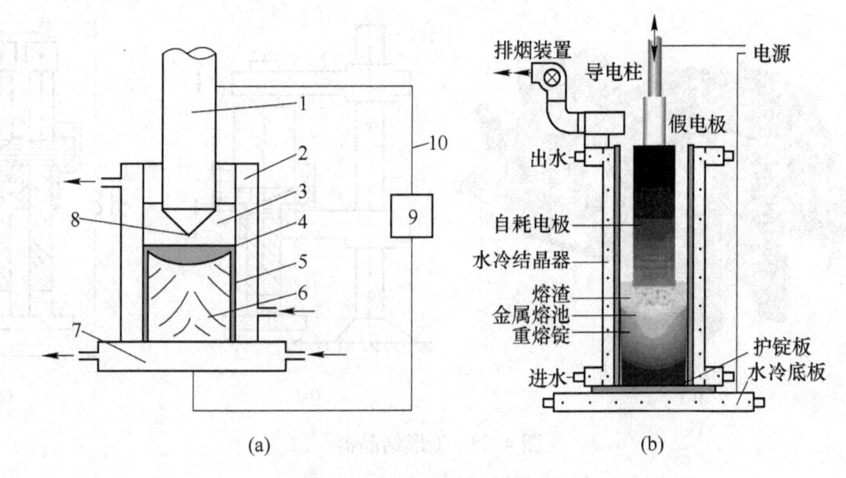

图 4.30　电渣重熔示意图

1—自耗电极；2—水冷结晶器；3—渣池；4—金属熔池；5—渣壳；6—铸锭；7—底水箱；8—金属熔滴；9—变压器；10—短网电缆

当自耗电极插在渣层中时，由于熔渣的高温，使自耗电极的插入部分被加热，并超过自身的熔点，于是电极端头的表层开始熔化，形成金属液膜。同时，在重力、电磁力和渣池运动的冲刷力的作用下，沿电极端部表面向下流动，汇集成熔滴并长大，在长大到一定程度时，开始缩颈。由于缩颈部位的电流密度增加，熔滴的温度也随之升高。当刚断落的熔滴与电极末端产生瞬间空隙时，形成微电弧放电，使从电极端头滴落的熔滴被击碎成细小分散的液滴穿过渣池，最后沉淀进入金属熔池中（图 4.31）。由于液态金属和高温熔渣之间有较大的接触面积和接触时间，渣和钢液之间存在着强烈的冶金反应，从而起到了很好的精炼作用。

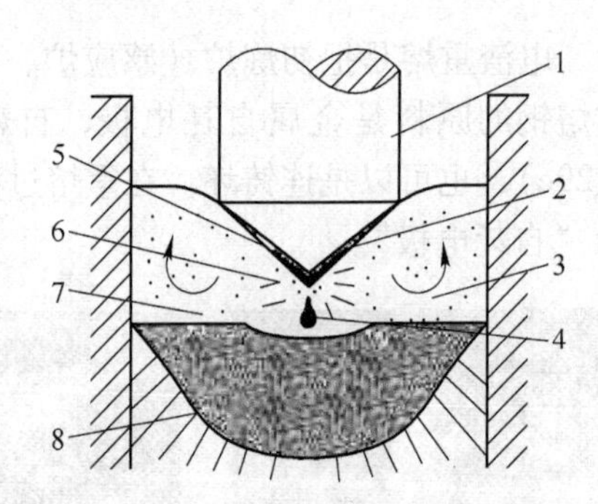

图 4.31　电极末端夹杂物的去除

1—自耗电极；2—金属液膜；3—渣池电磁力；4—金属液滴；5—自耗电极中的大型夹杂物；6—微电弧放电；7—分散在渣中的小金属滴；8—金属熔池

由于水冷结晶器的强烈冷却作用，使结晶器内金属熔池和渣池不断向上移动。上升的渣池在水冷结晶器的内壁上首先形成一层渣壳。这层渣壳不仅使铸锭表面平滑光洁，也起保温隔热的作用，使更多的热量从铸锭传导给底水箱的冷却水带走，这有利于铸锭的结晶自下而上地进行。

4.3.2　电渣重熔的特点

电渣重熔过程中，自耗电极熔化形成熔滴及在渣层中穿过，最后进入金属熔池的各个阶段，液态金属与高温熔渣进行充分的冶金物理化学反应；在底水箱强制冷却和渣池供热这一对立条件下，钢液快速轴向凝固结晶。基于这些特点，电渣重熔技术有如下几个方面的优点：

（1）重熔金属能被熔渣有效精炼，可提高钢液的纯净度。电渣重熔过程中，由于自耗电极埋在高温的炉渣中，以熔滴的形式滴落，且分散成为细小的液滴，通过熔渣层而进入金属熔池，使金属液与熔渣的接触界面大大增加，并进行较强烈的渣洗。此外，熔渣的温度高，有利于金属与熔渣之间冶金反应的进行，所获得的金属锭中大型非金属夹杂物的含量少，残留的小颗粒夹杂物分布均匀。钢渣间的脱硫反应充分，钢锭硫含量低。

（2）改善金属锭的结晶条件。电渣炉虽然在常压下工作，但是由于熔池为液渣所覆盖，自耗电极的熔化端部又埋在渣池中，因而可减少金属的二次氧化。同时，金属在凝固过程中因体积的收缩而不断补充新的金属熔滴，结晶速度又快，所得金属锭的缩孔和偏析均小而且致密，金相组织与化学成分均匀。据资料分析，经电渣重熔的滚珠轴承钢和不锈钢，其密度一般可提高 0.33%~1.37%。此外，金属锭的结晶过程基本上是由下而上，近似于轴向结晶。

（3）金属锭表面质量好。经过电渣重熔后，由于锭表面有一薄而均匀的渣壳，使得锭表面光滑，可不经表面精整便能送去加工，提高了金属的成材率。

（4）设备简单，生产费用低，操作易掌握。电渣重熔可在非真空条件下和采用交流电源供电操作，不需要真空系统和整流系统。工艺操作与其他的特种熔炼方法相比，也较易于掌握。同时，这种重熔方法的生产费用也较低。若将几种主要的特种熔炼方法与普通熔炼方法相比较，电渣重熔法生产每吨钢锭的费用是普通熔炼方法的 1.75 倍，等离子电弧重熔法则为 2.03 倍，真空电弧重熔法为 2.4 倍，电子束重熔法达到 2.72 倍。

（5）产品品种多，应用范围广。当今，电渣重熔法生产的钢与合金种类繁多，其中所占比重最大的是滚珠轴承钢、不锈钢、耐热钢、高强度结构钢和高速工具钢。此外，还生产高温合金、导磁合金、电阻合金、精密合金、钛合金、铝合金、硼合金、锆合金、渗氮钢等 400 多个品种，以及部分有色金属等。电渣重熔法能生产不同截面的金属锭，如圆形、正方形、矩形，以及宽窄面比很大的金属锭；还可以生产中空管和熔铸不同形状的铸件，如空心管坯、轧辊毛坯、高压容器、大型高压阀门，以及曲轴等。

电渣重熔法有一些不足之处，如生产率较低，电能消耗高，去气效果差，重熔含 Ti、Al 元素高的钢种时，化学成分不易准确控制，生产费用仍比一般熔炼方法要高。

4.3.3 钢渣间的冶金反应

钢渣间的冶金反应主要发生在下述三个阶段：（1）插入渣池的自耗电极末端熔化和形成熔滴的阶段；（2）金属熔滴脱离电极，穿过渣池，进入金属熔池的阶段；（3）金属熔池在凝固结晶前的停留阶段。

4.3.3.1 非金属夹杂物的去除

非金属夹杂物的去除过程是夹杂物被熔渣吸收的过程，在此过程中，熔渣对夹杂物的吸附与同化起决定性的作用。

A 炉渣吸收钢中夹杂物的热力学条件

图 4.32 中，i 代表非金属夹杂物，其半径为 r；s 和 m 分别代表熔渣和钢液。

夹杂物被熔渣吸附与同化前体系自由能为 $G_{前}$：

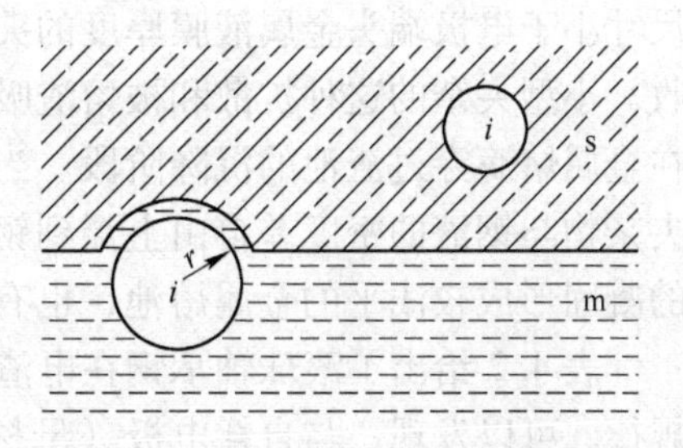

图 4.32 熔渣吸收夹杂物模型

$$G_{前} = 4\pi r^2\sigma_{i\text{-m}} + n4\pi(r+\delta)^2\cdot\sigma_{\text{s-m}} \tag{4.2}$$

式中 δ——夹杂物被熔渣吸收前与熔渣之间的隔离的金属液膜层厚度；

n——金属液膜破裂前夹杂物与其接触的表面所占的比例，$n=0\sim1$；

$\sigma_{i\text{-m}}, \sigma_{\text{s-m}}$——分别为夹杂物与熔渣、夹杂物与钢液和熔渣与钢液之间的界面张力。

夹杂物进入熔渣，并被吸收溶解后体系的自由能为 $G_{后}$：

$$G_{后} = 4\pi r^2\sigma_{i\text{-s}} + \Delta\overline{G} \tag{4.3}$$

式中 $\Delta\overline{G}$——夹杂物溶解于渣时的自由能变化。

夹杂物被熔渣吸收同化前后体系自由能变化 ΔG 为：

$$\begin{aligned}\Delta G &= G_{后} - G_{前}\\ &= 4\pi r^2\sigma_{i\text{-s}} + \Delta\overline{G} - [4\pi r^2\sigma_{i\text{-m}} + n4\pi(r+\delta)^2\cdot\sigma_{\text{s-m}}]\\ &= 4\pi r^2\sigma_{i\text{-s}} + \Delta\overline{G} - 4\pi r^2\sigma_{i\text{-m}} - 4\pi r^2\sigma_{\text{s-m}}\int_0^1 n\cdot \mathrm{d}n\\ &= 4\pi r^2\sigma_{i\text{-s}} + \Delta\overline{G} - 4\pi r^2\sigma_{i\text{-m}} - 2\pi r^2\sigma_{\text{s-m}}\\ &= 4\pi r^2\left(\sigma_{i\text{-s}} - \sigma_{i\text{-m}} - \frac{\sigma_{\text{s-m}}}{2}\right) + \Delta\overline{G}\end{aligned} \tag{4.4}$$

$\Delta G<0$ 时夹杂物被熔渣吸收为自发过程，即：

$$\Delta G = 4\pi r^2\left(\sigma_{i\text{-s}} - \sigma_{i\text{-m}} - \frac{\sigma_{\text{s-m}}}{2}\right) + \Delta\overline{G} < 0 \tag{4.5}$$

当考虑到由于界面能的作用，夹杂物首先从钢液中排出进入熔渣，再在熔渣中迅速溶解时，则可以忽略溶解过程的自由能变化，即：

$$\Delta G = 4\pi r^2\left(\sigma_{i\text{-s}} - \sigma_{i\text{-m}} - \frac{\sigma_{\text{s-m}}}{2}\right) < 0 \tag{4.6}$$

显然 $\sigma_{i\text{-s}}$ 越小，$\sigma_{i\text{-m}}$ 和 $\sigma_{\text{s-m}}$ 越大，且夹杂物尺寸越大时，夹杂物就越容易被熔渣吸收同化。

B 电渣重熔过程中的夹杂物去除

电渣重熔最显著的特点是钢渣接触面积大，可达 $300\text{m}^2/\text{t}$ 钢（普通电弧炉冶炼钢渣接触面积为 $0.3\sim0.7\ \text{m}^2/\text{t}$ 钢）。如图 4.31 所示，在电极端头液膜形成阶段，如果夹杂物的尺寸大于液膜厚度，夹杂物便裸露出来，直接被熔渣吸收同化。研究表明，电渣重熔过程中电极端头金属液膜厚度在 50~200μm 之间，也就是说，存在于自耗电极中的尺寸大于 50~200μm 的大型夹杂，在电极端头液膜形成阶段就有机会被熔渣吸收同化。自耗电极中尺寸小于电极端头金属液膜厚度的夹杂物，需要通过扩散到钢渣界面后才有机会被熔渣吸收。小型夹杂的这种扩散和被熔渣吸收，可以发生在电极端头熔化的液膜中，也可以发生在金属熔滴穿过渣池的沉降阶段。当金属熔滴穿过渣池进入金属熔池后，则主要靠非金属夹杂物与钢液的密度差自由上浮到钢-渣界面，才能被熔渣吸收。结晶器内钢液自下而上的凝固形成较浅平的金属熔池，也有利于夹杂物的上浮去除。

表 4.2 给出了滚珠轴承钢在电渣重熔过程中的各部分取样检测到的氧化物夹杂的变化规律。可以发现，与自耗电极（母材）中的氧化物夹杂相比，重熔后钢中氧化物夹杂大幅度下降（去除率达到 85.4%）。重熔过程去除的氧化物夹杂，其中 89.9%的氧化物夹杂是

在电极端头熔化及熔滴形成阶段被去除，5.5%的氧化物夹杂是在熔滴穿过渣层阶段被去除，4.6%的氧化物夹杂是在金属熔池中通过自由上浮被去除。因此，自耗电极中的氧化物夹杂的大量去除主要是在电极端部熔化及熔滴的形成阶段，这是因为：

表 4.2 电渣过程中金属中氧化物夹杂的变化

取样部位	试样数	视场数	视场中氧化物夹杂的平均面积/μm^2
自耗电极	3	36	254
端部熔滴	3	38	59
金属熔池	5	63	47
重熔钢材	5	60	37

（1）自耗电极端头逐层熔化，沿锥面形成薄膜，使金属与熔渣有很大的接触界面，金属液膜中的大颗粒夹杂与熔渣接触的机会很大。在这种情况下，即使是金属液膜中的小颗粒夹杂物（夹杂尺寸小于液膜厚度），由于向熔渣中的扩散距离很短，也易于被熔渣所吸附而去除。而且在逐渐熔化的过程中，自耗电极中的任一部分夹杂物都有可能与熔渣接触。

（2）电极末端熔滴形成的时间较熔滴滴落后穿过渣层的时间要长。研究表明，在内径为100mm的结晶器中，用直径45mm的45号钢做自耗电极，在电压20~30V，电流2000~3000A下以CaF_2为熔渣重熔时，发现熔滴形成的最短时间不小于0.33s，而熔滴在渣中沉降仅为0.12~0.17s（还不考虑熔滴因电动力而产生的加速度）。电极末端熔滴形成的时间尽管不如金属熔池存在时间长，但从动力学观点出发，将接触面积和作用时间综合考虑，电极熔化端头熔滴形成过程依然是夹杂物去除最有利的过程。

电渣重熔常用CaF_2-Al_2O_3，CaF_2-Al_2O_3-CaO，CaF_2-CaO等渣系，都有去除夹杂物的能力，只是在去除效果上存在差异。除熔渣本身的物化性质因素外，还取决于钢中夹杂物的种类、尺寸。如果用含CaO的渣重熔，不仅对脱硫有利，对去除铝酸盐等球状夹杂、Al_2O_3等脆性夹杂也都比较有利；如果对用Al脱氧的自耗电极采用含Al_2O_3高的渣重熔，吸收以Al_2O_3为主的脆性夹杂物的效果就不如前者。

从去除夹杂物角度选择熔渣成分，以CaO为最有利，而不能选择SiO_2，不能选用酸性渣，只能选择强还原碱性渣。同时还应控制渣中不稳定氧化物的含量，否则不仅不能去除夹杂物，反而会增加钢中氧及夹杂物的含量，污染重熔金属。

4.3.3.2 重熔过程的脱硫反应

对大多数结构钢和合金而言，硫是有害杂质之一。因此，在炼钢过程中必须根据需要将硫除至最低。与一般的熔炼方法相比较，电渣重熔最重要的优点之一是能使重熔金属进行极为强烈的脱硫。众所周知，在炼钢过程中为了有效地使金属脱硫，必须具备以下几个重要条件，即高的炉渣碱度、良好的炉渣流动性和足够的过热度、足够大的钢渣反应界面。这几个条件在电渣重熔过程中都充分具备。

关于电渣重熔脱硫，一般认为主要是发生在电极熔化末端的熔滴形成阶段，这是因为电极熔化末端周围的渣温最高，钢渣充分接触，接触的比面积最大。为了有效地去除钢液中的硫，使用的渣系必须是高碱性的，这样电极熔化末端的熔滴形成阶段就完全具备了良好的去硫反应条件。

金属熔滴穿过渣层进入金属熔池过程，尽管熔滴沉降时间很短暂，但比表面积较大，对脱硫也有贡献。

金属熔池和渣池接触界面积小，但由于反应时间较长，所以对去硫也起一定作用。

钢和合金的电渣重熔可脱除自耗电极中50%~80%的硫。电渣重熔脱硫率取决于自耗电极的硫含量和熔渣组成。采用含CaO的碱性渣在大气中重熔时的脱硫效果最佳，钢中硫含量可降低到0.0014%以下。使用不含CaO的渣重熔时也有较好的脱硫效果，比如最常用的三七渣（$Al_2O_3$30% + $CaF_2$70%）重熔时，钢液中的硫通过扩散进入熔渣后被大气中的O_2氧化成SO_2向气相中转移。

电渣过程脱硫反应如下：

（1）硫从金属液向渣中转移，即渣-金反应：

$$[S] + [O^{2-}] \rightleftharpoons (S^{2-}) + [O] \tag{4.7}$$

（2）进入渣中的硫被炉气氧化，即大气-渣反应：

$$(S^{2-}) + \frac{3}{2}O_2 \rightleftharpoons SO_2 + (O^{2-}) \tag{4.8}$$

考虑反应（4.7）

$$K = \frac{a_{(S^{2-})}a_{[O]}}{a_{[S]}a_{(O^{2-})}} \tag{4.9}$$

$$\frac{a_{(S^{2-})}}{a_{[S]}} = K\frac{a_{(O^{2-})}}{a_{[O]}} \tag{4.10}$$

考虑反应（4.8）

$$K = \frac{p_{SO_2} \cdot a_{(O^{2-})}}{p_{O_2}^{3/2} \cdot a_{(S^{2-})}} \tag{4.11}$$

$$\frac{p_{SO_2}}{a_{(S^{2-})}} = K\frac{p_{O_2}^{3/2}}{a_{(O^{2-})}} \tag{4.12}$$

由式（4.10）可以看出，提高渣的碱度，降低金属中氧的浓度，能够促使硫由金属向渣中转移。由式（4.12）可以看出，气相中氧的分压高，渣的低碱度，能够促使硫由渣相向气相转移。

从式（4.8）可以看出，交流电渣重熔时，气氛的氧分压决定着脱硫反应。无保护气氛下熔炼，采用高碱度渣，去硫效果特别显著。在低氧分压的气氛下，无论何种碱度的渣系，均能抑制硫的去除。

表4.3的实验结果充分说明气化脱硫在电渣重熔过程中的重要作用。重熔1Cr18Ni9Ti不锈钢时，向结晶器通入Ar气保护，重熔后发现金属脱硫率远低于在大气中重熔的脱硫率；重熔后渣中S含量明显高于在大气中重熔时。

在电渣重熔过程中，尽管金属中的硫被大幅度去除，但由于大气对渣中S的氧化，重熔后渣中的硫含量并没有增加，反而有所降低（表4.4）。

表 4.3 不同气氛下重熔不锈钢时钢和渣中 S 含量

重熔钢种	在大气下重熔		在 Ar 气保护下重熔	
	钢中 $w[S]/\%$	渣中 $w(S)/\%$	钢中 $w[S]/\%$	渣中 $w(S)/\%$
1Cr18Ni9Ti	0.008~0.011	0.015	0.014~0.017	0.139

注：钢中原始 S 含量为 0.018%。

表 4.4 电渣重熔前后渣中硫含量的变化

钢　种	$w(S)/\%$	
	原始渣中	重熔后渣中
GCr15	0.040	0.013
2Cr13	0.030	0.022
Cr17Ni2	0.040	0.020
18CrNiWA	0.030	0.018

注：重熔渣系。CaF_2 70%；Al_2O_3 30%。

4.3.3.3 重熔过程的脱磷问题

电渣重熔过程一般是没有脱磷能力的，只有选用特殊的渣系，才能有一定的脱磷能力。这是因为电渣重熔渣系具有强还原性的特点，而脱磷要求熔渣氧化性强。用 BaO 代替渣中的 CaO 能强化去磷。电渣重熔采用 CaF_2-BaO 渣系的脱磷效果列于表 4.5 中。由表 4.5 可以看出，随着精炼的进行渣的去磷作用显著减弱。这是因为渣中磷的氧化物含量增加，因而不利于脱磷反应的进行。

脱磷是放热反应，高温下不利于脱磷反应的进行。电渣重熔炉渣温度高，脱磷效果差，为了降低重熔金属中的磷含量，必须采用低电压操作，在保证电渣过程稳定的前提下，输入功率不宜过大。

表 4.5 CaF_2-BaO 渣系的脱磷效果

钢　种	自耗电极含磷/%	铸锭含磷/%		
		尾部	中部	头部
20	0.029	0.010	0.015	0.020
Cr3	0.054	0.012	0.017	0.026
1Cr18Ni9Ti	0.022	0.007	0.010	0.010

4.3.3.4 重熔过程的脱气（H、N、O）

A　钢中的氢

氢以原子形式溶于钢中。钢中的氢不仅会使钢产生氢脆，还会使钢产生白点缺陷，降低钢的强度、塑性和韧性指标，特别是大断面钢锭。

实践证明电渣重熔金属含氢量与以下因素有关：（1）重熔金属的牌号；（2）炉渣成分及渣料干燥状况；（3）重熔气氛。

根据重熔各种牌号金属统计，重熔去氢量随着合金成分的变化而不同（表 4.6）。从表 4.6 可以看出，经电渣重熔后金属含氢量均有所降低。但由于合金成分不同，氢在钢中的溶解度不同，因此去氢程度也不一样，有的合金经电渣重熔后氢含量降低较多，有的降低较少，个别的有所增加。

表 4.6 电渣重熔对不同钢和合金去氢量的影响

钢 号	钢中氢含量/%		重熔去氢率/%
	电极	铸锭	
电工纯铁	0.00033	0.00024	27.3
15Cr11MoVNb	0.00036	0.00013	63.9
15Cr16Ni2Mo	0.0021	0.0013	38.3
1Cr12Ni2WMoV（ЭИ961）	0.00054	0.00059	-9
0Cr18Ni9	0.00113	0.00087	23
1Cr16Ni2AlMo（ЭИ479）	0.0023	0.0012	47.8
ЭИ867	0.00133	0.00041	69.2
ЖС-6КП 合金	0.00080	0.00050	37.5

炉渣成分及渣料干燥状况是直接影响电渣重熔金属氢含量的主要因素之一。生产实践表明，当渣料中配有 CaO 时，重熔后的金属中平均含［H］量要比渣料中不含 CaO 时要高（图 4.33）。这是因为大气中的水蒸气可以通过含有 CaO 的碱性熔渣向金属中传递氢所致。其反应为：

$$\{H_2O\}+(O^{2-})═══2(OH^-) \quad (4.13)$$

$$2(OH^-)+(Fe^{2+})═══[Fe]+2[O]+2[H] \quad (4.14)$$

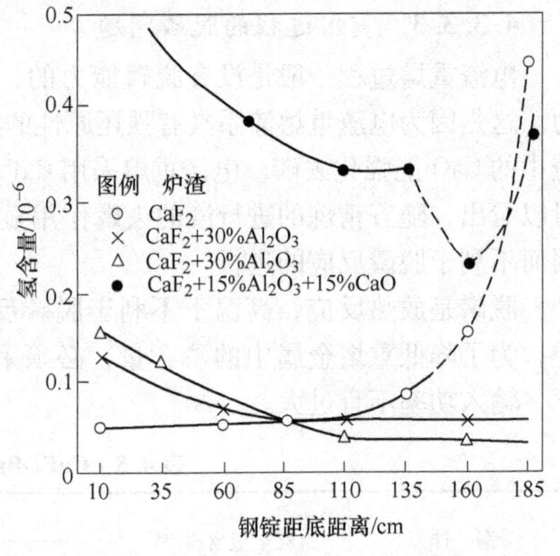

图 4.33 电渣重熔采用不同炉渣时钢中氢含量

因此，增加渣中的 CaO 含量，必然会增加熔渣中的氢离子活度，因而也增加氢在熔渣中的溶解度，存在使金属中的氢含量增加的风险。若采用 CaF_2-Al_2O_3渣系重熔时，对氢具有较好的防护作用。

未经干燥处理的渣料中含有一定量的水分，一部分来自大气中吸附的水，另一部分是渣料中本身含有的结晶水。因此，重熔渣在使用前必须经高温烘烤，以去除渣中的水分。

B 钢中的氮

氮在电渣重熔时的去除程度，取决于诸多因素，如氮在金属中的原始含量及其存在形式，以及金属中的化学成分和熔渣的组成等。当重熔不含形成氮化物的合金元素时，金属中氮的原始含量越高，除氮率就越大。若重熔含有形成氮化物的元素（Ti，Nb，V，Zr 等）的金属（ЭИ847，ЭИ851）时，由于有可能吸收大气中的氮，重熔金属中的氮含量不会减少，反而略有增加（表 4.7）。此时，熔渣吸附氮的能力是决定性的因素。倘若渣中含有一定的（SiO_2），则能够降低氮在渣中的溶解度，从而可以改善其除氮能力。

表 4.7　电渣重熔前后金属中 N 含量的变化

金属牌号	气体含量/$\times10^{-6}$	
	重熔前	重熔后
18CrNiWA	113.0	76.5
0Cr18Ni9	756.8	272.5
ЭИ961	250.0	190.0
ЭИ851	526.8	607.0
ЭИ847	544.0	574.0

C　钢中的氧

电渣重熔过程中，渣面温度高达1800℃。一方面，靠近渣面的自耗电极在渣面高温作用下，表面氧化形成氧化膜，这层氧化膜随自耗电极熔入渣中，进入熔池，使得钢液中溶解氧含量升高；另一方面，自耗电极中的氧化物夹杂在重熔过程中被去除，氧含量相应下降。因此，电渣重熔后钢锭最终氧含量（T.O）取决于上述两方面因素。对绝大多数 T.O 含量很低的自耗电极，经过电渣重熔后钢锭的 T.O 含量会升高。表 4.8 给出了轴承钢 Gr15 模铸锻材经电渣重熔后 T.O 含量的变化，重熔后 T.O 含量从 0.00082%升高到 0.00325%。尽管如此，电渣重熔后轴承钢的疲劳寿命仍然是大幅度升高的。这是因为：(1) 电渣锭结构致密，成分均匀；(2) 重熔过程去除了自耗电极中对疲劳寿命起决定影响的大型夹杂物，重熔后凝固析出的氧化物夹杂尺寸细小，对材料疲劳性能影响不大。

表 4.8　Gr15 电渣重熔前后 T.O 含量及疲劳寿命变化

工艺	疲劳寿命/r		Weibull 斜率	w[T.O]
	$L_{10}/\times10^6$	$L_{50}/\times10^6$	α	/%
EAF-LF-VD-IC	12.40	62.91	1.16	0.00082
ESR 材	17.16	80.38	1.22	0.00325

电渣重熔过程采用不同的渣系，脱氧能力也是不同的。对 CaF_2-CaO-Al_2O_3-SiO_2渣系，熔渣碱度 $w(CaO)/w(SiO_2)$ 对重熔钢中氧含量有明显的影响，如提高熔渣碱度，会降低钢中氧含量，如图 4.34 所示。对于含 20% CaO 的 CaF_2-CaO 渣系和 CaF_2-Al_2O_3-CaO 渣系，较 CaF_2-Al_2O_3渣系就有较强的脱氧能力。熔渣中的不稳定氧化物、变价氧化物的存在会降低电渣重熔的脱氧能力。

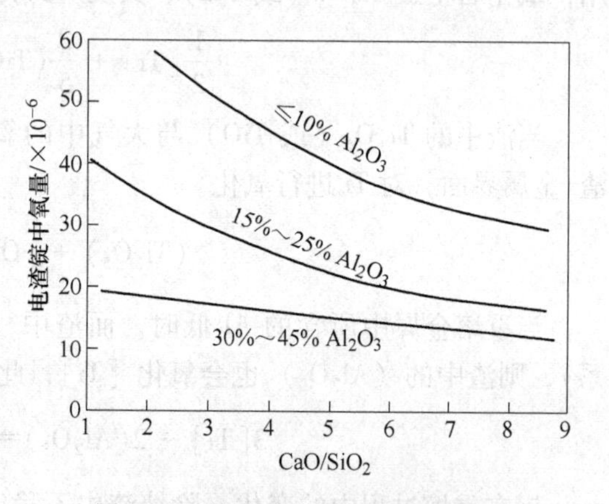

图 4.34　熔渣碱度与氧含量的关系

4.3.3.5　合金元素的氧化和还原

氧化和还原是一个化学反应的两个方面。因为一个元素被氧化，必然伴随另一元素的氧化物被还原。

电渣重熔过程中，钢中活泼元素，如 Al，Ti，Ce，B 等，往往因氧化而损失。如何防止活泼元素氧化，是电渣重熔的重要冶金问题之一。

电渣重熔过程中氧通过下述途径进入熔渣及钢液：

（1）原始电极钢中溶解的氧及钢中不稳定氧化物在高温分解放出氧；

（2）电极表面氧化皮带入渣中的氧；

（3）渣中不稳定氧化物 FeO，MnO，SiO_2，Cr_2O_3等所含的氧；

（4）渣中变价氧化物传递供氧作用，如渣中 Fe，Ti，Mn，Cr 等低价氧化物，在渣池表面吸收大气中的氧，形成高价氧化物。这些元素的高价氧化物，在渣池和金属熔池界面，放出氧，变成低价氧化物，氧从而进入钢中，这一反应是一个循环过程。以铁 Fe 的氧化物为例，其全部化学反应如下：

$$2(FeO)+\frac{1}{2}O_2 \longrightarrow (Fe_2O_3) \tag{4.15}$$

$$(Fe_2O_3)+[Fe] \longrightarrow 3(FeO) \tag{4.16}$$

$$(FeO) \longrightarrow [Fe]+[O] \tag{4.17}$$

通过以上途径进入钢液中的氧［O］将钢中易氧化元素氧化，引起这些元素的烧损，其反应式：

$$X[Me]+[O] \rightleftharpoons Me_XO \tag{4.18}$$

电渣重熔过程中，金属中所含的 Ni，W，Mo，Co，V 以及 Cr 和 C 等元素，其变化均很小。

在重熔不含 Al，Ti 的金属时，硅部分地被烧损，烧损量一般为 10%~20%。当金属中含有 Al，Ti 时，$w[Si]$ 还可能有所增加。

重熔过程中，烧损比较明显的是 Ti 和 Al。如何控制金属中 Al 和 Ti 的含量，是生产中普遍遇到的问题。重熔过程中 Al 和 Ti 的烧损量与它们在金属中的含量、Ti/Al 比以及熔渣的成分等因素有关。当熔渣中含有不稳定的氧化物（如 SiO_2，FeO，MnO）时，Ti 主要是通过这些不稳定的氧化物而被氧化。若渣中这些不稳定的氧化物很低，而（TiO_2）的含量又高时，（TiO_2）不仅不能保护金属中的 Ti 不被烧损，相反（TiO_2）对 Ti 也将起氧化作用，氧化后生成 Ti_3O_5（或 TiO），其反应式为：

$$\frac{1}{2}[Ti]+\frac{2}{5}(TiO_2) = (Ti_3O_5) \tag{4.19}$$

当渣中的 Ti_3O_5（或 TiO）与大气中的氧接触后，又能生成（TiO_2），并再次转到熔渣-金属界面，对 Ti 进行氧化。

$$(Ti_3O_5)+\frac{1}{2}O_2 = 3(TiO_2) \tag{4.20}$$

当重熔金属中所含的 Al 低时，而渣中（Al_2O_3）的配比又高（如采用 CaF_2-Al_2O_3渣系），则渣中的（Al_2O_3）也会氧化［Ti］，此时金属中的 Al 还会有所增加。

$$3[Ti]+2(Al_2O_3) = 3(TiO_2)+4[Al] \tag{4.21}$$

铝在重熔过程中的变化，除熔渣中不稳定氧化物（如 SiO_2，FeO 等）对 Al 会进行氧化以外，若渣中（TiO_2）含量高时，（TiO_2）对 Al 亦可成为不稳定的氧化物，其反应为：

$$2[Al]+3(TiO_2) = 3TiO+(Al_2O_3) \tag{4.22}$$

$$2(TiO)+O_2 = 2TiO_2 \tag{4.23}$$

此外还必须做好自耗电极的除锈工作，原材料必须按规定严格烘烤；重熔设备不应漏水、渗水；应制订合理的重熔工艺制度。为了减少大气中的氧对金属中 Ti 的烧损，还可采取通 Ar 保护的办法。据文献报道，通 Ar 后 Ti 的烧损比在大气下重熔时有明显的减少。表 4.9 列出不同气氛下重熔时金属中 Ti 的烧损情况。

表 4.9 不同条件下电渣重熔时 [Ti] 的烧损情况

钢种	锭质量/t	气氛	炉数	Δw[Ti]/%		
				最大	平均	锭身波动
CH132	1	大气	6	0.47	0.22	0.46
CH132	1	Ar	2	0.15	0.11	0.08

注：Δw[Ti] =电极中 [Ti] 含量-金属锭中 [Ti] 含量。

4.3.4 凝固过程

电渣重熔的凝固过程与普通模铸或连铸有很大的区别。采用普通模铸或连铸浇注时，由于金属从液态向固态转变时的结晶状态变化很大，以及液态金属凝固时的体积收缩，不可避免地会产生疏松、缩孔、夹杂物聚集、偏析等低倍缺陷。

在电渣重熔过程中，电极的熔化和熔融金属的结晶是同时进行的，金属结晶的方向与传热方向相同。由于水冷结晶器壁上形成的渣皮减小了钢液凝固的径向传热，在底水箱的强烈冷却作用下金属的结晶方向趋于沿着钢锭轴向发展（图 4.35）。凝固前沿形成的浅平金属熔池（图 4.31）一方面利于金属熔池中夹杂物的上浮，另一方面钢锭的凝固收缩也能及时得到补充，因而获得的金属锭十分致密，除了消除一般疏松外，中心疏松也大为减少，钢锭的密度增加。表 4.10 列出电渣重熔前后金属密度的变化，自耗电极重熔后，金属的密度增加了 0.33%~1.37%。

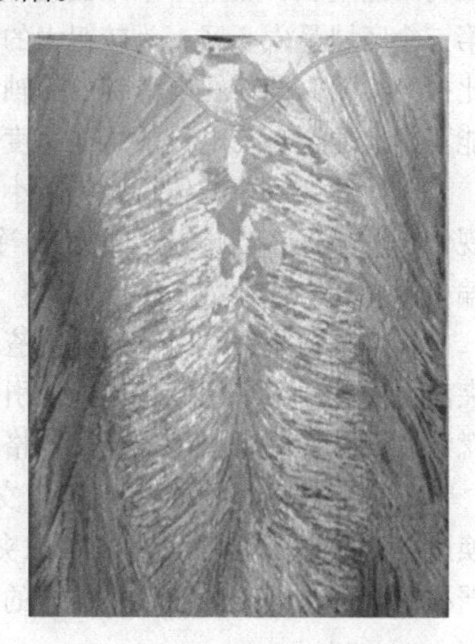

图 4.35 电渣钢锭的凝固组织

由于金属熔池体积很小，电渣重熔过程的冷却速度很大，使固相和液相中原子的充分扩散受到抑制，减少了成分偏析。同时，电渣过程还可以比真空自耗重熔等方法在更宽的范围内控制结晶。这是因为电渣过程不但可以通过调节电制度来改变自耗电极的熔化速度，也可以通过改变熔渣的导电性来调节熔化速度。采用高电导率的渣，降低熔化速度，可以增加轴向结晶的趋势，甚至对相当大截面的铸件也可以得到轴向结晶。

表 4.10 重熔前后金属密度的变化

钢 号	金属状况	密度/g·cm^{-3}	
		边缘	中心
1Cr18Ni9Ti	自耗电极	7.852	7.852
	重熔后	7.954	7.921

续表 4.10

钢号	金属状况	密度/g·cm^{-3}	
		边缘	中心
2Cr13	自耗电极	7.748	7.736
	重熔后	7.850	7.809
Cr28	自耗电极	7.684	7.622
	重熔后	7.743	7.727
Cr17Ni2	自耗电极	7.708	7.689
	重熔后	7.751	7.735
GCr15	自耗电极	7.808	7.824
	重熔后	7.856	7.850
GCr15SiMn	自耗电极	7.782	7.769
	重熔后	7.801	7.804

图4.35所示电渣铸锭的结晶组织，可分为3个主要区域。铸锭表面的第一区域为极细的结晶组织，底部亦系细晶组织。第二个区域是与铸锭中心线成一定角度的柱状组织。第三个区域是中心区，为较粗大的无定向晶体，这一区域的金属质量仍是一般钢锭所不能比拟的，因为即使在电渣锭的等轴晶区，收缩、宏观偏析和微观偏析现象都是极少的。若能正确地配合自耗电极的熔化速度和铸锭结晶速度，就能得到无低倍缺陷的钢锭。

重熔后金属中的偏析大为减小，但在熔炼结束前金属熔池补缩期，在钢锭头部内会出现偏析。另外，当电流、电压、冷却强度波动较大时，结晶速度相应变化，也会产生偏析。

重熔过程中，有时会造成夹渣缺陷，而这种缺陷多出现在锭的下部。据分析，金属的夹渣主要是由于采用固体导电渣引燃法，加上锭的切头切尾量不足造成。如若采用液渣引燃法，而且锭的切头切尾量又严格按规定进行，则这种缺陷是可以避免的。

值得注意的是，在采用双臂交替式重熔时，若交换电极的操作不恰当，也能带来夹渣缺陷。必须采用严格的电极交换制度，防止夹渣的出现。

4.3.5 能量的产生与消耗

电渣重熔过程中，电流通过渣池时放出电阻热，也叫焦耳热，在整个渣池中放热是不均匀的。在单相熔炼时，渣池中电流主要从电极端部流向金属熔池表面。这一区域称为放电区，热量主要在放电区放出。三相熔炼或双极串联熔炼时，电流不仅能从电极端部流向金属熔池，而且也在各电极端部之间流过。

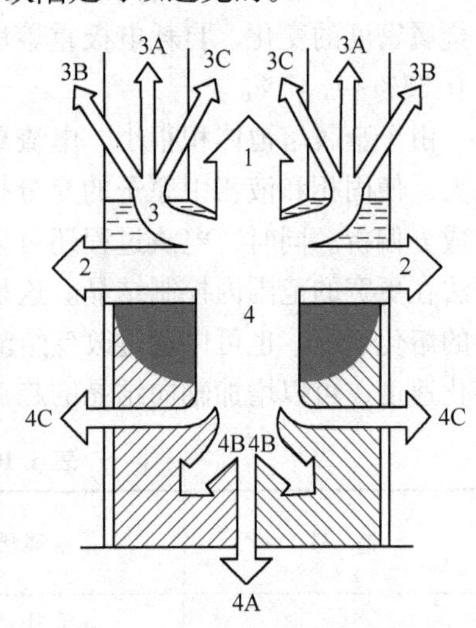

图4.36 电渣过程中渣池放热的各项消耗

图4.36所示是电渣重熔热量消耗分配图。从图可以看出，热量主要消耗在下述四个方面：

（1）预热和熔化自耗电极的热量（图4.36中的

1，3C），其中也包括由熔渣传递给金属熔滴，并使其过热的热量。这一部分热量属于有用消耗，它的大部分由金属熔滴带入金属熔池。

（2）熔渣与结晶器壁接触面之间的热传导，由渣池传给水冷结晶器壁并由结晶器的冷却水带走的热量（图 4.36 中的 2）。这部分消耗是相当大的，但不应看作是无用损耗，因为它首先用来维持整个渣池处于熔融和过热状态。

（3）渣池自由表面的辐射热，可分为三部分：对大气的辐射热及被废气带走的热（图 4.36 中的 3A），辐射给结晶器的热（图 4.36 中的 3B）以及辐射给自耗电极的热（图 4.36 中的 3C）。而其中只有 3C 用于电极的预热，属于有用的。

（4）渣池通过与金属熔池的交界面传到金属熔池的热量以及由金属熔滴带入的热量。这部分热量又可分为三部分：铸锭传给底盘的热量（图 4.36 中的 4A），铸锭通过传导（铸锭—渣皮—结晶器壁—冷却水）或辐射（在下部渣皮和结晶器壁之间形成间隙）传给结晶器壁的热（图 4.36 中的 4C）和铸锭中残余的热量（图 4.36 中的 4B ）。若铸锭脱模后热送至加热炉，铸锭中残余的部分热量是有用的。

根据理论计算，熔化 1t 碳素钢需要消耗的电能约为 400kW·h，而实际电渣重熔的电耗在 1000~2000kW·h/t 以上。按照上述数据计算电渣重熔的热效率仅为 20%~40%。因此如何提高电渣炉的热效率、降低电耗仍然是电渣重熔工艺面临的主要问题。

4.4 电渣重熔用渣系

电渣重熔用渣系，是决定重熔钢及合金质量的关键因素之一。对熔渣的选择既要符合电渣重熔冶金对熔渣的一般要求，还要满足不同钢及合金重熔的特殊需要，因此决定电渣重熔用渣不是单一的，而是应有各种适应能力的多种渣系。

电渣重熔用渣有三个基本功能：一是熔渣的导电和发热作用；二是熔渣的冶金、提纯和精炼金属的作用；三是熔渣的保护作用，即隔离空气、防止金属液的氧化和吸气、渣皮对钢锭表面的保护作用。这是选择各种熔渣的基本依据。除此之外，还要考虑组成熔渣组元原料的可获得性和经济性等。

4.4.1 熔渣的物理化学性能

电渣重熔过程中重熔渣必须考虑的理化性能主要有熔化温度（熔点）、导电率、黏度、表面张力和界面张力、密度、蒸气压等。

4.4.1.1 熔化温度（熔点）

电渣用渣的熔点应低于自耗电极的熔点。一般认为应比自耗电极熔点低 100~200℃为宜。对熔渣的熔点要求有如下几个原因：

（1）正常电渣重熔条件下，熔渣应有较大的过热度和良好的流动性，要求过热温度为 400~650℃为宜。

（2）熔渣在结晶器壁上形成一层薄而均匀的渣皮，以便减少渣池-结晶器之间的热量损失，并获得良好的钢锭表面质量。渣的熔点与钢的熔点差大，才有利于形成薄而均匀的渣皮。

（3）低熔点的渣，有利于固体导电渣引燃，迅速熔化形成渣池，较早地稳定重熔工艺。

熔渣的熔点取决于渣的化学成分，表4.11为电渣重熔常用渣系的熔点。

表4.11 电渣重熔常用渣成分及其熔点

牌号	化学成分/%						熔点/℃
	CaF_2	Al_2O_3	CaO	SiO_2	MgO	其他成分	
ANF-1Π	90	3	≤5	≤2.5	—	—	1390~1410
ANF-5	75~78					17~25NaF	1160~1180
ANF-6	其他	23~31	8	≤2.5	—	—	1320~1340
ANF-7	70~80	—	18~25	≤2.0	—	—	1200~1220
ANF-8	50~60	24~30	15~20	≤2.0	—	—	1240~1260
ANF-9	65~75	—	—	—	18~25	—	1340~1360
ANF-21	45~55	20~30	—	—	—	21~28TiO_2	1220~1240
ANF-24	67~88	—	2~5	≤5.0	2~6	8~17MgF_2	1180~1200
ANF-25	50~60	12~20	10~15	2~7	10~15	—	1250~1270
ANF-26	45~55	10~15	35~45	—	—	—	1280~1300
ANF-28	40~55	—	25~35	20~25	—	—	1180~1200
ANF-29	30~40	12~18	35~42	12~18	—	—	1230~1250
ANF-30	45~55	25~35	10~15	≤2.0	5~10	—	1320~1340
ANF-32	37~45	20~25	24~30	5~9	2~6	—	1300~1320
AN-292	—	58~61	33~37	≤2.0	4~7	—	1430~1450
AN-295	11~17	49~56	26~31	≤2.5	≤6.0	—	1400~1420

4.4.1.2 电导率

电导率是电阻率的倒数，其物理意义是指导电能力。熔渣的导电率随着温度的变化而变化，熔渣电导率随温度升高而增大。

电导率是电渣重熔用渣的重要物化性质之一，熔渣的电导率对电渣重熔工艺参数的选择如电压、电流、渣量等有密切联系，无疑对重熔钢及合金质量，特别是电渣钢经济技术指标有较大的影响。

（1）在一定的重熔工艺条件下（电流、电压一定时），因熔渣电导率增大而增加渣量，造成渣池的热损失增大，电耗增加。

（2）熔渣的电导率大，熔渣产生的热量少，渣温偏低，生产效率低。

（3）熔渣的电导率与熔渣成分和温度有关。

图4.37所示为CaF_2-CaO，CaF_2-Al_2O_3和CaF_2-CaO-Al_2O_3渣系的电导率与温度的关系。

熔渣在恒温下的电导率基本上取决于渣中所能提供的载送电荷的阳离子的浓度和这些离子的活动能力。阴、阳离子结合越牢固，它们的活动能力也就越低。CaF_2渣中加入CaO会降低渣子的电导率。氧离子和氟离子的半径大致相等，但O^{2-}所带的电荷量要比F^-多出1倍，因而Ca^{2+}和O^{2-}的结合远比Ca^{2+}和F^-的结合来得强。因此以CaO方式加入O^{2-}会降低Ca^{2+}的活动能力，从而降低渣子的导电能力。CaF_2中加入Al_2O_3之后，由于Ca^{2+}浓度的

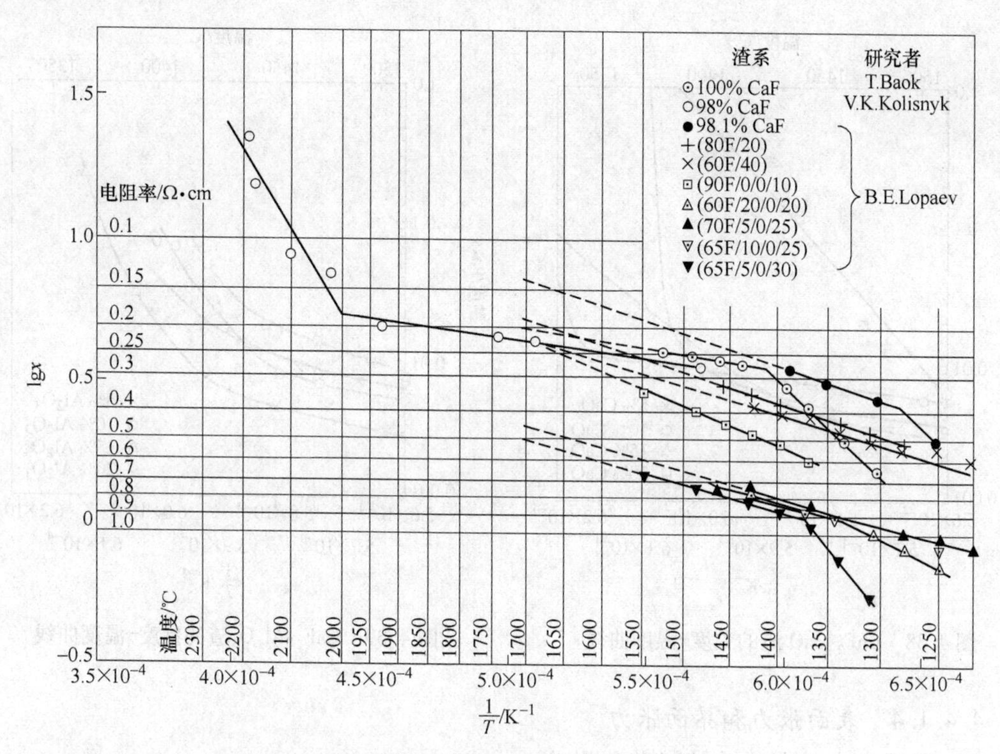

图 4.37　某些渣子的电导率对数与温度的函数关系

降低和 Al^{3+}浓度的提高，会显著地降低渣子的导电能力。带有 2 个电荷的 Ca^{2+}的活动能力要大于带有 3 个电荷的 Al^{3+}。另外，有 Al_2O_3存在时，会形成像 $Al_3O_7^{5-}$和 AlO_3^{3-}那样的阴离子，因而也就降低了载荷阳离子的总浓度。

图 4.37 中 lg$x$ 对 $1/T$ 的线性关系表明这是一种单离子导电。CaF_2，CaF_2-CaO 和 CaF_2-Al_2O_3(Al_2O_3<10%) 渣系曲线的线性关系表明，这些渣子在熔融状下，呈现出单离子导电的特点。

综上所述，熔渣电导率大小对电渣钢的质量、生产效率、能耗都有较大的影响。那么熔渣的电导率多少合适呢？一般认为，在 1700℃条件下，熔渣的电导率在 2~8/Ω · cm 的范围内是合适的。

4.4.1.3　黏度

黏度是表征熔渣在一定温度下的流动性。电渣重熔用渣，希望在重熔温度下有较低的黏度，良好的熔渣流动性。因为熔渣流动性好，有利于钢-渣的物化反应充分进行，即反应物和反应产物能及时地离开反应区，有利于反应物和反应产物的转移和扩散，改善了动力学条件。熔渣黏度低有利于在结晶器上形成薄而均匀的渣皮，提高钢锭表面质量。

如果电渣重熔采用抽锭式熔炼，对熔渣的黏度选择就比较敏感，因为熔渣黏度大、渣皮厚，抽锭阻力大，就容易造成抽漏现象。为此，人们在生产实践中体会到，选用以 CaO 代替 Al_2O_3的渣系，作为抽锭的常用渣系。其中就是因为在重熔温度下 CaF_2-CaO 渣系较 CaF_2-Al_2O_3黏度小，易形成薄而均匀的渣皮。

CaF_2-CaO 渣系与 CaF_2-Al_2O_3渣系的黏度随温度的变化如图 4.38、图 4.39 所示。

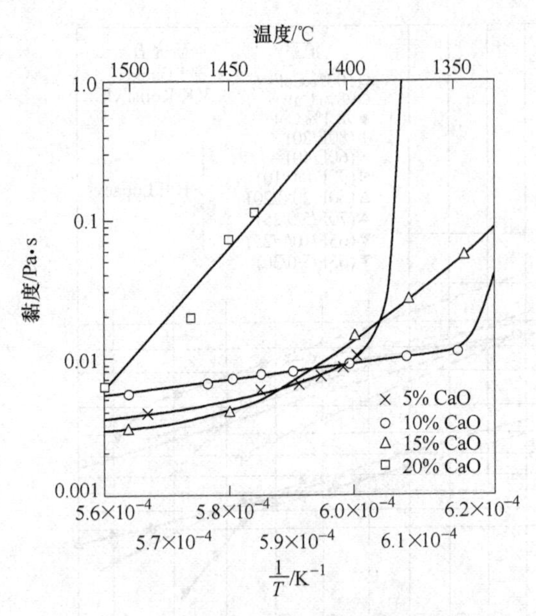

图 4.38　CaF_2-CaO 渣的黏度-温度曲线

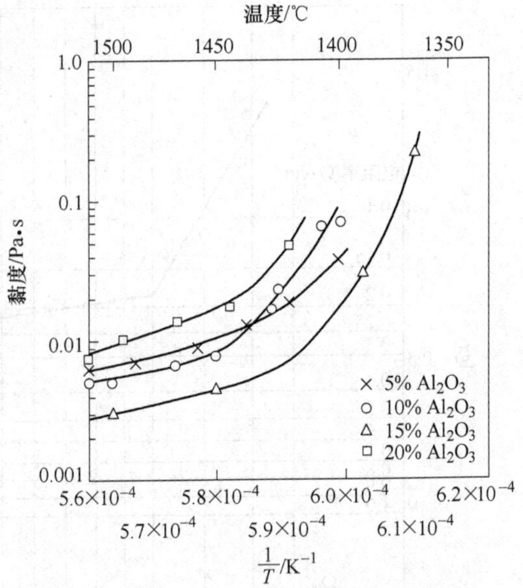

图 4.39　CaF_2-Al_2O_3渣的黏度-温度曲线

4.4.1.4　表面张力和界面张力

A　界面张力对电渣重熔工艺的影响

(1) 界面张力与重熔锭表面渣皮剥离状况的关系。渣金界面张力和黏附功的大小决定了渣金之间的润湿和铺展程度。通常界面张力越小黏附功越大，表明熔渣在金属上的黏附能力越大，电渣重熔中渣皮凝固后不易从钢锭表面剥离。CaF_2为基的渣系其黏附功较小，渣皮容易从钢锭表面脱落。而氧化物渣系黏附功较大，渣皮不易从钢锭表面脱落。

(2) 界面张力与熔滴大小的关系。液体表面张力的存在促使液滴力图收缩成表面积最小的球形，就像有一个向里的外力加于熔滴与电极的交界面处，并与促使熔滴脱离电极顶端的重力相反。Campell[4]提出了以下方程描述熔滴的大小：

大电极
$$r_d = \left(\frac{2.04\sigma}{\Delta\rho g}\right)^{1/2} \tag{4.24}$$

小电极
$$r_d = \left(\frac{1.5\sigma \cdot r_e}{\Delta\rho g}\right)^{1/3} \tag{4.25}$$

式中　r_d——熔滴半径；
σ——钢渣界面张力；
r_e——电极半径；
$\Delta\rho$——金属和熔渣的密度差；
g——重力加速度。

由以上两式可知，渣-金之间界面张力越大，熔滴半径也越大。

(3) 界面张力与精炼反应的关系。钢渣之间的界面张力大，渣对钢的浸润就差，钢/渣容易分离，渣中带钢或钢中夹渣的现象就可能降低，金属的损失也会减少。

B　常见电渣重熔渣系的表面张力和界面张力

(1) 表面张力。图 4.40 ~ 图 4.42 中不同作者分别给出了 CaF_2-Al_2O_3，CaF_2-CaO 和

CaF_2-Al_2O_3-CaO 渣系的表面张力。从中可见，CaF_2中加入 Al_2O_3和 CaO 均可使熔渣表面张力增加。表 4.12 为文献归纳的不同作者测得的 CaF_2-CaO-Al_2O_3-SiO_2四元系表面张力与温度的关系式。

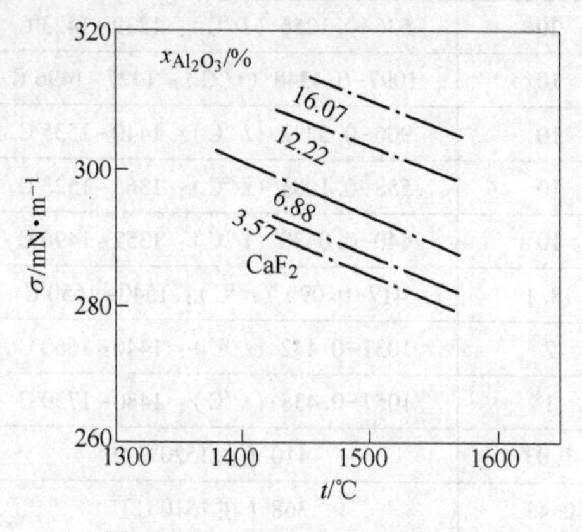

图 4.40 CaF_2-Al_2O_3系的 $\sigma\sim t$

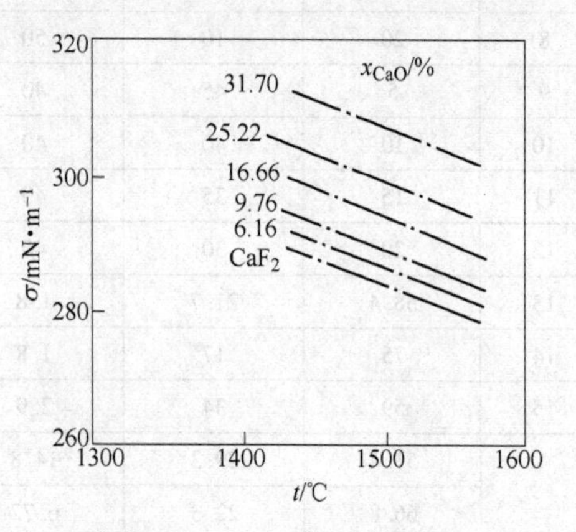

图 4.41 CaF_2-CaO 系的 $\sigma\sim t$

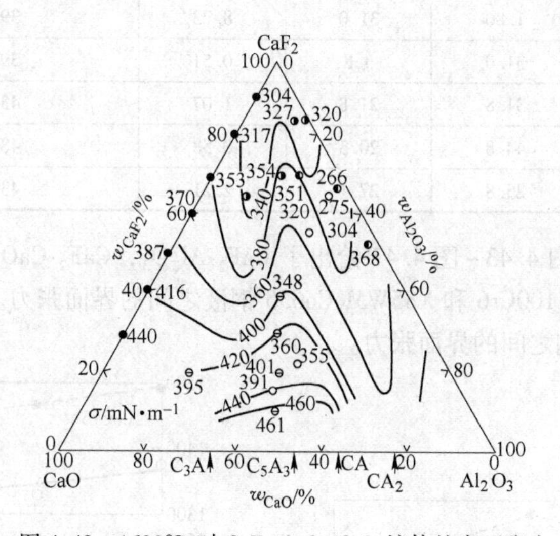

图 4.42 1600℃ 时 CaF_2-CaO-Al_2O_3熔体的表面张力

表 4.12 CaF_2-CaO-Al_2O_3-SiO_2四元渣系表面张力与温度的关系式

渣号	$w_{炉渣组成}$/%				σ（mN/m）与温度（t）的关系
	CaF_2	Al_2O_3	CaO	SiO_2	
1	5	20	45	30	835−0.2312（t/℃）；1460~1535℃
2	10	20	42	28	735−0.2013（t/℃）；1350~1498℃
3	15	10	45	30	624−0.1436（t/℃）；1296~1548℃
4	20	5	45	30	604−0.1238（t/℃）；1380~1490℃
5	5	25	50	20	917−0.3155（t/℃）；1419~1512℃
6	10	20	50	20	672−0.1867（t/℃）；1419~1507℃
7	15	15	50	20	623−0.1786（t/℃）；1317~1479℃

续表 4.12

渣号	$w_{炉渣组成}$/%				σ（mN/m）与温度（t）的关系
	CaF_2	Al_2O_3	CaO	SiO_2	
8	20	10	50	20	536-0.1256（t/℃）：1239~1423℃
9	5	45	40	10	1097-0.4348（t/℃）：1427~1496℃
10	10	40	40	10	906-0.3292（t/℃）：1440~1535℃
11	15	35	40	10	558-0.1085（t/℃）：1365~1523℃
12	20	30	40	10	440-0.0470（t/℃）：1357~1496℃
13	58.4	21.7	1.8	18.1	417-0.090（t/℃）：1540~1650℃
14	75	17	1.8	2	1037-0.442（t/℃）：1440~1660℃
15	59	34	2.9	1	1057-0.438（t/℃）：1480~1730℃
16	51.4	29.3	14.8	1.03	410（在 1520℃）
	66.8	22.3	6.72	0.43	368（在 1510℃）
	37.0	40.8	11.0	6.11	427（在 1530℃）
	45.9	1.86	31.0	8.23	394（在 1500℃）
	60.9	31.0	3.8	0.51	398（在 1500℃）
	42.3	31.8	21.8	1.07	436（在 1520℃）
	32.0	44.8	20.3	0.58	484（在 1540℃）
	38.8	25.8	27.1	2.21	437（在 1540℃）

（2）界面张力。图 4.43~图 4.47 给出了 CaF_2-Al_2O_3，CaF_2-CaO，CaO-Al_2O_3和 CaF_2-Al_2O_3-CaO 四种渣系与 100Cr6 和 X85WMoCo655 钢液之间的界面张力。表 4.13 列出了一些 CaF_2为基的渣与合金钢之间的界面张力。

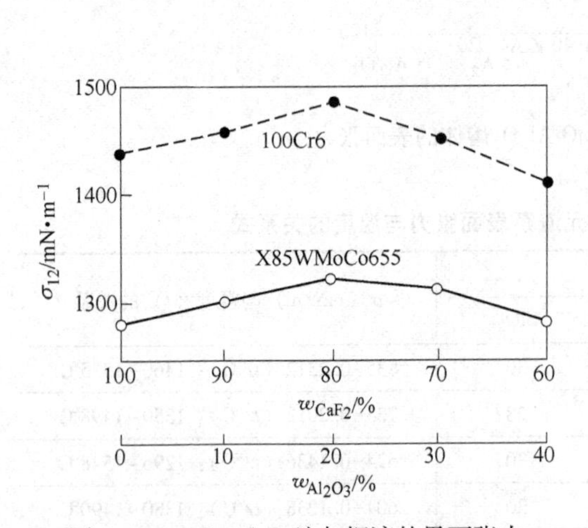

图 4.43　CaF_2-Al_2O_3渣与钢液的界面张力

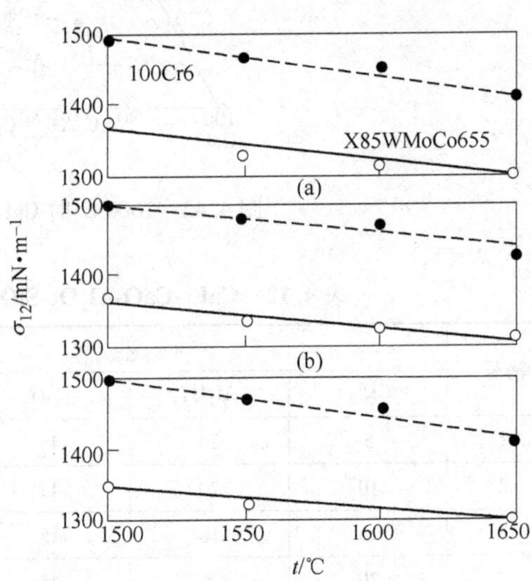

图 4.44　CaF_2-Al_2O_3渣与钢液的界面张力

（a）70%CaF_2-30%Al_2O_3；（b）80%CaF_2-20%Al_2O_3；（c）90%CaF_2-10%Al_2O_3

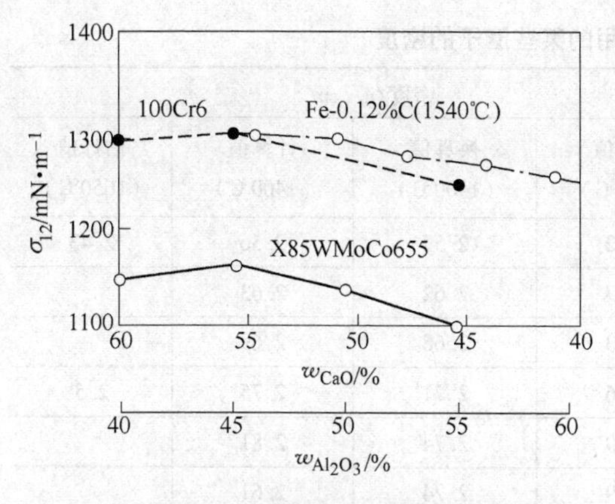

图 4.45 1540℃时 Al_2O_3-CaO 渣与铁液和 1600℃时与钢液间的界面张力

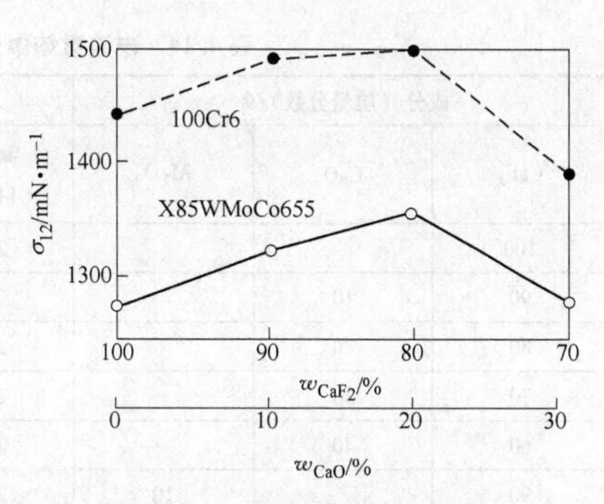

图 4.46 1600℃时 CaF_2-CaO 渣与钢液间的界面张力

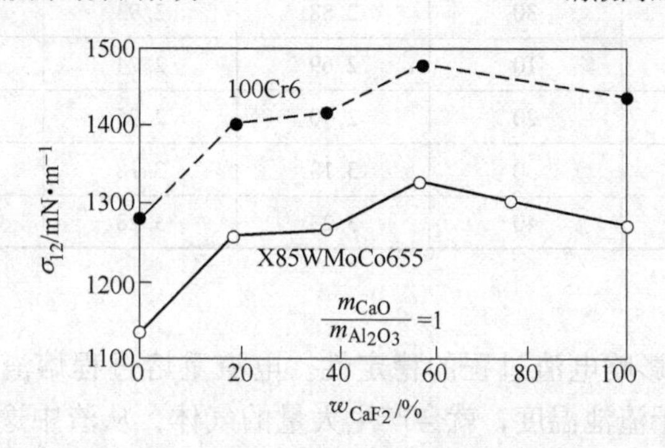

图 4.47 Al_2O_3-CaF_2-CaO 渣与钢液之间的界面张力

表 4.13 1470~1550℃时 CaF_2基炉渣与合金钢之间的界面张力

渣组成	界面张力/mN·m^{-1}			
	Cr20%，Ni77%，Ti2%，Al1%	Cr20%，Ni79.5%，(Ti+Al)0.5%	Fe75%，Cr15%，Ni9%，Al1%	Fe73.5%，Cr18%，Ni88%，Ti0.5%
$CaF_2$100%	1230	1300	1315	1150
$CaF_2$74%，CaO26%	1250	1300	1350	1250
$CaF_2$65%，$Al_2O_3$29%	1360	1370	1520	1300
$CaF_2$65%，$SiO_2$12%	1450	1430	1500	1380
MgO6%，$Al_2O_3$10%，CaO7% $CaF_2$52%，CaO21%，$Al_2O_3$27%	1300	1380		1310

4.4.1.5 密度

熔渣的密度随着渣系成分的不同而变化，也随着温度的提高而降低。一般认为，以CaF_2为基的渣系，随着渣中 CaO、Al_2O_3含量的增加，渣的密度也增加。表 4.14 为电渣重熔中使用的某些渣子的密度。

表 4.14 电渣重熔中使用的某些渣子的密度

成分（质量分数）/%			密度/g·cm^{-3}			
CaF_2	CaO	Al_2O_3	测得值（1450℃）	换算值（1400℃）	计算值（1400℃）	估计值（1650℃）
100			2.52	2.57	2.56	2.43
90	10		2.57	2.62	2.63	
80	20		2.63	2.68	2.69	
70	30		2.66	2.71	2.75	2.5
60	40		2.69	2.74	2.81	
90		10	2.69	2.74	2.61	
80		20	2.80	2.85	2.67	
70		30	2.88	2.93	2.71	2.8
80	10	10	2.69	2.74	2.68	
60	20	20	2.90	2.95	2.79	2.8
40	30	30	3.13	3.18	2.90	
20	40	40	3.23	3.28	3.04	

4.4.1.6 蒸气压

熔渣的沸点高低会影响电渣过程的稳定性。电渣重熔过程熔渣温度很高（1800℃以上），如果熔渣沸点低于渣池温度，就会产生大量的气体，从渣中逸出，引起电渣过程的飞溅，破坏电渣过程的稳定性，并且给重熔金属中造成气孔缺陷。

常用的几种渣料的沸点是比较高的，比如 CaF_2 为 2450℃，Al_2O_3 为 2930℃，CaO 为 2850℃，MgO 为 2800℃。但是在以 CaF_2 为基的渣系中，当有大量的 SiO_2 存在时，电渣过程会发生如下反应：

$$2CaF_2 + SiO_2 = SiF_4\uparrow + 2CaO \quad (4.26)$$

产生大量的白色挥发物自渣池中逸出。

4.4.2 电渣重熔常用渣料及要求

4.4.2.1 电渣重熔常用渣的组元

电渣重熔所用渣料一般为萤石（CaF_2）、氧化铝粉（Al_2O_3）、石灰（CaO）、镁砂（MgO）、钛白粉（TiO_2）等，各组元成分在渣中有各自的作用。

（1）CaF_2。能降低渣的熔点、黏度和表面张力。但和其他组元相比，CaF_2 的电导率较高，纯 CaF_2 在 1650℃时电导率达 4.54/Ω·cm；渣中 CaF_2 含量高，熔炼中易放出有害气体和烟尘，造成环境污染。

（2）CaO。渣中加入 CaO 将增大渣的碱度，提高脱硫效率，在 CaO 加入量为 40% 的情况下，脱硫率最高可达到 85%；而且 CaO 的加入能够降低渣的电导率；但是 CaO 吸水性强，易带入氢和氧，造成钢增氢增氧。

（3）Al_2O_3。能明显降低渣的电导率，减少电耗，提高生产率。如 CaF_2 90% + Al_2O_3

10%在1650℃时。电导率降为3.34/Ω·cm；如果Al_2O_3增加到30%，电导率将降为1.75/Ω·cm。但是渣中Al_2O_3增加，将使渣的熔化温度和黏度升高，并将降低渣的脱硫效果，另外会使重熔过程难以建立和稳定。一般Al_2O_3的含量不大于50%。

（4）MgO。渣中含有适当的MgO将会在渣池表面形成一层半凝固膜，可防止渣池吸氧及防止渣中变价氧化物向金属熔池传递供氧，从而使铸锭中氧、氢、氮含量降低，同时这层凝固膜可减少渣表面向大气辐射的热损失。但是MgO容易使熔渣的黏度提高，所以渣中含MgO一般不超过15%。

（5）SiO_2。渣中加入少量SiO_2，可以降低渣的熔点，提高渣的高温流动性，使铸锭表面光洁，而且也能降低渣的电导率。SiO_2的加入还有利于改变钢中夹杂物的形态，由铝酸

表4.15　电渣重熔常用渣料

渣料名称		化学成分/%									烘烤制度				备注
		CaF_2	SiO_2	CaO	Al_2O_3	MgO	FeO	TiO_2	S、P	H_2O	粒度/mm	温度/℃	时间	要求	
萤石	一般	≥92.0	≤3.0				<5.0		≤0.05		固体引燃应不大于5mm，液体引燃：≤15~20mm；补加渣料：≤1mm	600~700	保温不少于2h，然后在300℃下保温不少于4h	在大于200℃条件下保温随取随用	萤石烘烤后以全部变成不透明白色小块或粉末为佳
	粗选	≥95.0	≤2.0				<0.30		≤0.05						
	精选	≥95.0	≤1.0				<0.10		≤0.05						
	特级	≥97.0	≤0.5				<0.10		≤0.05						
氧化铝粉					≥97.0						≤0.5mm工业用2~3级品	700	保温4h	在大于400℃条件下保温备用	
石灰			≤2.5	≥90.0			≤2.0		≤0.1	<0.50	要求用较大的块，小于10mm者不得使用	700	保温8h	需在500℃下保温备用	使用时石灰水分应少于0.15%
镁砂			≤3.0			≥90.0	<1.0		≤0.01		≤3~5	≥300	>4h		
钛白粉			≤0.7					≥98.0			粉状	>300	>4h		

盐夹杂变为硅酸盐夹杂，使钢材易于加工变形。但是渣中SiO_2含量过多，则有反应$2CaF_2+SiO_2 = 2CaO+SiF_4\uparrow$发生，造成渣中$CaF_2$挥发损失和污染环境。

(6) TiO_2。在重熔含Ti的钢及合金时，渣中加入一定量的TiO_2可以抑制钢中钛的烧损；TiO_2是变价氧化物，当渣中（TiO_2）含量高，但其他的不稳定的氧化物很低时，（TiO_2）不仅不能保护金属中的Ti不被烧损，相反（TiO_2）对Ti也将起氧化作用，氧化后生成Ti_3O_5（或TiO），Ti_3O_5又被空气氧化成TiO_2，对金属熔池起传递供氧作用。

常用渣料的化学成分、粒度组成以及烘烤制度见表4.15。返回渣及提纯渣的烘烤温度，均应高于300℃，烘烤4h以上方可使用。重熔所需用的石棉板、石棉绳等材料用之前需加热脱水。

4.4.2.2 渣的提纯

渣的提纯目的是去除渣中不稳定的氧化物，如SiO_2、Fe_2O_3、MnO等。当重熔钢及合金中含有Al，Ti，B，Ce等易氧化元素时，如果渣料中有较多的不稳定氧化物，就很难避免这些易氧化元素的烧损，或者造成沿重熔钢锭的高度成分分布不均，使钢锭的头、中、尾部成分波动较大，严重的可使化学成分超出产品要求而报废。

生产实践证明，对于重熔GH37合金，如果渣料中CaF_2未经提纯，重熔锭中Si、Al、Ti成分沿轴向分布不均匀，钢锭底部增Si，比中上部Si高0.25%；钢锭底部烧铝，比中上部Al低0.30%~0.55%，如表4.16所示。造成这种现象的原因就是渣中（主要是CaF_2渣料中）含有不稳定氧化物SiO_2高达2.5%以上，发生如下烧铝增硅反应：

$$3(SiO_2)+4[Al] = 3[Si]+2(Al_2O_3) \qquad (4.27)$$

表4.16 未提纯渣重熔GH37合金元素轴向烧损（2炉数据）

部 位	Si/%	Cr/%	Al/%	Ti/%
钢锭底部	0.71	14.62	1.69	1.98
	0.70	14.34	1.66	1.96
钢锭中部	0.53	15.01	1.89	1.96
	0.53	14.99	1.90	1.95
钢锭上部	0.45	15.06	2.03	1.85
	0.46	14.92	2.01	1.94

渣料的几种提纯方法：

(1) 化学提纯法。把工业用粗萤石经过破碎，在氢氟酸中浸泡，然后在抽风厨内加热蒸干，可将萤石中SiO_2降至0.01%以下。具体反应如下：

$$SiO_2 + 4HF = SiF_4\uparrow + 2H_2O \qquad (4.28)$$

这种方法成本太高，不适于工业应用。

(2) 感应炉或电弧炉冶炼提纯萤石。采用石墨坩埚熔炼，可将萤石中SiO_2降至0.06%以下，并同时可去除FeO，S。其反应如下：

$$2(CaF_2) + (SiO_2) = 2(CaO) + SiF_4\uparrow \qquad (4.29)$$

$$(SiO_2) + 2C = [Si] + 2CO\uparrow \qquad (4.30)$$

$$(FeO) + C = [Fe] + CO\uparrow \qquad (4.31)$$

$$2(FeS) + C = 2[Fe] + CS_2\uparrow \quad (4.32)$$

当渣中含有较高含量的CaO时，因为形成$CaSiO_3$就会影响SiO_2的去除。因此，从提纯萤石的角度出发，应特别注意控制CaO含量，否则会降低SiO_2的去除率，影响提纯效果。

（3）电渣法提纯。电渣法提纯萤石是电渣生产中渣料提纯的主要方法，国内普遍使用。其提纯方法为：把渣料在结晶器中用Al≥5%的Fe-Al自耗电极进行重熔时精炼炉渣而提纯，使渣中的SiO_2降至0.5%以下，渣中的S及FeO都被去除到微量。表4.17所列举的A、B两厂提纯萤石的工艺都可达到这种效果。

表4.17　提纯萤石的电渣工艺

厂别	自耗电极		结晶尺寸/mm	电制度		冶炼时间/h	渣/kg	备注
	成分	规格/mm		电压/V	电流/A			
A	Fe-Al，其中Al > 5%	ϕ160	ϕ350	64~65	5.0~6.0	1.67	90~100	混入渣中Al粉2kg，精炼时补加2kg
B	Fe-Al，其中Al > 5%	ϕ180	ϕ500/ϕ550	62~71	5.0~6.5	2~2.5	100~120	

4.4.2.3　返回渣的使用

返回渣的使用是节约渣料、降低成本的一个措施。但是由于返回渣中CaF_2降低，其他化合物比例也在变化（表4.18），返回次数增多不利于保证炉渣的正常物化性质，以致降低钢的重熔效果。

表4.18　电渣纯铁返回渣的成分

返回次数	化学成分/%			
	CaF_2	Al_2O_3	CaO	SiO_2
提纯渣	63.4	33.65	1.74	0.20
一次返回渣	59.16	35.23	4.09	0.17
二次返回渣	56.10	37.23	5.16	0.19

重熔一般钢所用渣系返回使用最多2~3次。返回次数增多，渣子破碎困难，重熔效果明显不佳。重熔Al、Ti含量较高的钢及合金时，由于渣中不稳定氧化物被还原，同时易氧化元素的氧化物含量在渣中增加，有利于防止这些元素的进一步烧损。因此，这种返回渣可用3~4次。

使用返回渣的方法有两种：一种是全部用返回渣，这种渣物化性能不佳，而且返回次数少；另一种是每次返回渣仅配入一部分，其余的比例配入新渣，这种方法效果较好，值得推荐。

4.4.2.4　预熔渣的使用

近些年来，由于对钢锭中气体含量的要求越来越高，新渣系由于其中的水分不容易彻底烘烤去除，而返回渣对夹杂物的去除效果有所降低，许多电渣重熔企业纷纷采用预熔渣进行熔炼，预熔渣有利于降低钢中的气体含量，同时还可以防止熔炼过程中产生粉尘污染而降低设备的使用寿命。

4.4.3 电渣重熔过程常用渣系选择

4.4.3.1 CaF_2-Al_2O_3渣系

目前国内外最广泛使用的渣系是CaF_2-Al_2O_3渣，以苏联巴顿电焊研究所研制的ANF-6牌号渣为代表，成分：70% CaF_2+30% Al_2O_3，其物理化学性能见表4.19。这种渣开始用于重熔滚珠轴承钢，由于综合工艺性能较好，适应不同工艺条件，具有一定的脱硫及去夹杂能力，以后扩大使用于合金结构钢、高速工具钢、模具钢及不锈耐热钢。

表4.19 ANF-6物化性能

熔点/℃	密度/$g \cdot cm^{-3}$	黏度/$Pa \cdot s$	比电导/$\Omega^{-1} \cdot cm^{-1}$	表面张力/$10^{-3}N \cdot m^{-1}$	对1Cr18Ni9Ti钢液的界面张力/$10^{-3}N \cdot m^{-1}$
1320~1340	2.5（1650℃）	0.3（1500℃）	3.3（1900℃）	363（1500℃）	1300（1500℃）

这个渣在实际使用中，存在以下缺点：

（1）渣的成分不在低熔共晶点上。生产实践中往往发现渣皮中Al_2O_3含量高达60%以上，表明该ANF-6渣不在CaF_2-Al_2O_3相图共晶点上（图4.48）。尽管实际使用的渣含有0.7%~3.0%的SiO_2及4%~4.5%的CaO，渣熔点仍在1320~1340℃，熔点偏高，在重熔熔点较低的高合金钢及合金时，以及重熔开始渣温偏低时易出现渣沟，此外由于液析，渣皮含过量Al_2O_3，在重熔过程的渣池中Al_2O_3含量势必逐渐下降，影响工艺稳定。

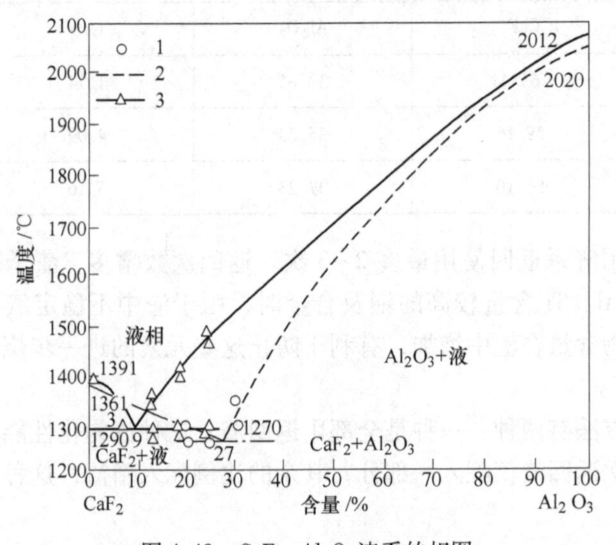

图4.48 CaF_2-Al_2O_3渣系的相图

（2）渣的比电阻低，重熔电耗高。ANF-6 渣在 1900℃时比电导 $k=3.3/\Omega\cdot cm$，重熔需要使用低电压、大电流，这样必然使短网功率损失增加，电效率降低，电耗增大。

$$\eta_E = \frac{R_S}{R_S + \varepsilon_R} \tag{4.33}$$

式中 η_E ——电效率；

R_S ——渣池有效电阻；

ε_R ——短网电阻。

通常用 ANF-6 渣重熔 1t 钢，电耗高达 1700~1800kW·h。

（3）造成污染。ANF-6 渣含有 70%的 CaF_2，熔炼中放出大量有害气体和烟尘，危及操作人员健康，造成环境污染。

由于电渣重熔存在下列反应，导致氟化物气体逸出：

$$2CaF_2 + 2H_2O = 4HF\uparrow + 2CaO \tag{4.34}$$

$$4HF + SiO_2 = SiF_4\uparrow + 2H_2O \tag{4.35}$$

$$2CaF_2 + SiO_2 = SiF_4\uparrow + 2CaO \tag{4.36}$$

$$3CaF_2 + Al_2O_3 = 3CaO + 2AlF_3\uparrow \tag{4.37}$$

$$CaS + 3CaF_2 + 4Fe_2O_3 = 4CaO + 8FeO + SF_6\uparrow \tag{4.38}$$

$$2CaF_2 + TiO_2 = TiF_4\uparrow + 2CaO \tag{4.39}$$

这样不仅需要庞大的净化装置，而且任何净化装置要完全防止有害气体对操作人员的侵害也是困难的。同时随着上述反应进行，渣中 CaO 逐渐增加，CaF_2及 Al_2O_3逐渐减少，加剧渣的成分的不稳定。

（4）产生脆性夹杂物。用 ANF-6 渣重熔，钢中非金属夹杂物以脆性的铝酸盐及刚玉为主，影响钢的塑性和韧性。

4.4.3.2 CaF_2-CaO-Al_2O_3渣系

为了降低 CaF_2-Al_2O_3渣系熔点，加强重熔脱硫、脱氧，提高渣的比电阻，近年世界各国开始采用 CaF_2-CaO-Al_2O_3渣系，渣系相图如图 4.49 所示。该渣系的配比，大体上保持 $CaO/Al_2O_3=1/1$，渣中无游离的 CaO，成分处于三元共晶线上。早年苏联的 CaF_2 60% + CaO20% + Al_2O_3 20%（熔点 1240~1260℃）的 ANF-8 渣属于此渣系。美国重熔高碳工具钢采用 $CaF_2$80% + $Al_2O_3$10% + CaO10%的渣及 $CaF_2$70% + $Al_2O_3$15% + CaO15%的渣。英国为了提高熔渣比电阻采用 $CaF_2$50% + $Al_2O_3$25% + CaO25%，$CaF_2$40% + $Al_2O_3$30% + CaO30%，$CaF_2$20% + $Al_2O_3$40% + CaO40%的渣。德国伯勒兄弟公司杜塞尔多夫厂及克虏伯冶金公司埃森厂均采用 1/3CaF_2+1/3CaO+1/3Al_2O_3 的渣。这种渣熔点较低（1250℃左右），用于电熔重熔，锭子表面光洁，成型良好。该渣具有一定脱硫、脱氧、去除非金属夹杂物的能力，以及在高温（600~1200℃）时渣皮强度及塑性较好，在抽锭或抬结晶器时渣皮不易破裂。日本的研究工作表明这一渣系在 $CaO/Al_2O_3\geqslant 1$ 时脱硫、脱氧能力最强，所以日本 CAC-50-3，CAC-50-4，CAC-70-3 及 CAC-30-3 均选择 $CaO/Al_2O_3>1$ 的配比。各国

实际生产中采用 CaF_2-Al_2O_3-CaO 渣系配比见表 4.20。

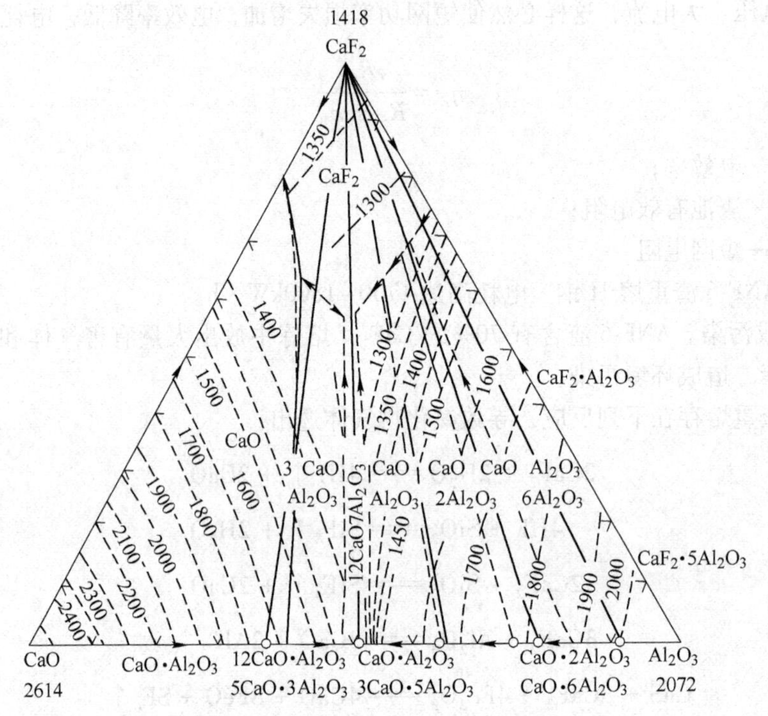

图 4.49 CaF_2-CaO-Al_2O_3渣系相图

表 4.20 各国 CaF_2-Al_2O_3-CaO 渣系的配比

国别	渣号	渣成分/%		
		CaF_2	Al_2O_3	CaO
中国	SR-3	65	25	10
前苏联	ANF-8	60	20	20
美国	US Pat. No. 3857702	80	10	10
		70	15	15
英国	50F/25/0/25	50	25	25
	40F/30/0/30	40	30	30
	20F/40/0/40	20	40	40
西德		33.3	33.3	33.3
比利时		35	33	32
日本	CAC-50-1	50	33	17
	CAC-50-2	50	25	25
	CAC-50-3	50	20	30
	CAC-50-4	50	17	33
	CAC-70-3	70	12	18
	CAC-30-3	30	28	42
	CAC-20-3/2	20	45	35

这种渣系因 CaO 部分取代 CaF_2，具有较高的比电阻，例如 1650℃时，$CaF_2$80%+Al_2O_3 20%的渣的比电阻为 0.16/Ω · cm，而 $CaF_2$60%+CaO20%+ $Al_2O_3$20%的渣的比电阻为 0.5/Ω · cm。这是因为氧与氟虽然具有大致相同的离子半径，但 O^{2-} 比 F^- 携带了多 1 倍的电荷，O^{2-} 与 Ca^{2+} 间的键合更为牢固，表现在电导激活性 ΔE 也增加。因此，以 CaO 形式加入 O^{2-} 到 CaF_2 中，Ca^{2+} 阳离子运动能力将降低，所以比电阻提高。因此这种渣用于电渣重熔具有较高的渣池有效电阻，有利于提高电效率 η_E，降低比电耗 kW · h/t。

此外这种渣成分基本选择在共晶线上，所以渣熔点较低，重熔时形成渣皮薄，凝固时液析现象较轻微，所以渣损耗小，成分稳定。由于渣中 CaF_2 减少，造成的污染也有所减轻。

这种渣的缺点是含有较高的 CaO，渣中氧离子 O^{2-} 活度增大，它与空气中的水蒸气按下列反应形成 OH^-，溶解于渣中。

$$H_2O_{汽} + O^{2-}_{渣} \xlongequal{} 2OH^-_{渣} \tag{4.40}$$

OH^- 进而与钢中 Fe 反应形成氢及氧进入金属：

$$2OH^-_{渣} + Fe_{金属} \xlongequal{} Fe^{2+}_{渣} + 2O^{2-}_{渣} + 2H_{金属} \tag{4.41}$$

$$2Fe^{2+}_{渣} + 2O^{2-}_{渣} \xlongequal{} 2Fe_{金属} + 2O_{金属} \tag{4.42}$$

联合式（4.40）、式（4.41）即为：

$$2OH^-_{渣} + Fe^{2+}_{渣} \xlongequal{} Fe_{金属} + 2O_{金属} + 2H_{金属} \tag{4.43}$$

因此使用这种渣必须采取措施防止钢中增氢和增氧。如齐齐哈尔钢厂引进德国海拉斯公司 10t 电渣炉，设有干燥空气保护系统，制冷干燥，使压缩空气水分小于 1.6g/m³，通入带保护罩的结晶器内，控制气氛中的水蒸气量，防止重熔过程增氢和增氧。

4.4.3.3　CaF_2-SiO_2-CaO 及 CaF_2-Al_2O_3-CaO-SiO_2 渣系

为了适当降低 CaF_2-Al_2O_3-CaO 渣系熔渣 O^{2-} 活度，防止重熔过程钢液吸氢、增氧，一方面，近年国内外开始在渣中加入 SiO_2；另一方面，重熔含硫的易切削钢时，为了保持钢中含硫量，也用 SiO_2 取代 Al_2O_3，用 SiO_4^{4-}、$Si_3O_9^{6-}$、$Si_xO_y^{2-}$ 取代 $Al_3O_7^{5-}$、AlO_3^{3-}，减少了传输电流的 O^{2-} 离子。复合离子 $Si_xO_y^{2-}$ 的半径增大，松弛能增加，使阳离子移动受阻碍，所以这类渣具有更高的比电阻，重熔电耗低。这类渣系加入少量 Na_2O 可以降低渣的熔点，适于重熔铜合金。这一渣系在生产中采用的成分配比见表 4.21。

表 4.21　CaF_2-SiO_2-CaO 及 CaF_2-Al_2O_3-CaO-SiO_2 渣系成分配比

国别	渣化学成分/%				
	CaF_2	Al_2O_3	SiO_2	CaO	Na_2O
中国	其余		20~25	50~60	
前苏联	其余		18~32	20~40	7
	28	19	14	32	7
美国	50		25	25	
	30	30	10	30	
日本	70	10	6	14	
西德	50		20	30	
	55	10	25	10	

少量 SiO_2加入 CaF_2-CaO-Al_2O_3渣系可使铸锭表面光洁，特别在提升结晶器条件下重熔大钢锭时。日本八藩钢铁公司第三炼钢厂 40t 板坯电渣炉，采用 CaF_2-CaO-Al_2O_3-SiO_2渣系重熔。

4.4.3.4　CaF_2-Al_2O_3-CaO-MgO 渣系

在 CaF_2-Al_2O_3-CaO 渣系基础上加入 MgO，部分取代 CaO，形成 CaF_2-Al_2O_3-CaO-MgO 渣系，能提高熔渣在高温下的黏度，在渣池表面形成一层半凝固膜，可防止渣池吸氧及防止渣中变价氧化物向金属熔池传递供氧。前苏联 AN291 渣（表 4.22）及国内大冶特殊钢厂四元渣均属此渣系。美国近年采用 Y3AA 渣（30%CaF_2+40%Al_2O_3+17%CaO+13%MgO）重熔 Udimet700，Inco7130，Rene41 等材料及超级合金；钢铁研究总院研制的低氟渣 L-4 的物理化学性能见表 4.23，本溪钢铁公司采用这种渣系重熔不锈钢、轴承钢、高速钢等 31 个钢种，冶金质量良好，平均电耗从用原 ANF-6 渣重熔时的 1760kW·h/t，降至 1251kW·h/t，生产率提高 34.8%，挥发炉气含氟减少 51%。

表 4.22　CaF_2-Al_2O_3-CaO-MgO 渣系的渣成分配比

国别	渣号	渣化学成分/%			
		CaF_2	Al_2O_3	CaO	MgO
前苏联	AN291	18	40	25	17
美国	Y3AA	30	40	17	13
西德		35	30	20	15
中国	钢研 L-4	15	50	30	5

表 4.23　L-4 渣物理化学性能

熔点 /℃	黏度（1600℃） /10^{-1}Pa·s	电导率（1850℃） /$\Omega^{-1}\cdot cm^{-1}$	表面张力 /10^{-3}N·m^{-1}
1390	0.8	2.76	4.85

4.4.3.5　CaF_2-Al_2O_3-CaO-SiO_2-MgO 渣系

前苏联巴顿电焊研究所研制的 ANF-28，ANF-29，ANF-32 渣均为 CaF_2-Al_2O_3-CaO-SiO_2-MgO 渣系，见表 4.24。

表 4.24　CaF_2-Al_2O_3-CaO-SiO_2-MgO 渣系

渣号	渣化学成分/%					渣熔点 /℃
	CaF_2	CaO	MgO	Al_2O_3	SiO_2	
ANF-28	40~55	25~35	—	—	20~25	1180~1200
ANF-29	30~40	35~42	5~10	12~18	12~18	1230~1250
ANF-32	37~45	24~30	4~7	20~25	5~9	1300~1320

前苏联斯达罗夫地方伊里奇冶金厂采用 CaF_2-Al_2O_3-CaO-SiO_2-MgO 弱酸性渣，重熔 14t 的 16Mn2AlV 钢锭，轧成厚板（70mm），冲击韧性 α_k 比氧气转炉钢提高 1 倍（表 4.25），

比用 CaF_2-Al_2O_3-CaO 重熔的钢提高 30%~40%。

表 4.25 电渣重熔 16Mn2AlV 厚板力学性能

熔炼方式	热处理工艺	屈服强度 $\sigma_{0.2}$ /MPa	抗拉强度 σ_b /MPa	δ /%	φ /%	冲击值 α_k /N·m·mm^{-2}	
						20℃	−70℃
氧气转炉	930℃正火保温 2.33h	432.47	601.15	27.1	61.1	151.9	205.8
CaF_2-Al_2O_3-CaO 电渣重熔		444.24	588.40	30.7	69.7	181.3	127.4
CaF_2-Al_2O_3-CaO-SiO_2-MgO 电渣重熔		434.43	568.78	31.3	75.0	305.76	183.26

4.4.3.6 无氟、低氟渣系

电渣重熔过程中，通常采用的是含氟渣系，渣中 CaF_2 含量有的高达 70%~90%（表 4.11）。这些炉渣虽然具有一定的脱硫和去除非金属夹杂物的能力，但它们也存在一些不足之处。

如式（4.34）~式（4.39）所示，电渣重熔时，这些渣系所含的 CaF_2 可以与熔渣中的其他成分反应，生成含氟气体逸出。

式（4.34）~式（4.39）反应所生成的气体为有毒物质，污染大气环境，对人体健康十分有害。同时，由于渣中 CaF_2 在熔融状态下具有良好的导电性，故使渣池电阻偏低，生产中只得采用低电压、大电流操作，短网的损失增大，电效率降低，电能消耗增高。

为了解决含氟渣对大气的污染和提高电效率，降低重熔时的电能消耗，国内外进行了大量的研究工作。我国早在 1958 年就采用过无氟渣（CaO55%+$Al_2O_3$45%）重熔高速钢。随后又进行过大量的研究工作。

据报道，选用 CaO-Al_2O_3 基的氧化物渣系（表 4.26），取得了较为满意的重熔效果。

表 4.26 ANF-6 和几种无氟渣系的化学成分及物化性能

渣号	化学成分/%					熔点 /℃	黏度（1600℃）/P	比电导（1850℃）/$\Omega^{-1}\cdot cm^{-1}$	表面张力（1600℃）/N·cm^{-1}
	CaO	Al_2O_3	MgO	SiO_2	CaF_2				
ANF-6	—	30	—	—	70	1320~1340	0.16	4.50	252×10^{-5}
F-1	50	50	—	—	—	1333	—	—	—
F-2	42	52	—	6	—	1306	—	—	—
F-3	48	48	4			1400	0.20	2.97	327×10^{-5}

若在无氟渣中加入少量的 MgO，将能提高熔渣在高温下的黏度，并可在渣池表面形成一层半凝固膜，减少氢的吸入。F-2 渣中含有少量的 SiO_2，其作用是为了减少渣中自由的氧离子存在，这对减少熔渣中氢的吸入是有利的。

当采用 F-1 和 F-3 渣系进行滚珠轴承钢（GCr15）重熔时，如工作电流为 1700A，工作电压为 40V，则重熔过程稳定，锭表质量良好。此时，熔化速度分别为 0.94kg/min 和 0.907kg/min，电耗分别为 981kW·h/t 和 979kW·h/t；当采用 ANF-6 渣系重熔时的熔化速度为0.55kg/min，电耗为1554kW·h/t。

当采用以上两种渣系重熔GCr15时，钢中Si的烧损比用ANF-6渣系时减少；而F-3渣系的脱硫效率要比采用ANF-6渣系时要高，如果将无氟渣在600℃下烘烤4~6h，重熔后钢中的［H］含量较采用ANF-6渣系重熔时还低。

在研究无氟渣系的同时，人们还采用低氟渣系，其CaF_2在渣中的含量仅为10%~18%。这种渣系在加快熔化速度、降低单位电能消耗方面，也取得了较好的效果。

德国的蒂森（Thyssen）特钢厂6.5t电渣炉，变压器容量为1800kV·A，在多年的生产实践中对含氟渣和无氟渣系（见表4.27）的生产结果进行了对比，发现无氟渣系的熔炼速度快，电能消耗低（见表4.28）。

表4.27　蒂森特钢厂渣系的组成

渣型	CaF_2/%	CaO/%	Al_2O_3/%
1	70		30
2	20	40	40
3		50	50

重熔过程中，CaO-Al_2O_3无氟渣系的脱硫率可达65%~75%，而CaF_2-Al_2O_3含氟渣系的脱硫率仅为45%~55%。

表4.28　重熔工艺参数及技术经济指标

熔渣成分	$CaF_2$70%+$Al_2O_3$30%	$CaF_2$20%+CaO40%+$Al_2O_3$40%	CaO50%+$Al_2O_3$50%
自耗电极/mm	ϕ380	ϕ380	ϕ380
结晶器/mm	ϕ550	ϕ550	ϕ550
渣量/kg	90~100	80	70~80
电压/V	53~55	56~58	60~62
电流/kA	10.0~11.0	9.0~9.5	8.5~9.0
电压/电流/V·kA^{-1}	4.8~5.3	5.9~6.4	6.7~7.2
熔化速度/kg·h^{-1}	460~480	480~520	480~530
电耗/kW·h·t^{-1}	1300~1400	1100~1200	1050~1150
渣温/℃	1690~1740	1770~1820	1900~1950

使用无氟渣时，氟和灰尘的散发量明显地减少。表4.29中列出不同试验渣系对大气污染的数据。

表4.29　不同渣系对大气的污染程度

熔渣成分	$CaF_2$70%+$Al_2O_3$30%	$CaF_2$20%+CaO40%+$Al_2O_3$40%	CaO50%+$Al_2O_3$50%
氟的散发/mg·m^{-3}	30~35	12~18	0.5
灰尘的散发/mg·m^{-3}	80~100	30~50	10~40

当重熔合金结构钢时，钢中长条形硫化物、氧化物的评级以及夹杂物的总量等均有明显的降低，但是球状氧化物的评级较含氟渣升高 26.5%。

这种渣系还存在一些尚需解决的问题，如无氟渣的熔点偏高。导电率低，在引燃时带来一些困难；重熔后，锭表面所附的渣壳薄，但厚度不均，影响到锭表面的光洁度；渣的吸水性强，渣中自由氧离子（O^{2-}）的活度高，与大气中的水蒸气反应可形成（OH^-）负离子熔入渣中，因此使用前应考虑如何对无氟渣充分烘烤脱水；采用 $CaO\text{-}Al_2O_3$ 无氟渣系时，钢中的球状夹杂比采用含氟渣时要高，通过定性分析，确定该类夹杂物成分主要是 $m\mathrm{CaO} \cdot n\mathrm{Al_2O_3}$。由于上述问题，这类渣系仍需进一步改进完善。

4.5 电渣重熔工艺

4.5.1 电渣重熔工艺流程

电渣重熔工艺流程包括夹持自耗电极，在底水箱上铺设引锭板，安放结晶器，自耗电极通过升降机构送入结晶器内，送电启动（包括冷、热启动），然后进行重熔；重熔到产品要求的尺寸后进行补缩、停电、模冷，最后脱模，如图 4.50 所示。

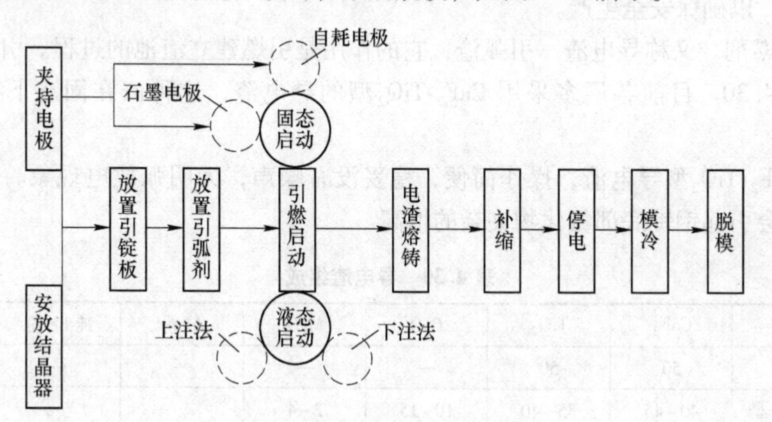

图 4.50 电渣重熔操作程序

4.5.1.1 重熔前的准备

重熔前准备工作主要包括渣料准备、夹持电极、安放结晶器及引锭板等项工作。

（1）渣料准备。按照工艺要求配置渣料，并进行烘烤，其中要注意以下问题：

烘烤良好的渣料，送到炉前不得长时间放置，一般小于 10min，防止渣料吸水，特别不得使用粉状石灰。

如果有其他特殊附加料、补加料，也需要清洁、干燥，并准确称重。

（2）夹持电极。在电极夹持器上夹持电极。如果为双臂电渣炉，使用石墨电极固态启动者，应在其中的一臂上夹持石墨电极。

在夹持电极时应特别注意夹紧，使电极与夹持器之间接触良好；所夹持的电极应位于底水箱的中心，并与其垂直。

（3）安放结晶器与引锭板。底水箱（也称底结晶器）应平稳地安放在专用平台底座上加以固定。底水箱与平台之间用石棉布（板）以及其他绝缘材料铺垫，使底水箱与平台（炉体）绝缘。

底水箱上放置引锭板。如采用双极串联工艺（热渣启动），可不使用引锭板；但重熔过程需要抽锭时，则必须使用引锭板。引锭板采用的材质应与所炼钢种相同。对于一般钢种的重熔也可采用普通轧制钢板，锻、铸成型皆可。引锭板应进行打磨，与底水箱接触良好。要求二者接触面大于引锭板面积的70%。对于抽锭式电渣重熔，不论用何方式与底水箱连接，都应保证连接牢固；不得在抽锭过程中使得底水箱与引锭板之间产生间隙造成打弧。

如果采用固体导电渣引燃，在引锭板上应放置导电渣。$d_{极}$<200mm 者，导电渣用量约为100g 左右；当 $d_{极}$>200mm 时，其用量酌情增加（最好采用液渣引燃）。导电渣高度一般为25~50mm，在导电渣周围应围置适量的纯萤石粉，以利于渣池的形成。

一般情况下，结晶器与底水箱之间应铺设绝缘材料（石棉布或粒度小于1mm 的返回渣粉）。也有采用结晶器与底水箱之间不绝缘的操作，但必须使结晶器与底水箱接触十分良好。

此外，在进行正常熔炼前，还需要对设备的冷却水系统、电力系统、机械系统等进行最终的检查，以确保安全生产。

（4）引燃剂。又称导电渣、引弧渣，它的作用是引燃建立渣池的过程。引燃剂的种类较多，见表4.30。目前各厂多采用 CaF_2-TiO_2 型的导电渣，这种渣在固态下有一定导电能力。

使用 CaF_2-TiO_2型导电渣，操作简便，稳妥没有噪声，无明弧放电现象。但采用这种导电渣常常会引起钢锭底部氮化物夹杂的增高。

表4.30　导电渣组成　（%）

名称	CaF_2	TiO_2	CaO	MgO	Al 粉	纯 Fe 粉	成型方法
CaF_2-TiO_2型	50	50	—	—	—	—	熔炼成型
CaF_2-TiO_2-CaO 型	40~45	35~40	10~15	2~4			
Fe-CaO 型	—	—	50		—	50	压制成型
Al-CaO 型	—	—	50		50	0	压制成型
硝石铝镁剂	含有16%MgAl 粉+17%硝酸钾+67%工作渣粉						

硝石铝镁剂引燃敏捷，但是不易掌握。引燃启动时产生喷溅。这种引燃剂受潮后易失效，而且成本高。引燃剂尚可采用焦炭、石墨块等。但要视钢种要求而定。这些方法会造成增碳，一般用于中、高碳钢。

4.5.1.2　引燃启动—建立渣池

引燃启动，建立高温渣池的目的，是为正常电渣重熔做准备。对形成高温渣池过程的要求是在渣料迅速均匀熔化与溶解的同时，尽快提高渣池温度。

引燃启动一般有两种方法：固体导电渣启动（冷启动）和液渣启动（热启动）。

A　固体导电渣启动

它是指在结晶器内进行化渣。将金属电极下降送入结晶器内，当带电电极端部与固体导电渣接触后，由于电阻热使导电渣熔化；随即将渣料均匀加入结晶器内。在实际操作中，往往将萤石粉（或小于5mm的颗粒）先加入一部分造成渣池；而后，将混合渣料陆续加入；待渣料全部化清后可适当提高功率，转入重熔阶段。也有在启动开始就将全部渣料加入结晶器内的，这种方法要求渣料粒度小；否则，会造成钢锭底部成型不良的缺陷。

冷启动的缺点是钢锭底部成型和内部质量不好；它的优点是操作简单，劳动强度低。

B 液渣启动

对于这种化渣方法，可以采用石墨电极进行。首先使用石墨电极进行化渣，待渣料溶清后，尽快更换为金属电极进行正常熔炼。在双臂电渣炉上，可先用一臂夹持石墨电极化渣，待渣料熔清之后，调整功率送入另一夹好的金属自耗电极开始重熔过程。

也可以在另一套化渣炉内化渣，当渣料温度达到1600℃左右即可注入结晶器内进行重熔过程，液渣启动分上注或下注两种方法进行。

（1）上注法。在化渣炉内引燃化渣，当渣温达到重熔所需要的温度以后，可直接翻炉倒渣。流渣可通过流渣槽或直接倒入结晶器内，如图4.51所示。这种方法对于充填系数大的电渣锭不适宜，因为电极与结晶器的间隙小，易被冷凝的渣瘤堵塞，造成渣液飞溅渣量难以控制，甚至造成引燃失败。

（2）下注法。为了克服上注法的缺点，在底水箱与结晶器之间专门设有一个流渣通道，其形式类似钢锭下注，如图4.52所示。这种方法叫液渣的下注法（国外称为虹吸法）。

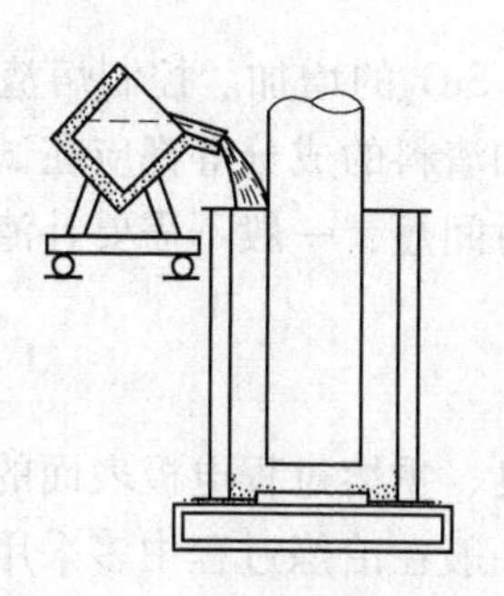
图4.51 液渣上注法示意图

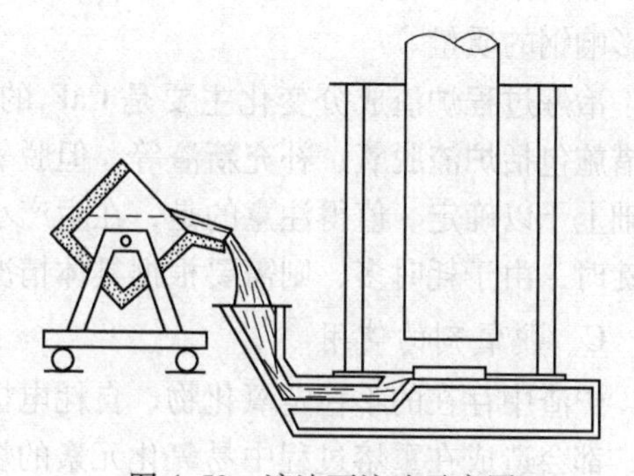
图4.52 液渣下注法示意图

采用液渣启动可以尽量降低电渣钢锭的底部渣沟等缺陷的产生，改善钢锭底部质量。

4.5.1.3 正常电渣重熔

正常电渣重熔是整个电渣过程的关键环节。它的基本任务在于：按照冶炼工艺规定的基本控制参数进行重熔，同时，观测目标参数及技术经济指标是否合理，对基本控制参数进行判断与调整，使整个过程尽量稳定于“最佳”状态。

A 电参数的控制

重熔过程电流始终处于稳定，控制电极给进不宜有较大的变化，特别是铸造电极的集中缩孔区更要注意电流的稳定；调整合理的电极给进速度。

在控制电参数时，往往发现电流不稳定的情况。这是由下列几种原因造成的：一种是由于电压过高或电流过小。一种是由于渣层过薄，有时是因为产生分流造成的。采用含CaO的渣系时，当CaO超过15%时，电流波动也是常见的现象。电流波动有时是事故的先兆。结晶器漏水，引起熔渣翻动，也会使电流不稳定。

当采用双极串联工艺（变压器不抽中线的情况），如果发现电流表指针颤动并不断下降，这说明双电极中有一极产生了“拐腿”现象。如果不及时处理，“拐腿”将继续发展，其中一极会“浮”在渣面上，而另一极则插入熔池。此刻，电流指针会下降到“0”位。双极串联所以产生“拐腿”不平衡现象，其本质是由于两极电阻不均衡所致。要求两极电阻绝对均衡是困难的。解决这种不均衡现象的措施有两种方法：一种是设备措施。即变压器抽中线、电极截面要求均一；另一种是工艺措施。工艺措施的本质就是发展第一回路（即电极—熔渣—电极），限制第二回路（即电极—熔渣—金属熔池—熔渣—电极）。具体讲，应提高电压、降低电流、增加渣池深度。这都是发展第一回路的措施，但以提高电压最为有效，因为提高温度是减轻不平衡现象的中心环节，不平衡是经常的，温度越高，不平衡的时间就越短，产生“拐腿”的机会就越少。上述措施已为实践反复证明是有效的。即便在变压器上不引出中线，电渣过程也可稳定进行。

B　炉渣控制

重熔过程渣制度的控制主要是指渣池厚度与炉渣成分的控制。

由于重熔过程渣皮消耗及熔渣的挥发，渣池深度不断减少，以致影响了电渣过程的正常进行，这就需要补充新渣。补渣方法有两种：一是补液渣，这对冶炼过程的稳定性有利，但需增加化渣设备；另一种方法是补加固体渣粉（粒度小于3~5mm）。应注意掌握勤加少加的原则。每次加渣应遵循控制渣池中固体渣料能化清的原则，以免大批冷渣进入炉内影响钢的质量。

冶炼过程炉渣成分变化主要是CaF_2的降低，CaO与SiO_2的增加。控制熔渣成分变化的措施包括炉渣脱氧、补充新渣等。但脱氧剂用量、补加渣料的成分等都应在试验工作的基础上予以确定。值得注意的是，在生产小钢锭时由于时间短，一般不需要补渣；生产大钢锭时，由于耗时多，则需要根据具体情况进行补渣。

C　脱氧剂的使用

炉渣中存在的不稳定氧化物、自耗电极本身脱氧不良、重熔过程电极表面的氧化等原因，都会造成在重熔过程中易氧化元素的烧损。为此，一般在冶炼过程中多采用脱氧剂对炉渣进行脱氧，以保证重熔钢的质量及化学成分。经常采用的脱氧剂有铝粉、硅铁粉、SiCa粉、碳粉（粒度3~5mm）及电石。对于含稀土钢的重熔，也有采用含稀土氧化物渣系，外加用含稀土元素的合金进行脱氧。

重熔过程施加脱氧剂的方法一般有两种：一种是在重熔过程将脱氧剂分批均匀加入渣池表面，一种是将脱氧剂与黏结剂混匀涂刷在自耗电极表面，随电极熔耗不断熔于渣池中。脱氧剂用量的控制，应根据渣料中不稳定氧化物的多少，电极中易氧化元素含量，脱氧情况等综合因素来确定。如有的工厂采用铝粉脱氧，按经验值0.5~1kg/t进行扩散脱氧。

D　电极的更换与调正

双臂交替式电渣炉在重熔过程中需要更换电极，换电极时间控制小于1min时对于钢锭质量影响不大；换电极时间过长对钢的质量会产生影响。为保证钢锭重熔质量，提高热效率，需要对电极端部采取预热措施，特别像高速钢等易“炸裂”钢，电极最好事先预热，以防止“炸裂”掉块。

若自耗电极夹持不垂直，在重熔过程中电极在结晶器内的位置会不断发生偏移。因此，操作人员应及时将电极调正，以保证自耗电极与结晶器同心，防止分流的产生。

E 冷却水的使用及水温的控制

电渣重熔冷却水原则上应采用循环软水，这可防止生成水垢，利于安全生产，延长结晶器寿命。冷却水温对电渣冶炼的热量消耗、钢锭结晶、表面质量以及安全都有很大影响。水温控制，一般要求底水箱比结晶器要低10~15℃，结晶器水温应根据所炼钢种、渣系等因素来控制，一般水温控制在40~60℃。

冷却水的流量与水温调节应尽量采用自动控制，力求流量均匀，以保证钢锭表面质量。

4.5.1.4 补缩期

填充补缩是提高电渣钢锭成材率的重要手段之一。补缩期的主要任务是把正常重熔形成的金属熔池以填补的方式使金属熔池体积逐渐变得小而平，最终实现电渣锭顶部缩孔深度最小，并保证最终的凝固质量，以达到最少的切头率。

补缩期的工艺操作特点是供给功率逐渐下降，渣温逐渐降低。补缩操作方法有两种：（1）连续式补缩；（2）间歇式补缩。

（1）连续式补缩。补缩标准应以钢锭头部平整无凹陷或凸出10mm为宜。连续式补缩的方法是降低电流、降低熔池深度，相对提高凝固速度。由于液体金属不断填充，从而达到补缩目的。

连续式补缩工艺各厂操作方法不尽一致，表4.31列举了某厂连续式补缩的工艺参数。

表4.31 连续式补缩工艺

结晶器直径 /mm	降电流操作	补缩时间 /min
ϕ245（0.3t）	4500A（或规定电流）→3500A×1min→1500A×4min→自然断电	5~6
ϕ330（0.8t）	规定电流→4400A×2min→3200A×6min→2000A×2min→自然断电	10~11
ϕ410（1.2t）	规定电流→4400A×2min→3200A×9min→2000A×3min→自然断电	14~15
ϕ500（2.5t）	规定电流→7000A×3min→5000A×10min→3000A×12min→自然断电	25~26

（2）间歇式补缩。这种补缩方法的要点是在冶炼末期施行：采取停电 $\xrightarrow{\text{间隔一定时间}}$ 通电→再停电 $\xrightarrow{\text{间隔一定时间}}$ 再通电→停电的间歇供电方式，而且每次再供电时电流值应比上次小些，对于大截面电渣锭甚至同时可以降电压。例如 $D_{结}$ = 500mm的电渣锭，冶炼电压70V，电流为9000A，补缩开始停电2~3min，此时，把电压降为45V，送6000A电流冶炼3~5min，再停电2~3min送电，电流4000~5000A维持2~3min，再停电2~3min后送电4000~1000A维持5~8min（此时电流波动）。然后自然断电，总补缩时间为25min左右。

4.5.1.5 模冷与脱模

补缩停电后，电渣锭进行模冷，目前，主要是通过结晶器冷却水进行模冷。模冷原则：

（1）模冷至保证熔渣凝固为准。

（2）模冷期应适当调小水量，水温一般不应低于40~50℃。

（3）模冷期间禁止移动结晶器，在此期间不得搅动和挖出炉渣。

模冷时间各厂操作不尽相同，表4.32为某厂工艺参数。模冷时间应根据气候、水温等条件做适当调整，气温、水温低者取下限。

表4.32 模冷工艺

结晶器直径/mm	模冷时间/min	
	一般钢种	特殊钢种①
φ245	15~20	20~25
φ330	25~30	30~35
φ410	40~45	45~50
φ500	50~60	60~70

① 特殊钢种，指不锈钢、耐热钢、工具钢等钢种。

在完成模冷后应立即进行脱模。如需进行缓冷或退火的钢种，在脱模后应立即按规定进行缓冷或退火。

4.5.1.6 缓冷与退火

A 电渣锭冷却方法

（1）空冷。电渣钢锭脱模后，不需保温，在空气中自然冷却。

（2）砂冷。电渣钢锭脱模后，迅速放置在砂箱内，四周埋砂，缓慢冷却。

（3）罩冷（双层保温筒）。电渣钢锭脱模后直立，罩上有保温材料的双层保温筒，上下密封，缓慢冷却。

（4）坑冷。电渣钢锭脱模后置于底部密封的缓冷坑内，将封盖盖严（有的还可通煤气加热），缓慢冷却。

（5）退火。在有条件时，某些钢种的电渣钢锭可及时送入退火炉中进行退火。

B 缓冷要求

（1）电渣钢锭会因冷速过快产生裂纹。因此，应避免电渣钢锭脱模后在空气中停留时间过长或缓冷过程保温不良。

（2）脱模至缓冷的时间力求短，一般不应大于10min。

（3）坑冷。在入坑前，坑内温度不应低于50℃；钢锭在入坑后应将坑盖盖严；出坑时，电渣钢锭表面温度应小于100℃。

（4）砂冷。在电渣钢锭入箱前，事先把砂铺好，放入箱内时电渣钢锭与箱壁距离要求相等；砂箱内底部砂层应大于150~200mm，埋砂厚度应大于50~80mm；砂箱周围砂厚应大于100mm，砂温应大于50℃，砂子粒度2~4mm为宜；电渣钢锭出坑表面温度应小于100℃。

（5）双层保温筒夹层应填充保温材料（如石棉粉）。夹层厚度约为50~100mm，筒盖厚度不应小于50mm。

缓冷及退火制度。电渣钢种繁多，尺寸不一，因此，钢的缓冷及退火制度不可一概而论，根据具体情况而定。

4.5.1.7 安全

电渣重熔是在水冷的结晶器内完成，再加上以电源为基本能源，采用氟化物渣系等，所以，除考虑一般安全措施外，还应考虑如下几个方面：

（1）结晶器在使用前必须进行焊接质量检查。一般要行使高压试验，压力为 5kg/cm^2，振动 10min，充放两次。形状复杂的异型结晶器，充压压力可提高至 7~10kg/cm^2。试压过程结晶器不得有漏水、渗水现象。

（2）电渣过程进行前，要对设备的水冷部件，包括结晶器、水冷夹头、底水箱、水冷电缆等进行检查，以防止漏水造成危险。

（3）电渣重熔前必须对电器回路进行检查，不得有短路。

（4）冶炼过程中电极距结晶器内壁的距离不得小于规定尺寸，严防打弧击穿结晶器。

（5）冶炼过程中，冷却循环水不得中断，电渣车间必须设有备用水源，水压不小于 2.5kg/cm^2。

（6）电渣车间应设有高效率的抽尘设备，将氟化物烟尘降到最低限度。

（7）对于有液压传动的设备，设备使用前要对液压传动部分进行检查，防止由于液体泄漏造成火灾等危险。

4.5.2 电渣重熔工艺参数选择

4.5.2.1 电渣重熔工艺制订的原则和分类

电渣工艺是决定电渣重熔过程稳定性、保证产品质量和得到良好的技术经济指标的关键。所以制定工艺规范必须掌握以下 3 个原则：

（1）电渣重熔工艺制度首先要保证产品的冶金质量，这是制定工艺合理性的前提与关键。具体讲，工艺制度应保证重熔的精炼效果和良好的结晶结构。

（2）电渣重熔工艺必须保证电渣过程的良好稳定性。为了保证电渣过程不致造成短路或明弧等不稳定状态，各工艺参数必须很好地匹配，使之都在最佳范围内。为此，应采用目标参数为判据，对主要控制参数进行调整，使之达到工艺稳定的要求。

（3）电渣重熔工艺必须在保证产品质量的前提下力求经济指标的合理性。如生产率、电耗、水耗、渣耗等都应控制在合理的范围内，以降低整个重熔产品的成本。

根据上述原则，电渣重熔工艺参数可以分为如下三类：

（1）条件参数。这是根据重熔产品几何尺寸、重量要求定出的参数，是其他各参数制定的先决条件。属于条件参数者有：

1）结晶器直径、高度；

2）电极的直径、长度；

3）充填系数及电极、结晶器的直径比。

（2）基本控制参数。这类参数是根据冶炼条件制定的，它对工艺的稳定性、产品的冶金质量、电渣重熔技术经济指标的影响很大，是重熔工艺的基本内容，事先必须选定，在重熔过程中这些参数可以控制与调整。它分为两类：

1）渣制度。包括渣系组成、渣量 $G_{渣}$ 或渣池深度 $H_{渣}$；

2）电制度。包括工作电流 A 或电流密度 $\overline{A}$、工作电压 $V_{工作}$、有效供电功率 $W_{效}$、比功率 $\overline{w}$ 等。

（3）目标参数。这类参数是基本控制参数综合影响的因变量，是基本控制参数选择好坏的一种标志。引入这种参数目的在于判断条件参数和基本控制参数选择的合理性，也是实现电渣重熔程序自动控制必不可少的参数。这类参数主要包括：

1）金属熔池深度 $H_{金}$；

2）极间距离 $H_{极间}$ 与电极埋入深度 $H_{埋}$；

3）熔化率 $V_{熔}$；

4）渣池温度 t_2、渣皮厚度 $\delta_{渣皮}$、电耗 $w_{耗}$ 等。

应该指出，有时几何条件一样，而所炼钢种不同，基本控制参数亦不可千篇一律。就是说，在制定熔炼工艺时应根据钢种的不同，对工艺参数作适当的调整。

4.5.2.2 电渣重熔条件参数的选择

A 结晶器尺寸的确定

根据用户提出的产品尺寸来确定结晶器尺寸，这是选择基本控制参数的前提。从工艺角度确定结晶器尺寸主要是结晶器直径与高度，这里以圆形结晶器为例进行讨论。

（1）结晶器直径的确定。由于钢锭收缩及渣皮的生成，钢锭毛坯直径尺寸与结晶器直径相比总有一个减缩率。根据生产经验统计，其减缩率为 2.5%~3%（直径大者偏上限）。

考虑到重熔后直径的减缩以及毛坯的加工余量，结晶器直径可按下列经验公式计算：

$$D_{结} = \frac{D_{产品} + A}{1 - \delta\%} \tag{4.44}$$

式中 $D_{结}$——结晶器直径，mm；

$D_{产品}$——产品的规定尺寸，mm；

A——毛坯加工余量，一般按 20~40mm 计算；

$\delta\%$——熔炼毛坯的减缩率，一般为 3% ± 0.5%。

（2）结晶器高度的确定。结晶器高度与其他工艺参数有密切关系。这里针对固定式和抽锭式两种结晶器进行讨论。一般固定式结晶器高度 $H_{结}$ 可按下式确定：

$$H_{结} \approx (3 \sim 6) D_{结} \tag{4.45}$$

当 $D_{结} > 300$mm 者，按下限考虑。

抽锭式结晶器高度 $H_{结}$ 的确定要考虑已凝固金属的高度 $H_{凝}$、金属熔池深度 $H_{金}$、渣厚度 $H_{渣}$ 以及结晶器上部必要的余量 Δh 诸因素。即：

$$H_{结} = H_{凝} + H_{金} + H_{渣} + \Delta h \tag{4.46}$$

式中 $H_{凝}$——抽锭前的最低金属凝固层厚度，一般经验取 $0.3D_{结}$；

$H_{金}$——金属熔池深度，一般取 $(0.3 \sim 0.5) \times D_{结}$；

$H_{渣}$——渣层厚度，一般取 $(0.3 \sim 0.6) \times D_{结}$。当 $D_{结}$>500mm 时取下限；

Δh——结晶器上部的必要余量，一般取 50~100mm。

有学者根据实践经验提出：当 $D_{结}$<400mm 时

$$H_{结} \approx (1.5 \sim 2.0) D_{结} \tag{4.47}$$

当 $D_{结}$>400mm 时

$$H_{结} \approx (1.2 \sim 1.5) D_{结} \tag{4.48}$$

式（4.47）和式（4.48）两式中，当 $D_{结}$大者取下限，$D_{结}$小者取上限。

B 电极尺寸的确定

a 电极直径的确定

实践证明，电极直径主要是由结晶器直径决定的，二者的匹配成为确定其他电渣工艺参数的重要条件。为了说明电极、结晶器直径的匹配情况，往往引入“充填系数”这样一个概念。电极与结晶器横截面积之比称为电极对结晶器的充填系数。有人把电极与结晶器直径之比谓之“充填系数”，这是不确切的。但由于 $d_{结}/D_{结}$计算方便，而且直观，所以常被用来反映电极与结晶器的匹配情况。电极直径常常也是用这个比值来选定。

电极直径可以按如下经验式确定：

$$d_{极} = K \cdot D_{结} \tag{4.49}$$

式中 $d_{极}$——电极直径，mm；

$D_{结}$——结晶器直径，mm；

K——经验系数，可选（0.5~0.6）±0.1，欧美一些国家采用 $K=0.8$，甚至更大，国内目前有的企业也采取较大的经验系数。

b 电极长度的确定

电极长度的确定分如下几种情况。

（1）单臂固定式电渣炉。对于简单的圆柱形产品电极长度 $L_{极}$按下式确定：

$$L_{极} = \frac{h_{锭}}{C \cdot \eta} + \Delta l \tag{4.50}$$

式中 $L_{极}$——单支电极长度，m；

$h_{锭}$——钢锭高度，m；

C——充填系数（电极与结晶器截面积之比）；

Δl——电极余尾（电极剩余长度 0.05~0.1m）；

η——电极致密度，轧、锻电极 $\eta=1$，铸造电极 $\eta=0.95$。

对于异形截面产品电极可按下式确定：

$$L_{极} = \frac{G_{锭}}{\frac{\pi}{4} d_{极}^2 \cdot \eta \cdot \gamma_{金}} + \Delta l \tag{4.51}$$

式中 $L_{极}$——电极长度，m；

$G_{锭}$——钢锭重量，m；

$d_{极}$——电极直径，m；

$\gamma_{金}$——所炼金属比重，一般按 7.8t/m^{3}计算；

η——电极致密度；

Δl——电极余尾，一般取为 0.05~0.1m。

单臂固定式电渣炉电极夹持器有效行程与电极长度的关系必须符合下列关系：

$$L_0 \geqslant L_{极} + \Delta L_{假极} \tag{4.52}$$

式中 L_0——电极夹持器有效行程，m；

$L_{极}$——电极长度，m；

$\Delta L_{假极}$——焊接在电极上的假电极长度（图 4.53），一般取 0.3~0.5m。

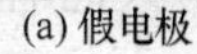
(a) 假电极

(b) 与自耗电极焊接后的假电极

图 4.53 假电极

如果 $L_{极} + \Delta L_{假极} > L_0$，则需酌情增大电极直径或结晶器直径。但应注意，$L_{极}$不应太长。据统计，电极每增加 1m，炉口工作电压就要降低 1~2V 左右。因此，从改善电工特性的角度出发也希望尽量采用短粗电极，这对降低电耗、提高熔化率有利。

（2）双臂交替式电渣炉。这种电渣炉对电极长度要求并不严格，只要电极长度小于夹持器有效行程即可。但为了节约金属，减少剩余电极长度，应确定重熔一个产品所需的电极支数。其计算方法可按下式进行：

$$n_{极} = \frac{G_{锭}}{\frac{\pi}{4}d_{极}^2(L_0 - \Delta L_{假极} - \Delta l)\eta \cdot \gamma_m} \tag{4.53}$$

式中 $n_{极}$——电极支数；

$G_{锭}$——钢锭重量，t；

$d_{极}$——电极直径，m；

L_0——电极夹持器有效行程，m；

$\Delta L_{假极}$——假电极长度，一般取为 0.3~0.5m；

Δl——电极余尾，一般取为 0.05~0.1m；

η——电极致密度，锻轧电极 $\eta = 1$，铸造电极 $\eta = 0.95$；

γ_m——所炼金属比重，t/m^3。

4.5.2.3 电渣重熔控制参数的选择

控制参数主要包括渣系的组成、渣量（渣厚）、冶炼电流、工作电压、供电功率等。这些参数对电渣重熔产品的冶金质量、技术经济指标的影响很大。

A 渣系的选择依据

渣系选择的程序和一般原则有如下几个方面：

（1）首先了解所炼钢种及合金的物理和化学性质，产品的质量要求，从而确定其重熔的主要任务。

（2）所用渣系必须有足够的比电阻，使之有足够的热量以满足冶金反应的需要。

（3）熔渣在冶炼过程中应有良好的流动性，黏度过高，对钢锭质量不利。

（4）熔渣中变价不稳定氧化物含量应尽量控制得低些（如 FeO，SiO_2，MnO 等），以保证重熔钢成分的稳定性。

（5）熔渣应具有良好的脱硫、去气、去除非金属夹杂的能力。所以，在选取渣系时应注意它的碱度、表面张力以及透气性。

(6) 为保证钢锭成型性良好，需要注意所选取渣系的熔点。

(7) 选取炉渣时还要注意经济性和安全性。尽量避免选用稀缺和昂贵的材料，要根据我国资源特点，因地制宜。

B 渣量的确定

渣量的确定方法归纳起来有如下几种。

(1) 按钢锭的重量进行计算，这是20世纪60年代国内外流行的一种经验计算方法。如果渣量以 $G_{渣}$ 表示，则：

$$G_{渣} = (4\% \sim 5\%) G_{锭} \tag{4.54}$$

式中 $G_{锭}$——重熔钢锭的重量，kg。

式（4.54）有其局限性，一是局限于简单截面的钢锭，而且沿高度方向截面一致；二是局限于固定式电渣炉，适用于钢锭高度为 $(3 \sim 6)D_{结}$ 这样一个条件。该经验式对于抽锭电渣炉或异型复杂截面则不适用。

(2) 渣利用系数（$K_{渣}$），即每千克渣重熔多少千克钢。一般 $K_{渣} = 22 \sim 25$，即每千克渣料可重熔22~25kg钢。重熔每支钢锭所用渣量为：

$$G_{渣} = \frac{G_{锭}}{22 \sim 25} \tag{4.55}$$

式（4.55）与式（4.54）实际是一样的，其适用范围与式（4.54）相同。

(3) 较准确的计算方法。前面介绍的渣量对各方面因素的影响，就其本质而言是渣层厚度起作用，特别对一些异型截面的产品，关键是确定渣层厚度。所以，渣量的确定不如说是渣层厚度的确定更为确切。因此，渣量（$G_{渣}$）可按下式进行计算：

$$G_{渣} = \frac{\pi}{4} D_{结}^2 \cdot H_{渣} \cdot \rho_{渣} \tag{4.56}$$

式中 $G_{渣}$——渣量，kg；

$D_{结}$——结晶器直径，cm；

$H_{渣}$——渣层厚度，cm；

$\rho_{渣}$——熔渣密度，对70% CaF_2 + 30% Al_2O_3 渣系，一般取 $\rho_{渣} \approx 0.0025 kg/cm^3$，其他渣液的密度参考表4.14。

式（4.56）计算的关键在于确定 $H_{渣}$。目前还没有 $H_{渣}$ 的理论计算公式，普遍还是应用经验值。但是，不论采用锭重的4%~5%，还是采用渣的利用系数都是有局限性的。从图4.54可以看出，渣池深度是随结晶器直径的增加而增加的。但不是按某一个斜率成正比地增加，而是随结晶器直径增加，渣池深度增加的斜率逐渐减少。将其斜率与对应的结晶器直径绘出，如图4.55所示。将渣池深度随结晶器直径变化的斜率称为渣深系数（$f_{渣深}$）。

由图4.55可见，结晶器直径为100~400mm，渣深系数为0.6~0.4，可近似看做0.5；结晶器直径为400~700mm时，渣深系数为0.4~0.29，可近似看做0.34；大于700mm的结晶器直径，渣深系数小于0.3。因此，可以得出这样一个概念，当结晶器直径小于400mm时，渣厚 $H_{渣} \approx 1/2D_{结}$；当 $D_{结}$ 大于400~700mm时，$H_{渣} \approx 1/3D_{结}$；当 $D_{结} \geqslant 700mm$ 时，$H_{渣} \approx 1/4D_{结}$。直径比800mm更大的结晶器由于缺乏生产数据，则无法归纳。如果想比较准确地计算渣池深度，则可按下式计算：

$$H_{渣} = f_{渣深} \cdot D_{结} \tag{4.57}$$

式中 $f_{渣深}$——渣深系数。可按图 4.55 对应所用结晶器直径查得。

综合式（4.56）、式（4.57）两式，可以得出较为准确的计算渣量的公式：

$$G_{渣} = \frac{\pi}{4} D_{结}^{3} \cdot f_{渣深} \cdot \rho_{渣} \tag{4.58}$$

式中 $G_{渣}$——渣量，kg；

$D_{结}$——结晶器直径，cm；

$f_{渣深}$——渣深系数；

$\rho_{渣}$——熔渣密度，kg/cm³。

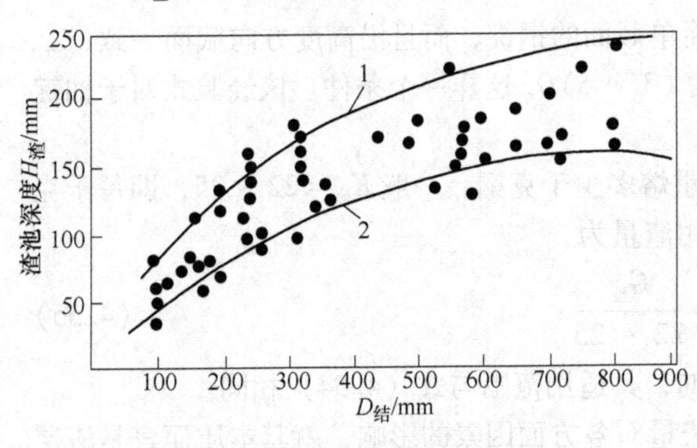

图 4.54 渣池深度与结晶器直径的关系
1—上限；2—下限

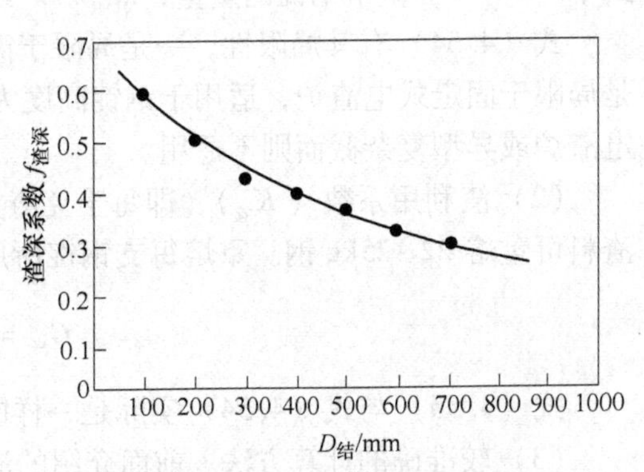

图 4.55 结晶器直径与渣深系数的关系

式（4.58）适用于固定式或抽锭式电渣炉，也适用于简单几何形状和异形结晶器。但应指出，当采用异形截面结晶器时，式中的 $D_{结}$ 为等效圆面积的直径。

应该注意的是，上述的渣量计算公式是个参考量，允许有个范围。此外，在冶炼过程中渣皮的损耗和熔渣的挥发会造成渣厚度的减少，应该根据炉况及时补加适量的渣料。

C 重熔电流的确定

实践证明，工作电流与电渣重熔的条件参数 $D_{结}$，$d_{极}$ 关系密切。而且，这两个条件参数对电流都有直接影响。电流通过金属电极和熔渣，应有一个最佳的电流密度，并与其他条件相配合获质量良好、技术经济指标合理的产品。但是，实际上是无法确定这样一个最佳电流和电流密度的。因为对于某一钢种、某一设备条件的最佳制度对另一条件来说就不一定好。

在对国内外大量的生产数据进行统计分析的基础上，发现数据的来源和条件虽然不同，但其规律性很强。这些规律对电渣冶金工作者是有参考价值的。

a 电极直径（$d_{极}$）与电流的关系

电极直径增加，电流密度则减少。如直径 50mm 的电极，电流密度为 0.9～1.1A/mm²；而直径为 200mm 的电极，电流密度则减小为 0.2A/mm²左右。电极直径对于电渣冶金过程的稳定性等方面的影响是明显的。对电极直径与工作电流、电流密度的关系进行统计分析，得出图 4.56 和图 4.57 所示结果。

从图 4.56 可以看出，当电极直径小于 100mm 时，电流密度大于 0.6A/mm²；当 100 <

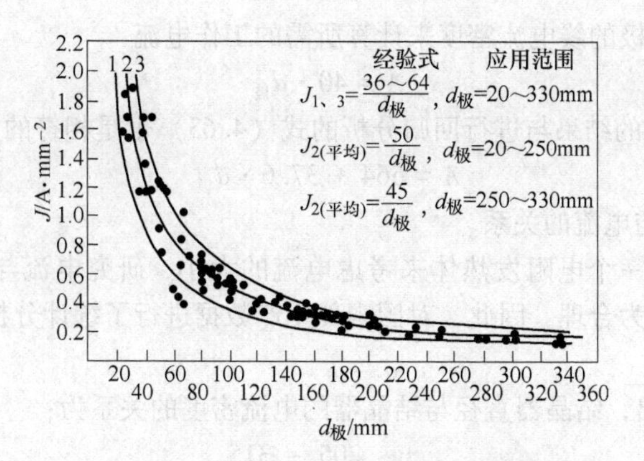

图 4.56　电流密度 J 与电极直径的关系

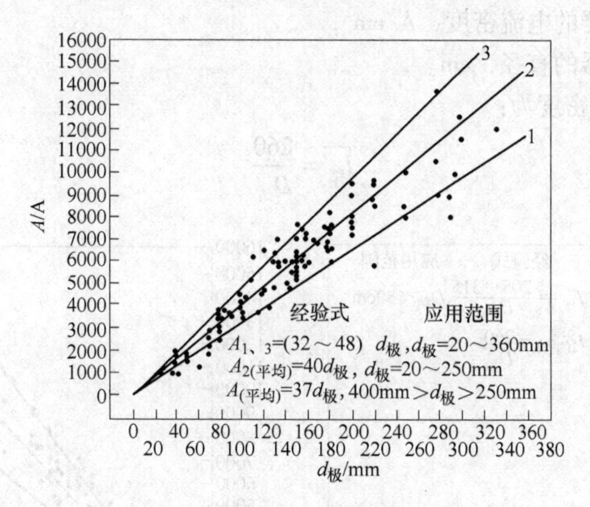

图 4.57　电流与电极直径的关系

$d_{极}$ < 250mm 时，电流密度波动在 0.2~0.6A/mm^2；当 $d_{极}$ > 250mm 时，其值波动在0.1~0.2A/mm^2。图 4.56 中 1、3 线分别为稳定的电渣冶金过程的上下限；2 线为其平均值。根据该图曲线导出如下的经验公式：

$$J_{极}=\frac{36\sim64}{d_{极}} \tag{4.59}$$

式中　$J_{极}$——根据电极直径计算的电流密度，A/mm^2；

$d_{极}$——电极直径，mm。

其平均电流密度为：

$$J_{极}=\frac{50}{d_{极}} \tag{4.60}$$

根据图 4.57 可导出电极直径与电流的关系式：

$$A=K_{极}\cdot d_{极} \tag{4.61}$$

式中　A——工作电流，A；

$K_{极}$——电极的线电流密度，由图 4.57 可知其值波动在 32~48A/mm。

一般可用平均电极的线电流密度来计算所需的工作电流：

$$A = 40 \cdot d_{极} \tag{4.62}$$

式（4.62）所得的结果与进行回归分析的式（4.63）也是相符的。

$$A = 664 + 37.6 \cdot d_{极} \tag{4.63}$$

b　结晶器直径与电流的关系

如果将炉渣作为一个电阻发热体来考虑电流的大小，研究电流与结晶器直径（$D_{结}$）间的函数关系似乎更为合理。因此，对国内外生产数据进行了统计分析，得到图4.58、图4.59所示结果。

从图4.58可看出，结晶器直径与结晶器的电流密度的关系为：

$$J_{结} = \frac{205 \sim 315}{D_{结}} \tag{4.64}$$

式中　$J_{结}$——结晶器的电流密度，A/cm^2；

$D_{结}$——结晶器的直径，cm。

结晶器平均电流密度为：

$$\overline{J_{结}} = \frac{260}{D_{结}} \tag{4.65}$$

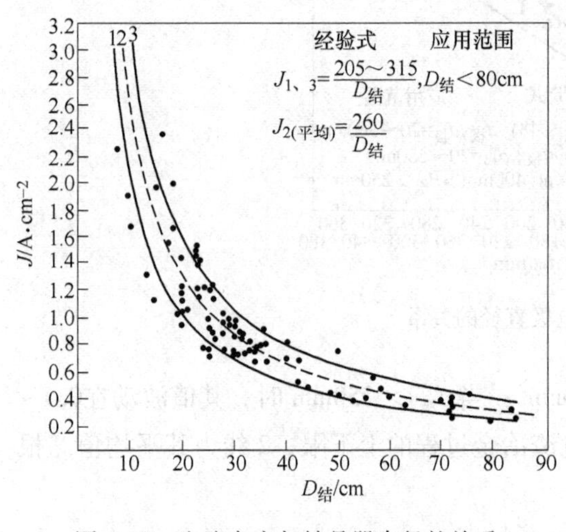

图4.58　电流密度与结晶器直径的关系

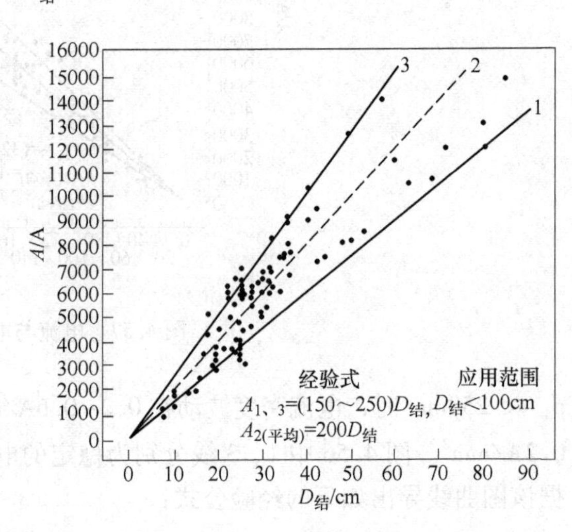

图4.59　电流与结晶器直径的关系

根据图4.59可导出结晶器直径与所用工作电流的关系式。在稳定电渣过程中，电流值波动在下式的范围：

$$A = K_{结} \cdot D_{结} \tag{4.66}$$

式中　A——工作电流，A；

$K_{结}$——结晶器线电流密度，波动在150~250A/cm；

$D_{结}$——结晶器直径，cm。

一般可用平均结晶器线电流密度来计算工作电流：

$$A = 200D_{结} \tag{4.67}$$

对上述讨论应指出两点：一是上述经验式（4.59）~式（4.67）适用条件为：$d_{极}/D_{结}$

≈0.4~0.6这样一个范围。如与此相差太大，应作适当修正；二是经验式中的$d_{极}$与$D_{结}$皆指圆形电极和结晶器的直径。如采用异型电极和结晶器时，$d_{极}$和$D_{结}$分别为其等效直径。如果采用双极串联工艺时，应取电流密度的下限值。

D 重熔电压的确定

重熔电压与电流一样，是电渣重熔过程的基本参数之一。如何确定重熔电压是制定工艺的一个重要环节。

重熔工作电压（$V_{工作}$），又称炉口电压或有效工作电压，是指电极端部与底水箱间的电压。这部分电压可以认为是整个供电电压中的有效工作部分。双极串联的$V_{工作}$就等于两极间在炉口处的电压。由于一般电渣炉的电压表是接在变压器二次边，所以电压表上的电压（$V_{表}$）又称带载电压，$V_{表}$应为：

$$V_{表} = V_{工作} + \Delta V_{线} \quad (4.68)$$

式中 $\Delta V_{线}$——线路短网压降，一般短网每米压降1~2V，不同设备有所区别，一般50Hz频率$\Delta V_{线}$为15~30V不等。

变压器空载电压（$V_{空}$）为：

$$V_{空} = V_{表} + \Delta V_{载} \quad (4.69)$$

式中 $\Delta V_{载}$——变压器带负载后产生的电压降，它的大小与变压器外特性有关，一般硬特性单相炉用变压器波动在1V左右。

额定电压（$V_{额}$）指变压器二次边各级名义电压：

$$V_{额} = V_{空} + \Delta V_{变} \quad (4.70)$$

式中 $\Delta V_{变}$——变压器本身铁损产生的压降，一般为1V左右。

$$V_{额} = V_{工作} + \Delta V \quad (4.71)$$

式中，$\Delta V = \Delta V_{线} + \Delta V_{载} + \Delta V_{变}$，称之为非有效工作电压。

因此，只要先确定有效工作电压，然后再加上该设备的非有效工作电压值，就可确定供电的额定电压。非有效工作电压因设备不同而异，有效工作电压与熔渣的高温有效电阻、结晶器直径及电流有关，但这方面的数据目前研究得还很不成熟，只有靠生产实际数据进行统计分析，得出有效工作电压与结晶器直径的统计规律。根据国内外生产数据绘出图4.60，并进行分析得到下列关系式。

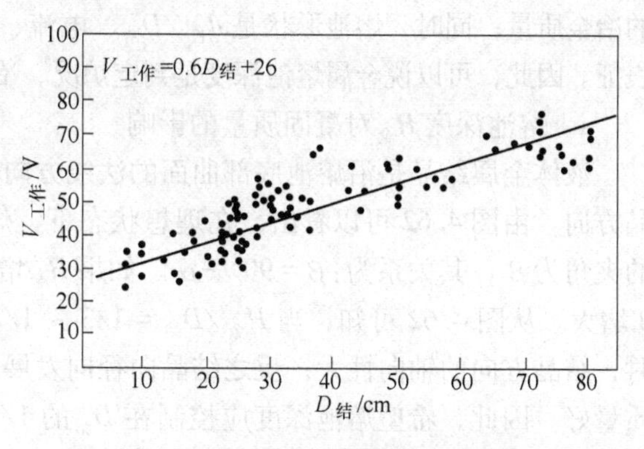

图4.60 电压与结晶器直径的关系

$$V_{工作} = aD_{结} + b \quad (4.72)$$

式中 $V_{工作}$——有效工作电压，V；

$D_{结}$——结晶器直径，cm；

a——线电压系数，这里为0.6V/cm；

b——常数，值为26。

因此，上式可具体地写为：

$$V_{工作} = 0.6D_{结} + 26 \quad (4.73)$$

电渣工作者可参照这一计算结果，再根据具体情况作必要的调整。经验式（4.72）系结晶器直径为75~800mm范围内统计的结果，其计算结果基本适用。上述经验式采用的渣系是70%CaF_2+30%Al_2O_3以及性质与其相近的渣系；并且$d_{极}/D_{结} \approx 0.4 \sim 0.6$。式中的$D_{结}$为圆形结晶器的直径，若采用异型结晶器时，$D_{结}$应为等效直径。当采用双极串联工艺时，有效工作电压应比上述计算值稍高些，以适应双极串联工艺的特点。

4.5.2.4 电渣重熔目标参数的选择

电渣重熔过程是每一瞬间熔化与凝固结晶同时进行的过程，这是异于其他一般炼钢方法的突出特点，因此不能用炉前分析来掌握炉况。为了随时掌握与控制炉况，进而实现电渣过程的程序自动控制，就要求有一套代表电渣过程稳定性和冶金质量的参数，作为控制与调整炉况的目标。这种参数称为目标参数。如图4.61所示，金属熔池深度（$H_{金}$）、电极埋入深度（$H_{埋}$）、熔化率（$v_{熔}$）都是主要的目标参数；此外，渣池温度（$t_{渣}$）、极间距离（$H_{极间}$）、冷却水温度（$t_{水}$）、渣皮厚度（$\delta_{渣皮}$）等也都是与过程有关的目标参数。

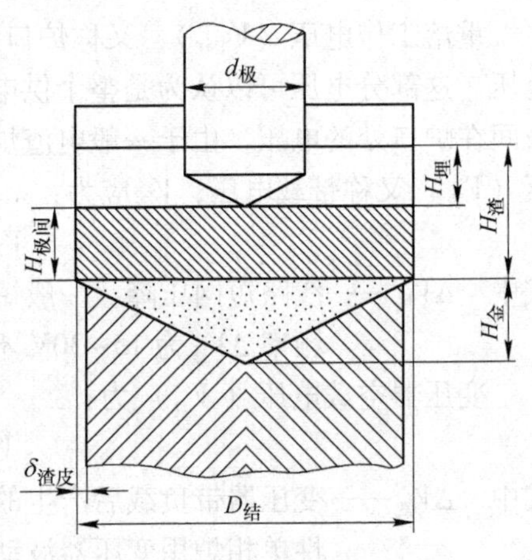

图4.61 目标参数示意图

A）金属熔池深度$H_{金}$

金属熔池的存在是冶金反应进行的必要条件，金属熔池的深度直接影响了冶金质量。钢液结晶方向一定沿金属熔池曲面的法线方向生长，所以熔池形状（在$D_{结}$一定的条件下，$H_{金}$是它的主要函数）对电渣锭的凝固结晶影响很大，而结晶的方向与速度又直接影响了钢的冶金质量；同时，熔池形状是$d_{极}/D_{结}$、电流、电压、熔渣性能、熔化速度等参数的综合表征。因此，可以说金属熔池深度是判定炉况、冶金质量、经济指标的重要目标参数。

a 熔池深度$H_{金}$对凝固质量的影响

液体金属结晶是沿熔池底部曲面的法线方向长大，所以熔池形状和深度直接决定着结晶方向。由图4.62可以看出，在理想状态下，熔池底部夹角为2α，结晶取向AA与轴向的夹角为β，其关系为：$\beta = 90^{\circ} - \alpha$。如果$H_{金}$增加，则$\alpha$角减小，而结晶方向与轴向夹角$\beta$增大。从图4.62可知，当$H_{金}/D_{结} = 1/3 \sim 1/2$时，$\beta$角为34°~35°，故$H_{金}/D_{结} < 1/2$时，结晶方向的轴向性大；反之结晶向径向发展。实践证明，轴向结晶比径向结晶的冶金质量好。因此，希望熔池深度应控制在$D_{结}$的1/2~1/3，对冶金质量及工艺效果较好。要求不甚严格的钢种，为了提高生产率降低电耗，其$H_{金}$可控制到$2/3D_{结}$。

b 工艺参数对$H_{金}$的影响

电流、电压对$H_{金}$的影响是很明显的，如图4.63所示。随电流的增加$H_{金}$也增加，而$H_{极间}$（极间距离）相应减小；当电压增加（在电流一定时）则$H_{金}$减小，$H_{极间}$增大。在图4.63所示的条件下，如将$H_{金}$控制在（1/3~1/2）$D_{结}$时，40V电压时电流应为3.0~3.7kA；45V电压时电流相应为3.5~4.5kA。电流、电压是使$H_{金}$变化的基本条件之一。但是，渣池深度$H_{渣}$对$H_{金}$也有明显的影响，随$H_{渣}$增加，则$H_{金}$减小。

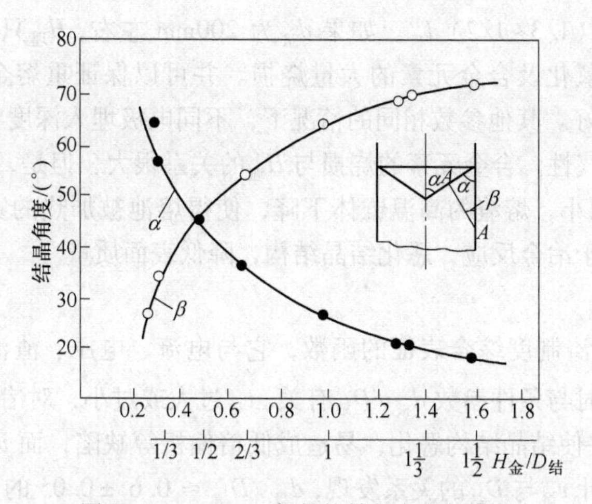

图 4.62 $H_金/D_结$与晶粒结晶方向的关系

$H_金$与$v_熔$都是基本控制参数综合影响的结果。二者之间存在着如图 4.64 所示的关系。随着$v_熔$增加，$H_金$也增加。

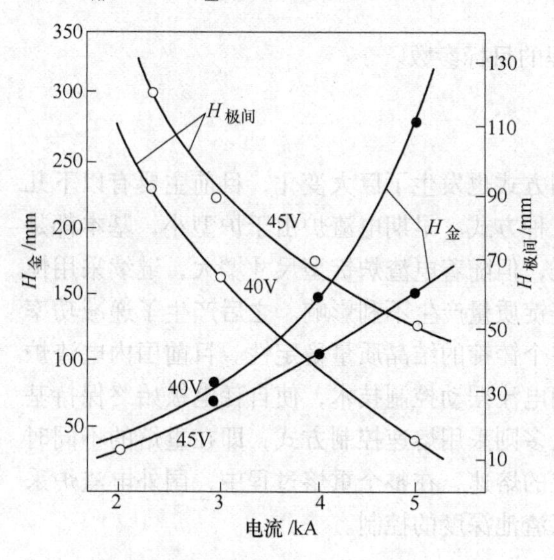

图 4.63 电流、电压对$H_金$的影响

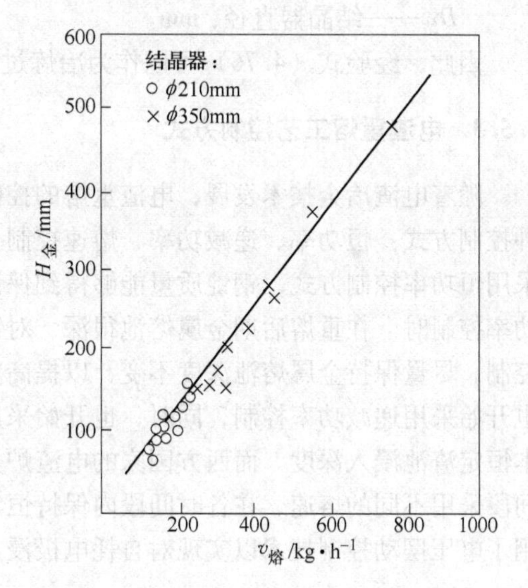

图 4.64 熔化率与熔池深度间的关系

B 电极埋入深度及电极间距

电极埋入深度$H_埋$与电极间距$H_{极间}$是基本控制参数电流 A、电压$V_{工作}$及渣池深度$H_渣$的表征函数。从本质上讲是渣池有效电阻$R_渣$、炉渣导电度$\kappa_渣$的函数。它们的关系可用下式表示：

$$H_埋 = H_渣 - H_{极间} \tag{4.74}$$

$$H_{极间} = f\left(\frac{V_{工作}}{A}\right) \tag{4.75}$$

电极埋入深度$H_埋$等于电极锥头高度与锥台高度之和（锥台为锥头上部电极埋入渣中的部分）。在实际操作中，往往只注意锥头的高度而将锥台部分忽略不计。实践证明，一般锥头高度应控制在（1/3~1/2）$d_{极}$。如果$d_{极}$为200mm左右，$H_{埋}$只要不小于40mm，就可以防止金属电极的氧化及合金元素的大量烧损。并可以保证重熔金属具有一定的纯净度。$H_{埋}$愈大其效果愈好。其他参数相同的情况下，不同电极埋入深度将会影响渣池表面的温度、黏度和渣的透气性。合金元素的烧损与$H_{埋}$的关系很大，但是，$H_{埋}$也不是愈大愈好，因为$H_{埋}$增大，$H_{极间}$减小，熔渣的高温锥体下降，使得熔池被加热的宽度减小，熔池局部深度增加，反而不利于冶金反应，恶化结晶结构，降低表面质量。

C 熔化率

熔化率$v_{熔}$也是电渣制度综合表征的函数，它与电流、电压、渣池深度以及渣系等基本控制参数有关，同时与条件参数$d_{极}/D_{结}$有关。$v_{熔}$过大或过小，对冶金质量均不利。$v_{熔}$过大，造成$H_{金}$过深，并使结晶结构恶化，易造成低倍偏析等缺陷；而$v_{熔}$过小，同样会造成严重的低倍缺陷。统计$v_{熔}$与$D_{结}$的关系发现，$d_{极}/D_{结} \approx 0.6 \pm 0.05$的条件下，按下式计算熔化率可获较好的冶金质量：

$$v_{熔} = (0.7 \sim 0.8) D_{结} \tag{4.76}$$

式中 $v_{熔}$——熔化率，kg/h；

$D_{结}$——结晶器直径，mm。

因此，经验式（4.76）可以作为冶炼过程的目标参数。

4.5.3 电渣重熔工艺控制方式

随着电渣冶金技术发展，电渣重熔的控制方式也发生了巨大变化，目前主要有以下几种控制方式：恒功率、递减功率、熔速控制三种方式。早期电渣炉由于炉型小，基本都是采用恒功率控制方式，钢锭质量能够得到保证，但随着电渣炉锭型尺寸增大，继续采用恒功率控制时，在重熔后期金属熔池很深，对铸锭质量产生不利影响。之后产生了递减功率控制，尽量保持金属熔池深度不变，以提高整个铸锭的结晶质量稳定性。目前国内电渣炉也开始采用递减功率控制，同时，也开始采用电流摆动控制技术，使自耗电极始终保持基本恒定渣池浸入深度。而西方国家的电渣炉大多则采用熔速控制方式，即在重熔的不同时间段采用不同的熔速，在各时间段内保持恒定的熔速，在整个重熔过程中，国外电渣炉采用了电压摆动控制技术以实现对自耗电极浸入渣池深度的控制。

4.6 电渣重熔技术的发展

尽管电渣重熔技术具有一系列的优越性，如金属性能的优异性（包括纯净度高、组织致密、成分均匀、表面光洁）、经济的合理性（设备简单、操作方便、生产费用低于真空电弧重熔、金属成材率高），以及工艺的稳定灵活性和可控性等，但是它本身也存在着很大的局限性，如能耗较大、熔炼和凝固速度偏低、自耗电极氧化、熔渣吸气，以及活泼金属的氧化等。如何发挥电渣重熔技术的优越性，改善和消除其局限性，一直是电渣重熔技术发展的主要课题。几十年来，在广大电渣冶金工作者的努力下，电渣重熔技术不断获得新的突破，相继开发了可控气氛电渣冶金、导电结晶器（CCM）、液态金属电渣冶金、快速电渣重熔（ESRR）、有衬电渣炉、电渣热封顶、电渣中心填充、洁净金属喷射成型

(CMSF) 及等技术。这些技术的出现，使电渣冶金再一次显示出了强大的生命力以及宽广的应用前景。

4.6.1　可控气氛电渣炉

4.6.1.1　气氛保护电渣炉

一般的电渣重熔是在大气气氛中进行的，或者为了防止增氢在干燥空气中进行。重熔后合金中的氧含量取决于主要脱氧元素的浓度和该脱氧元素的氧化物在渣中的活度。此外，渣池上的氧分压或多或少也会产生一定的影响。除了氧与 Fe，Mn 和其他元素的阳离子直接发生反应外，氧的介入更多的是由于熔渣上方的电极受热氧化引起的。在过去的几十年中，通常采用往渣池中加入脱氧剂（如 Al，CaSi 和 FeSi 等）的方法对熔渣连续脱氧，但是这会导致熔渣组分改变，从而使重熔锭中的易氧化元素含量与原锭不一致。用惰性气体保护的电渣重熔技术正是用来克服常规电渣重熔工艺的这一不足，气氛保护电渣炉既可以防止重熔过程增氧及活泼元素（Ti、Al、Zr 等）的烧损，同时也能有效防止增氢。

1998 年，德国 ALD 公司为英国第五 RIXSON 高温合金有限公司制造了第一台惰性气体保护电渣重熔炉。如图 4.65 所示，电渣重熔炉配备了一个密封罩，可以把熔炼区域与大气

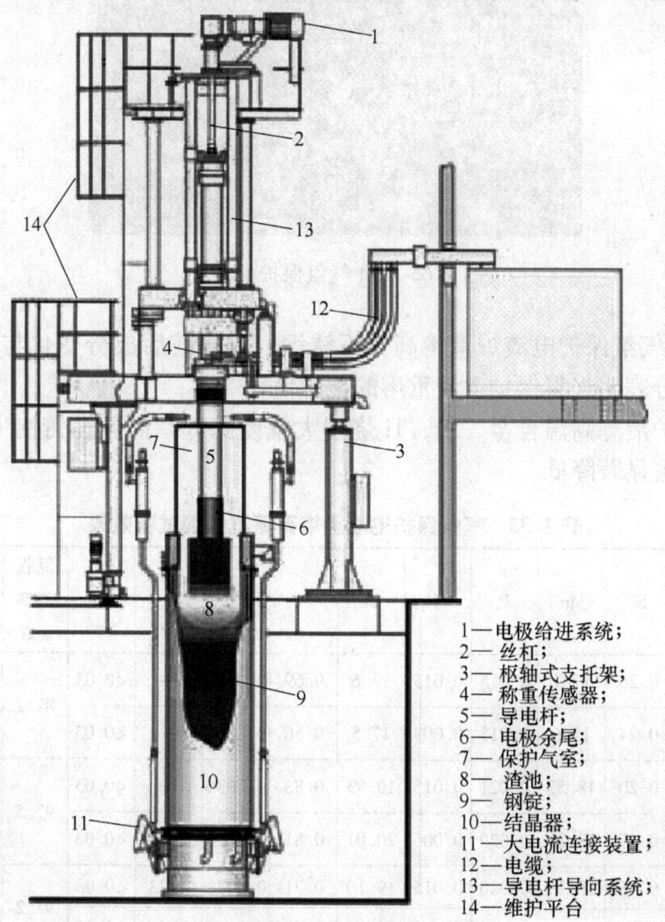

图 4.65　气氛保护电渣炉

完全隔离，用真空泵把空气排出后再充入氩气。通过计算机控制可实现全自动运行。该熔炼过程是在完全无氧化的惰性气氛下进行的，因而，熔渣不会被氧化，也无需加入脱氧剂，重熔锭具有最佳的纯净度。太原不锈钢股份有限公司和湖北新冶钢分别从 INTECO 公司各引进了一台 16t 气氛保护电渣炉（图 4.66）。

图 4.66　16t 气氛保护电渣炉

表 4.33 为用气氛保护电渣炉重熔高氮不锈钢，重熔前后成分变化与无气氛保护重熔效果的比较，充分表明气氛保护电渣重熔的优越性。

利用氩气保护冶炼高温合金，Al，Ti 烧损大幅度降低，而且在铸锭中的均匀度增加，且夹杂物的含量也显著降低。

表 4.33　气氛保护电渣重熔高氮不锈钢试验效果

气体保护	阶段	C	Si	Mn	P	S	Cr	N	O	Mo	Al	氮收得率/%	脱硫率/%	脱氧率/%	Mn烧损/%
无	重熔前	0.055	0.26	17.7	0.015	0.015	17.6	0.69	0.0025	—	<0.03	81.2	40	−84	2.1
	重熔后	0.047	0.24	15.6	0.015	0.009	17.5	0.56	0.0046	—	<0.03				
N_2	重熔前	0.058	0.20	18.53	0.021	0.015	19.93	0.83	0.0036	—	<0.03	97.5	60	30.5	0.23
	重熔后	0.052	0.17	18.30	0.020	0.006	20.01	0.81	0.0025	—	<0.03				
N_2	重熔前	0.048	0.45	18.19	0.020	0.015	19.10	0.71	0.0071	2.23	<0.03	97.2	53	49.3	0.65
	重熔后	0.045	0.40	17.54	0.020	0.007	18.59	0.69	0.0036	2.03	<0.03				

20 世纪 60 年代初就开始尝试应用电渣重熔工艺生产海绵钛，但是由于氧和氮的问题而没有任何实质性的突破。现在，在全密封的惰性气体保护下，重熔钛成为可能。该试验在德国 ALD 公司的惰性气体电渣重熔炉内进行。重熔锭直径为 170mm，熔渣组成为工业纯的 CaF_2和 2%~9%的金属钙，结果见表 4.34。乌克兰顿涅茨克国立技术大学和美国拉特罗布钢铁公司的联合研究结果表明，惰性气体电渣重熔钛的纯净度与碘化物提纯钛相当，氧含量小于 0.03%，氮含量小于 0.005%，氢含量小于 0.003%，碳含量小于 0.01%。乌克兰巴顿电焊研究所同样也得到了令人振奋的结果，这进一步拓宽了电渣冶金的应用领域。

表 4.34 钛的电渣重熔效果 （$\times 10^{-4}\%$）

元素	锭 1				锭 2				锭 3				锭 4				标准
	电极	底	中	顶	电极	底	中	顶	电极	底	中	顶	电极	底	中	顶	
C	60~150	50	60	60	60~100	100	60	60	80~90	80		60	80	70	70	70	≤1000
O	600~900	700	650	600	700~1300	1300	1050	800	500~1300	1200		900	900	700	600	600	≤1800
N	100~150	180	170	170	80~160	180	170	140	70~160	140		160	120	100	100	100	≤300
H	76~94	25	24	24	34~42	35	30	26	36~41	26		27	24	18	12	15	≤150
F	—	60	60	50	—	60	60	60	—	—	—	—	—	—	—	—	—

4.6.1.2 高压电渣炉

氮可以提高奥氏体钢的屈服强度、抗蠕变能力和抗腐蚀性能。对铁素体钢而言，加氮形成细小弥散的氮化物，细化晶粒，提高强度和韧性。冶炼含氮钢关键是保证过饱和的氮溶解入钢中，防止凝固过程析出。氮在奥氏体不锈钢中的溶解度与钢种和氮的分压有关，图 4.67 给出了几种奥氏体不锈钢在 1600℃ 氮在钢液中的溶解度与氮分压的关系。

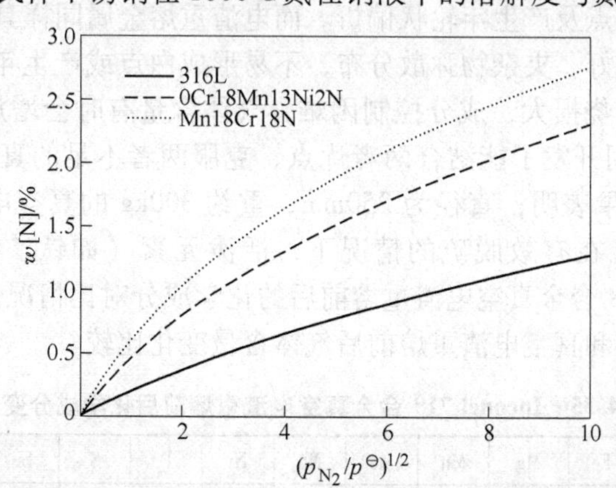

图 4.67 几种奥氏体不锈钢中氮的溶解度与氮分压的关系（1600℃）

1980 年，德国建成了第一台高压电渣炉，熔炼室氮压力高达 4.2MPa，可以生产氮含量超过 1%的大尺寸奥氏体不锈钢钢锭，生产铸锭直径 1m 重 16t。图 4.68 所示为高压电渣炉示意图。

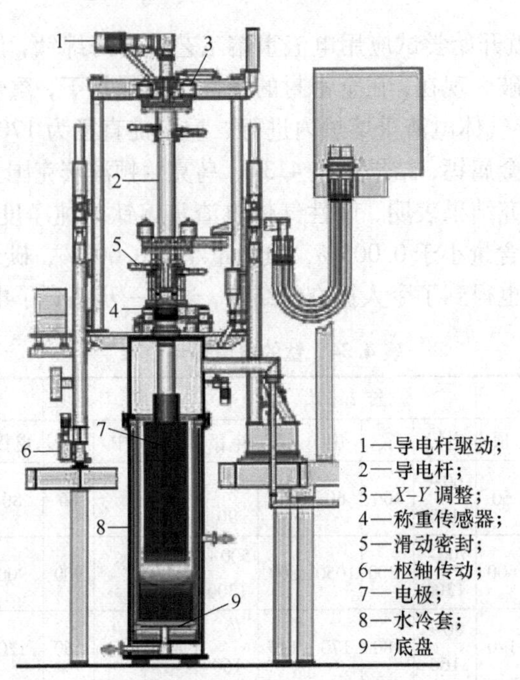

图 4.68 高压电渣炉示意图

高氮奥氏体钢主要用于生产发电机护环，要求无磁性，屈服强度 $\sigma_{0.2}\geqslant$1420MPa，大气中冶炼奥氏体钢（Cr12%，Mn18）含氮仅 0.1%，性能无法达到要求。采用高压电渣重熔炉氮含量可提高到 1.05%，$\sigma_{0.2}\geqslant$1500MPa，满足核电站要求。1996 年德国又扩建了 2 台高压电渣炉，用于生产含氮轴承不锈钢及含氮高速钢。

4.6.1.3 真空电渣炉

应用于航空领域的高温合金通常需要在真空条件下电弧重熔，这样金属才能具有良好的组织结构和高的纯净度，而且成分易于控制。但是，真空电弧重熔由于是无渣精炼，不能脱硫，且容易形成白点及产生年轮状偏析。而电渣重熔金属同样具有良好的组织结构和高的纯净度，脱硫效果好，夹杂物弥散分布，不易形成白点或产生年轮状偏析；但是，电渣重熔过程中活泼元素烧损大，成分控制困难，气体含量有时会增加。考虑到以上情况，德国 ALD 真空技术公司开发了能结合两者优点、克服两者不足的真空电渣重熔技术（图 4.69）。工业性试验结果表明，直径为 250mm、重约 300kg 的真空电渣重熔锭表面光滑，无任何表面缺陷，而且在有效脱硫的情况下，活泼元素（如钛、铝等）没有烧损。表 4.35 列出了 Inconel 718 合金真空电渣重熔前后的化学成分对比情况。表 4.36 为几种合金分别采用普通电渣重熔和真空电渣重熔前后气体含量变化比较。

表 4.35 Inconel 718 合金真空电渣重熔前后化学成分变化 （%）

合金成分	C	Co	Cr	Fe	Mg	Mn	Mo	Nb	Ni	P	S	Si	Ti	V	Al	Cu
自耗电极棒	0.028	0.18	18.94	17.2	3.02	0.08	3.02	5.31	53.24	0.01	0.008	0.13	0.95	0.03	0.66	0.07
真空电渣重熔锭	0.028	0.18	18.94	17.2	3.02	0.08	3.02	5.32	53.24	0.007	0.0097	0.13	0.93	0.03	0.67	0.07
对比变化量	0	0	0	0	0	0	0	0.01	0	-0.003	+0.0017	0	-0.02	0	0.01	0

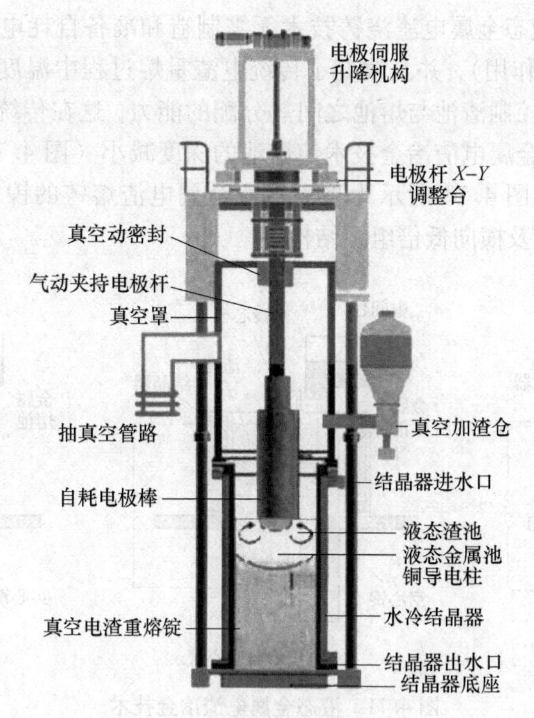

图 4.69 真空电渣炉原理图

表 4.36 ESR 和 VESR 重熔前后气体含量变化 (%)

合金牌号	ESR						VESR					
	O		N		H		O		N		H	
	熔前	熔后	熔前	熔后	熔前	熔后	熔前	熔后	熔前	熔后	熔前	熔后
Udimet700	0.023	0.0025	0.0120	0.0020	0.001	0.0001	0.023	0.0020	0.0120	0.0010	0.001	0.00010
Nimonic105	0.020	0.0020	0.0110	0.0025	0.001	0.0001	0.020	0.0013	0.0110	0.0020	0.001	0.00001
Waspalloy	0.021	0.0025	0.0105	0.0025	0.008	0.0001	0.021	0.0020	0.0105	0.0020	0.008	0.00001

4.6.2 导电结晶器及液态金属电渣冶金技术

导电结晶器技术是由 ELMETROLL 和 INTECO 公司共同研究开发的，其基本原理如图 4.70 所示。导电结晶器技术与电流从自耗电极经过熔渣到达重熔锭（结晶器保持电中性或与重熔锭等电位）的传统电渣重熔过程不同，可以有多种方式让电流经过渣池，如电极—结晶器/重熔锭、结晶器—重熔锭、结晶器—结晶器等。

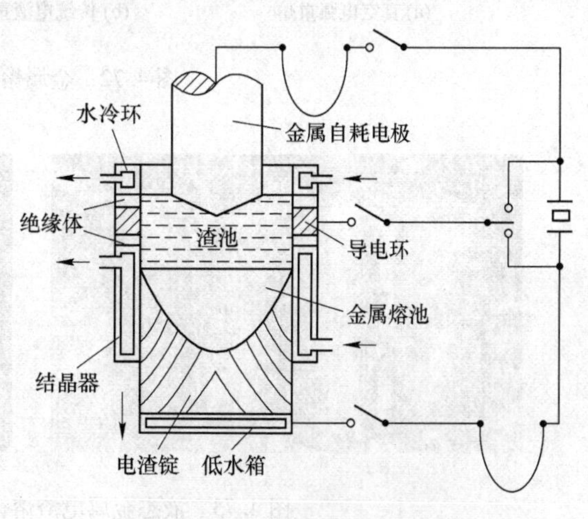

图 4.70 导电结晶器的原理图

在此基础上，乌克兰巴顿电焊研究所开发了液态金属电渣冶金技术（ESR LM）。

从图4.71可见，液态金属电渣浇铸技术无需制造和准备自耗电极（因为导电结晶器就起到了非自耗电极的作用），并且改变了传统电渣重熔过程中温度参数与电效率之间的特定关系，大大增强了控制渣池与熔池之间热分配的能力，这在传统电渣重熔过程中是无法实现的。此外，液态金属电渣冶金技术使熔池的深度减小（图4.72），这对于获得均匀细小的组织十分有益，图4.73所示为采用液态金属电渣熔铸的镍基合金空心管（内径110mm，外径350mm）及横向低倍组织结构。

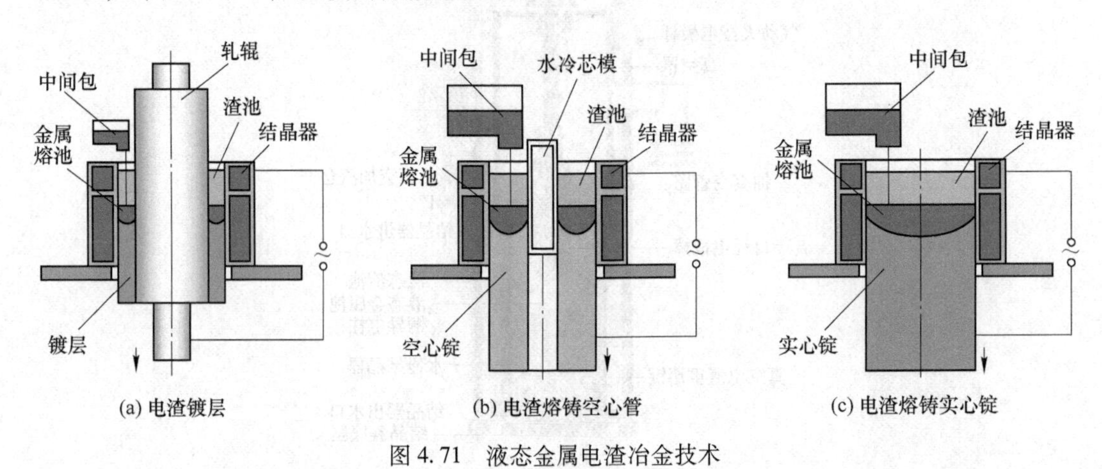

图4.71　液态金属电渣冶金技术

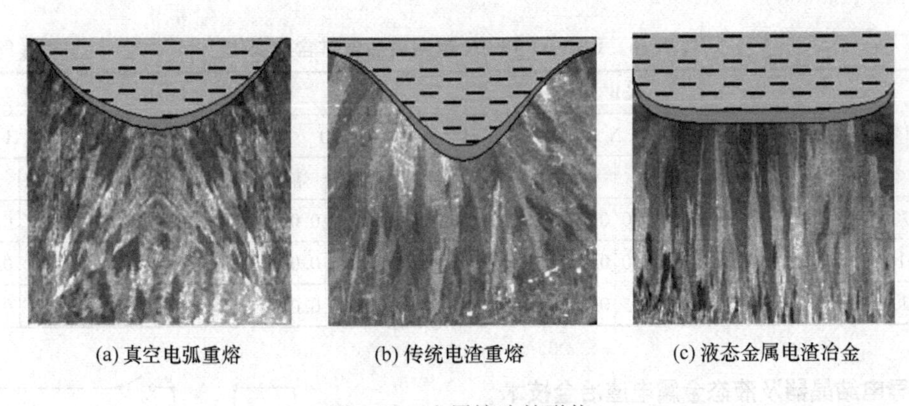

图4.72　金属熔池的形状

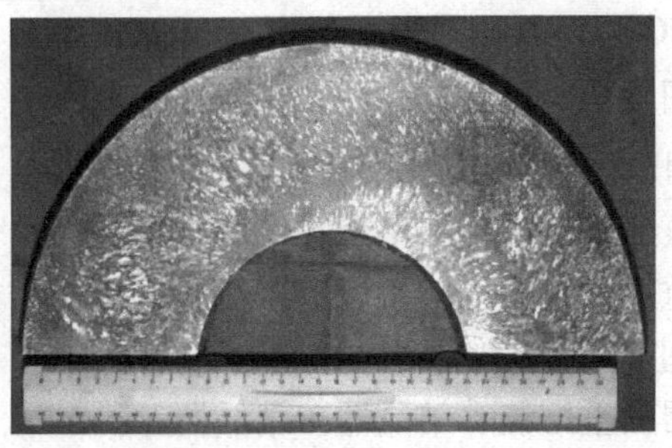

图4.73　液态金属电渣熔铸的镍基合金空心管

4.6.3　快速电渣重熔技术

传统电渣重熔过程中，熔池深度与电极熔化速度成正比，为保证钢锭结晶质量，重熔速度是依据熔化速度与重熔锭直径之比小于或略大于1的原则来控制的。对于一些易偏析合金，这一比值低至0.65~0.75。低熔速导致生产率低，生产成本增高。

快速电渣重熔技术（ESRR）也称电渣连铸技术（ESCC），它是在T形结晶器壁上嵌入导电元件构成T形导电结晶器（图4.74a），使电流通过自耗电极→渣池→导电元件→返回变压器，如此改变结晶器热分配，使钢—渣熔池界面远离电极端头。也就是将熔化和结晶的热过程分离，使熔化速度与金属熔池深度几乎不相关。此外，铸锭从T形结晶器中抽出，在空气中被空气对流冷却，而固定式结晶器重熔时，铸锭收缩与结晶器内壁形成气隙对冷却不利。当T形结晶器内自耗电极采用双极串联时（图4.74b），可不用导电结晶器。快速电渣重熔采用同位素^{60}Co或^{137}Cs控制钢液面，灵敏度高达±2mm。对100~300mm的小型铸坯，熔速提高到300~1000kg/h，使熔化速度与重熔锭直径之比可达3~10。

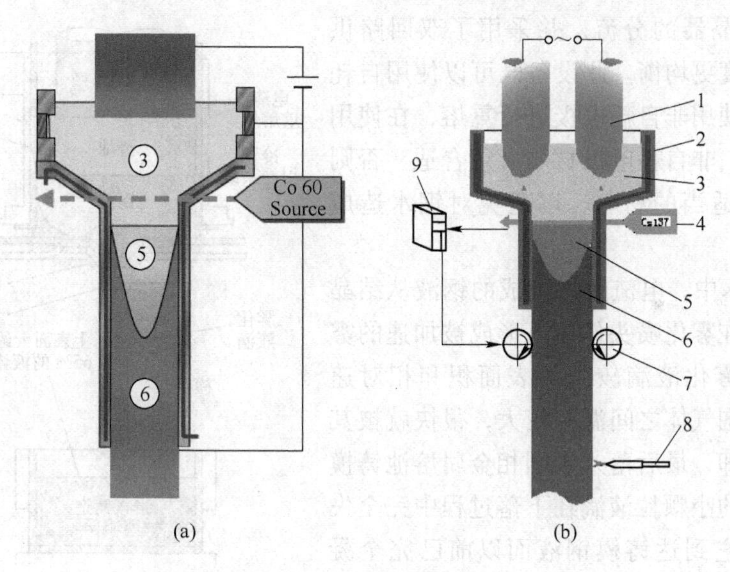

图4.74　快速电渣重熔技术
1—自耗电极；2—结晶器；3—渣池；4—液位探测器；5—金属熔池；6—铸坯；
7—引锭辊；8—火焰切割；9—同位素接收器

江阴兴澄特钢采用电渣连铸技术可生产出断面尺寸为300mm×340mm的合金钢方坯和ϕ600mm×6000mm合金钢圆坯，电渣锭低倍组织结构致密（图4.75）。

4.6.4　洁净金属形核铸造技术

4.6.4.1　设备及特点

洁净金属形核铸造技术（clean metal nucleated casting，CMNC）集电渣重熔和喷射冶金为一身，既保留了电渣重熔的优点，也继承了喷射冶金的长处。

设备的熔炼系统为传统的ESR，如图4.76所示，但在结晶器渣池位置中部设有绝缘

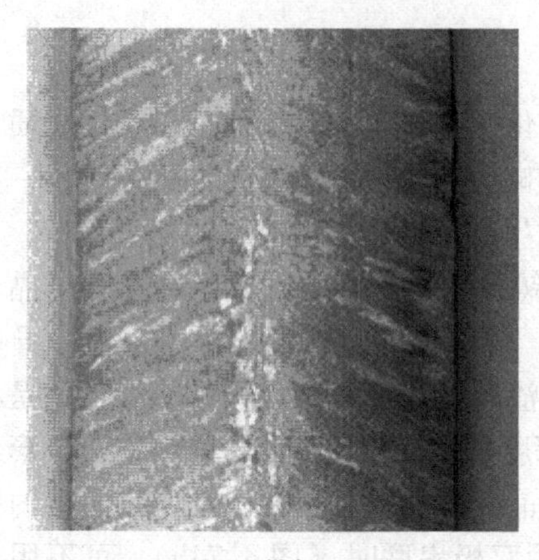
(a) 纵向

(b) 横向

图 4.75　电渣连铸坯的低倍组织

部件，避免结晶器的分流，并采用了双回路供电，使电流密度更均衡。此设备既可以使用自耗电极，也可以使用非自耗电极进行重熔，在使用非自耗电极时，非自耗电极材质必须合适，否则表面需要涂上适当的材料，以避免对钢水造成污染。

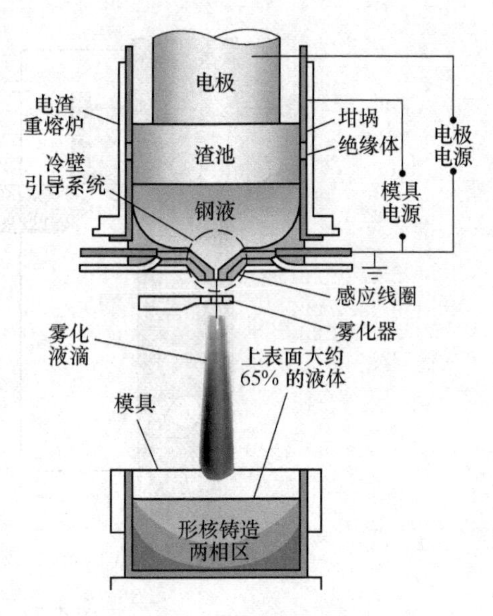

图 4.76　洁净钢形核铸造过程

CMNC 技术中，电渣重熔形成的钢液从结晶器底端流出，在雾化喷头作用下形成被加速的雾化液滴。由于雾化液滴较大的表面积和相对速率，加之和周围气体之间温差较大，很快就被其周围气体所冷却，最后落入半固相金属熔池铸模中。雾化而成的小颗粒液滴在下落过程中完全失去其热量，当它到达铸模钢液面以前已完全凝固，在铸模的半固态熔池中可能被重新熔化，而大颗粒液滴仍然是液体状态，中等颗粒的液滴呈半固相状态，通过合理的控制，可以使那些已经凝固的小颗粒液滴作为形核点，促进凝固。

4.6.4.2　应用 CMNC 技术生产燃气轮机涡轮盘

燃气轮机涡轮盘是涡轮叶片的旋转中枢，而涡轮机的效率受点火温度的影响，点火温度又受到涡轮机材料性能的限制，这就促使钢铁工业通过增加高性能合金来提高涡轮盘性能，同时为提高涡轮动力，还要生产大型涡轮盘。然而，这些要求使得传统方法铸造出的涡轮盘性能不均，并且增大了缺陷产生的可能性，CMNC 技术为生产高性能的涡轮盘提供了有利的工具。图 4.77 所示是传统生产工艺路线与 CMNC 技术生产燃气轮机涡轮盘的过程对比。

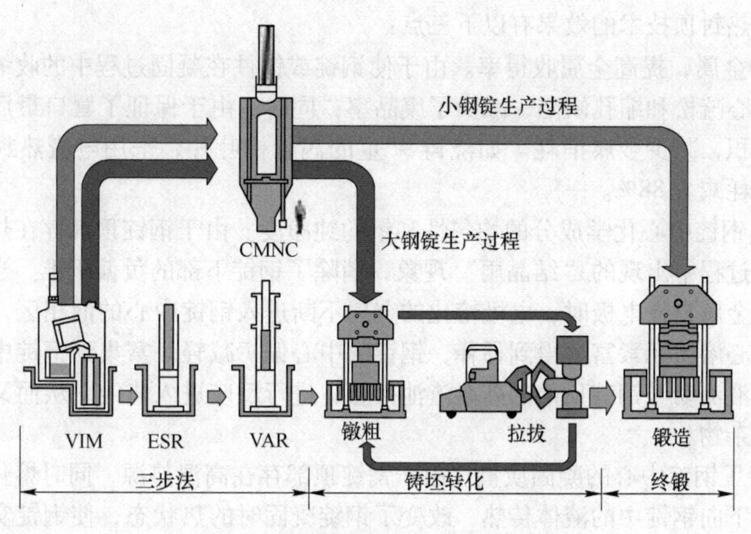

图 4.77 燃气轮机涡轮盘生产过程

4.6.5 电渣热封顶技术

金属在冷却凝固过程中，从液态转变为固态及从高温固体冷却到低温均产生体积收缩。钢锭或铸件的凝固是同时从四周表面向中心进行的，在凝固冷却过程中产生的收缩若得不到液体金属的及时补充，就会在钢锭或铸件的中心产生疏松缩孔，影响其质量，严重的还会使产品报废。在生产中，对浇铸的钢锭或铸件均在其上方设有保温冒口，冒口内的金属液逐渐补充钢锭或铸件在凝固过程中的体积收缩。理论上，在凝固过程中一般需要其体积3%左右的额外金属来补充其收缩。但在实际生产中，由于钢锭或铸件的冒口与其本体几乎是同时冷却凝固的，为使冒口中维持足够量的液体金属用于补缩，冒口的体积要达钢锭或铸件体积的16%~20%。这样，一方面因为钢锭或铸件冒口部分的金属无法使用，必须去掉，从而增大了金属的消耗；另一方面由于冒口金属与钢锭或铸件本体同时凝固，有时也不能确保钢锭或铸件中心的良好补缩，影响中心区域的质量。减少钢锭或铸件产生疏松缩孔缺陷的有效方法是采取措施使钢锭或铸件定向凝固，即离冒口最远的区域首先凝固，凝固前沿逐渐向冒口推进，冒口区最后凝固。电渣热封顶（ESHT）就是在钢锭或铸件的冒口区加热保温，实现定向凝固，使冒口区最后凝固的方法之一。

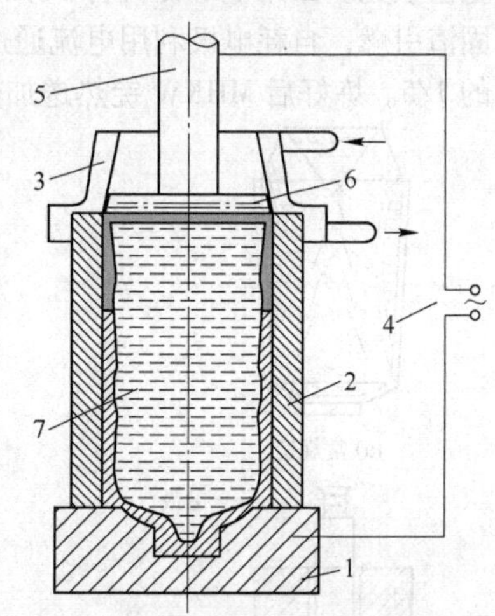

图 4.78 电渣热封顶示意图
1—钢锭模底盘；2—钢锭模；3—热封顶冒口；4—电源；5—自耗电极；6—渣池；7—凝固中的钢锭

电渣热封顶的设备是普通的电渣炉。将常规冶炼的钢水浇入钢锭模后，在锭模上方安装特制的冒口，加入渣料，插入电极即可开始电渣加热保温过程，如图 4.78 所示。

采用电渣热封顶技术的效果有以下三点：

（1）节约金属，提高金属收得率。由于使钢锭或铸件在凝固过程中的收缩不断得到补充，消除了中心疏松和缩孔缺陷，减少了废品率；同时，由于保证了冒口最后凝固，可以减小冒口的体积，减少金属消耗。如浇铸9t重的涡轮机叶片，采用电渣热封顶技术可以使冒口金属消耗减少88%。

（2）提高钢锭中心化学成分的均匀性和钢的纯净度。由于钢锭顶部存在热源，避免了普通钢锭凝固过程中出现的“结晶雨”现象，消除了钢锭下部的负偏析锥。当在电渣热封顶过程中采用金属自耗电极时，电极熔化的金属不断进入钢锭中心的液相区，使由于选分结晶造成的中心溶质元素富集得到稀释，钢锭的中心偏析减轻。富集到钢锭中心的非金属夹杂物随金属液流动与钢锭顶部的高温渣池接触，进行反应进入渣池，从而又减少了钢锭中的非金属夹杂物。

（3）改善了钢锭中心的凝固质量。由于钢锭顶部存在高温热源，同时熔化电极的金属熔滴也从上到下向钢锭中的液体传热，改变了钢锭凝固时的热状态，使钢锭实现了从下到上的定向凝固。另外热状态的改变也影响了金属的结晶速度和凝固前沿的温度梯度，使之与普通钢锭相比晶粒尺寸减小，凝固组织致密。通过改变电渣热封顶的工艺参数，控制向钢锭的输入功率，可以改变金属的结晶形态，得到所需要的凝固组织。

4.6.6 电渣中心填充技术

电渣中心填充技术（MHKW）是生产高品质大钢锭的一种新技术。重量超过100t的铸锭，往往是用电弧炉或转炉作为初炼炉，钢水经LF精炼、真空脱气后浇注成大锭。为了消除大型模铸锭中心偏析、疏松和缩孔等问题，须将铸锭加热到锻造温度，热冲空中心或掏孔，将疏松、偏析区去除之后，铸锭在400℃左右保温，在较小功率的电渣重熔下进行电渣填充。因用空心锭代替了水冷铜模，故又称为“电渣自熔模”。电渣填充过程中是用固渣引燃，自耗电极利用电流通过渣池电阻热将其熔化，自熔模内壁熔化率相当充填金属的1/5。炼好后MHKW锭热送加热、锻造。图4.79所示为电渣中心填充工艺流程。

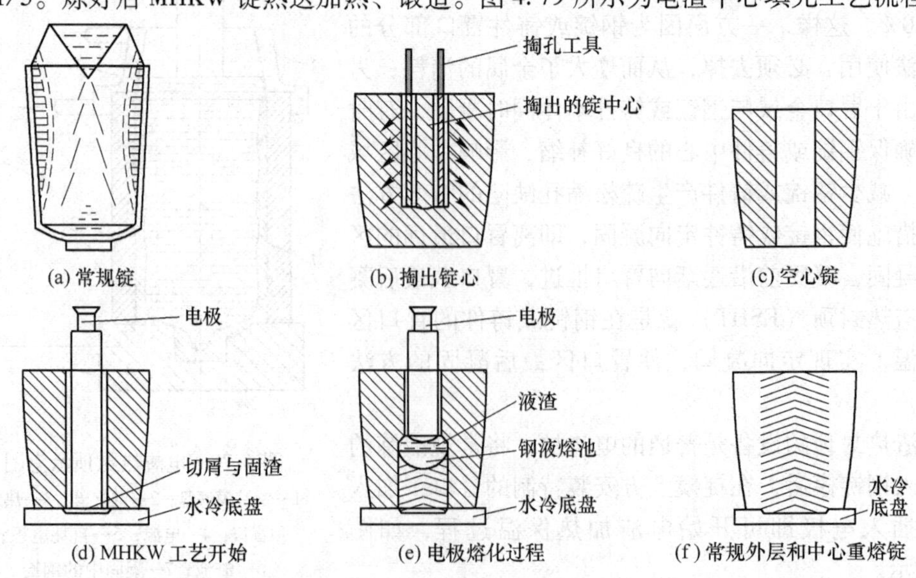

图4.79 电渣中心填充工艺流程

4.6.7 电渣重熔空心锭

电渣重熔空心钢锭技术是由乌克兰巴顿电焊研究所开发的。图 4.80 所示为乌克兰巴顿电焊研究所开发的两种电渣重熔空心锭的工艺。第一种方法（图 4.80a）虽然可以采用较大的自耗电极，但是由于水冷内模由下而上从底水箱穿入外结晶器，其头部是自由而没有固定的，很容易造成偏心现象，且钢锭越高，偏心越严重。所以，这种工艺生产的空心锭高度受限制，而且操作和控制均很复杂，产品成品率低。第二种方法（图 4.80b）内结晶器从上部插入外结晶器，但由于内外结晶器之间的间隙很小，为了保证操作安全，电极需要非常细长，像一组“小蜡烛”插入到结晶器中。空心钢锭由于内部有强制水冷，无法交换电极，其主要原因是交换电极时容易使内模“抱死”。因此，即使空心钢锭高度不是很高，也要求非常细长的电极。这样会造成自耗电极制备成本高，操作难度大，电渣炉设备高度也非常高。基于上述原因，上述两种电渣重熔生产空心钢锭方法没有被广泛推广使用。

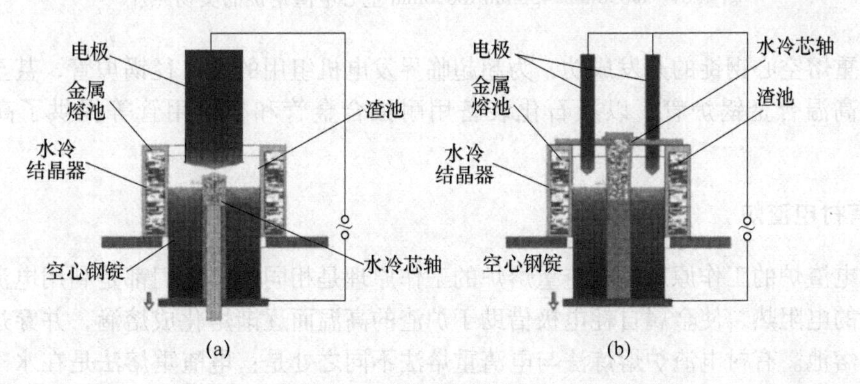

图 4.80 传统的电渣重熔空心钢锭的两种工艺方法

随着核电、火电、水电、石化等行业迅速发展，对筒形大锻件的直径和长度要求越来越大，对质量要求越来越高。厚壁管（壁厚 25~80mm），特别是中、大口径（外径 400~1000mm）无缝厚壁管和特厚壁管的需求也不断增加。传统筒形大锻件都是采用普通实心铸锭进行空心锻件生产的，其缺点是冲孔工序造成大量的材料浪费；多次加热，多工序变形，容易改变钢锭内部组织结构，影响产品质量，也难于加工超大型锻件，不易保证产品的精度和材质的均匀性。用空心钢锭生产大型筒体锻件可节约材料费 15%、加热费 50%、锻造费 30%。

根据目前市场的需求和发展趋势，东北大学与乌克兰科学院巴顿电焊研究所专家共同设计并研制了外径 900mm/内径 500mm 和外径 650mm/内径 450mm 两种不同规格的空心锭专用大型导电结晶器，同时可生产尺寸为 ϕ1100mm×6000mm 的实心锭，采用了一系列的新技术和新工艺，主要包括双电源、T 形结晶器导电、车载式电极升降机构、基于电磁涡流法的液面检测与自动控制系统，同时配备了抽锭拉力传感器，这样可以保证液面的精确控制，并保证内结晶器不被“抱死”，也防止漏渣和漏钢事故。由于采用双电源，在交换电极时结晶器仍然供电，保证了电极交换时结合处的内部质量和表面质量，这一技术在世界上是首次采用。在攀长钢 25t 大型抽锭式管坯电渣炉上最终热试取得了成功。这是继成功完成外径900mm、内径200mm空心电渣锭的热试后，取得的又一历史性的成功。截至目前，已成功开发出多种不同直径和壁厚的空心锭，最大长度达到6000mm。

图4.81所示是电渣重熔工业实验获得的ϕ650mm/450mm×6000mm空心钢锭的实物照片。工业实验表明，生产的空心锭表面质量和内部质量均非常好。空心锭组织致密，纯净度高，是生产高端厚壁管和筒体锻件的理想材料。

图4.81 ϕ650mm/450mm×6000mm空心电渣钢锭的实物照片

电渣重熔空心钢锭的开发成功，为超超临界发电机组用的大口径锅炉管，甚至先进超超临界用高温合金锅炉管，以及石化装备用耐蚀合金管和核电用管等提供了高质量的管坯。

4.6.8 有衬电渣炉

有衬电渣炉的工作原理与电渣重熔炉的工作原理是相同的，它们都是利用电流通过熔渣时产生的电阻热，使金属自耗电极借助于炉渣的高温而逐渐熔化成熔滴，并穿过渣层而落入金属熔池。有衬电渣炉熔炼法与电渣重熔法不同之处是：电渣重熔法是在水冷的结晶器中进行金属的重熔，而且这种重熔过程是边熔化、边结晶。有衬电渣炉熔炼法则是在有耐火材料炉衬的容器中进行金属的熔化，待被熔化的液态金属达到一定数量时，调整化学成分。它的产品是高质量的液态金属，不仅能铸成一定形状的金属锭，同时还为小型冶金厂和小型机械生产坯料或铸件。

与电渣重熔炉相比，有衬电渣炉只能提高金属的纯度，而不能改善金属的结晶质量。

有衬电渣炉所用的电极，可以是自耗电极，也可以是非自耗电极。按自耗电极的数量有衬电渣炉可以分为单相单电极炉底导电式、单相双极串联和三相三电极等三种，图4.82所示为三相三电极有衬电渣炉示意图。

有衬电渣炉设备简单，占地面积小，操作方便易于掌握，是一种供小批量生产高质量铸件的行之有效的手段，还是为电渣重熔提供液渣的有效工具。

4.6.9 电渣熔铸

电渣熔铸法是在电渣重熔原理的基础上，结合铸造成型工艺而发展起来的一种新技术。为了直接生产一些复杂断面的铸件，可根据铸件的形状和尺寸制成相应的异形水冷结晶器。熔铸后，直接生产出相应形状和所需尺寸的异形件，如空心管坯、压力容器、复合冷轧辊、大型曲轴，以及汽轮机的涡轮盘等。由于工艺流程可以大大简化，铸件表面形成一层薄渣壳，铸件表面光滑，提高了金属的收得率，降低了成本。用此种工艺生产管坯

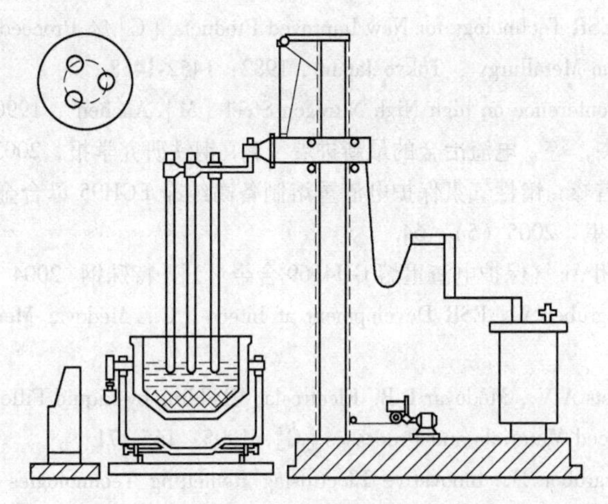

图 4.82　三相三电极有衬电渣炉示意图

时，由于组织致密，成分均匀，缩孔和中心疏松等缺陷的消除，又不需管外剥皮和管内镗孔，材料的利用率大为提高。有资料报道，锻压加工坯的成材率为48%，而电渣熔铸法生产的管坯成材率可提高到66%。

采用这种熔铸方法，金属在异形水冷结晶器中快速冷却，使铸件较致密，成分偏析小，夹杂物细小而均匀分布，因此铸件的结晶组织比普通铸件要好。其铸态金属的性能和使用寿命，均能达到甚至超过普通方法熔炼和浇注的金属性能。

电渣熔铸法工艺不需要熔炼炉和浇注钢包，还可以节省耐火材料和造型所需的型砂等。因此这种方法对解决某大型锻件和形状复杂的产品质量，起到非常有益的作用。有助于冶金、机械工业的发展，而且对航空、石油化工、造船以及原子能工业的发展，都有一定的推进作用。

参 考 文 献

[1] Hopkins R. K. US Patent 219147，1940.

[2] 李正邦，周文辉，李谊大．电渣重熔去除夹杂的机理［J］. 钢铁，1980，15（1）：20-26.

[3] 常立忠，李正邦．电渣重熔过程中氢行为的分析及控制［J］. 钢铁研究，2007，35（3）：246.

[4] Campbell J. Fluid flow and droplet formation in the electroslag remelting process［J］. J of Metals，1970，24：23.

[5] 德国钢铁工程师协会编．渣图集［M］. 王俭，彭育强，毛裕文，译．北京：冶金工业出版社，1989.

[6] 成田贵一．铁と钢，1979，65（11）：646.

[7] Hiroyuki Kajioka，et al［C］//Proceedings of the Fourth International Symposium on Eletroslag Remelting Processes. The Iron and Steel Institute of Japan，Tokyo，1973：102-114.

[8] Li Zhengbang. Proceedings of the Seventh International Conference on Vacuumm Metallurgy［C］. The Iron and Steel Institute of Japan，Tokyo，1982：1480-1494.

[9] 李正邦．电渣冶金的理论与实践［M］. 北京：冶金工业出版社，2010.

[10] 李正邦．21世纪电渣冶金的展望［J］. 炼钢，2003，19（2）.

[11] Holzgruber W. Electroslag remelting-A summary of the state of the process［J］. Steel times，1991，7：32～33.

[12] Holzgruber W. New ESR Technology for New Improved Products [C]//. Proceeding of the 7th International Conference on Vacuum Metallurgy, Tokyo Japan, 1982: 1452-1458.
[13] Rasheva I. Second Conference on high Nigh Nitrogen Steel [M]. Aachen, 1990: 381-386.
[14] 陈希春，冯涤，傅杰，等．电渣冶金的最新进展［J］．钢铁研究学报，2003，15（2）：62-67.
[15] 陈希春，冯涤，杨雪峰．惰性气氛保护电渣重熔制备高纯净 FGH95 母合金的研究［C］//．中国特殊钢年会 2005 年文集．2005（5）：64.
[16] 陈国胜，等．全封闭 Ar 气保护电渣重熔 GH4169 合金［J］．特殊钢．2004（3）：46.
[17] Holzgruber H, Holzgruber W. ESR Development at Inteco [C]. Medovar Memorial Symposium, 2001: 41-47.
[18] Medovar B I, Chernets A V, Medovar L B. Electroslag Cladding by Liquid Filler Metal. The 4th European Conference on Advanced Materials and Processes [C]. 1995: 165-171.
[19] Holzgruber W, Holzgruber H. Innovative Electroslag Remelting Technologies [J]. MPT International, 2000, 23 (2): 46-48.
[20] Holzgruber W, Holzgruber H. Production of High Quality Billets with the New Electroslag Rapid Remelting Process [J]. MPT International, 1996, 19 (5): 48-50.
[21] Anon. High Quality Billets by Electroslag Rapid Remelting [J]. Steel Times International, 1997, 21 (7): 20-25.
[22] Alghisi D, Milano M, Pazienza L. The Electroslag Rapid Remelting Process under Protective Atmosphere of 145mm Billets [C]. Medovar Memorial Symposium. 2001: 97.
[23] Carter W T. Jr Clean metal nucleated casting [J]. Journal of Materials Science, 2004 (39): 7253-7258.
[24] 李正邦，张家雯，林功文．电渣重熔译文集（2）［M］．北京：冶金工业出版社，1990.
[25] 姜周华，董艳伍，耿鑫，等．电渣冶金学［M］．北京：科学出版社，2015.
[26] 李正邦．电渣重熔及电渣熔铸结晶器［J］．特殊钢，1999，20（增刊）：51-54.
[27] 向大林．200t 电渣炉的技术特点和产品评价［J］．特殊钢，1999，20（增刊）：66-68.
[28] 张家雯，李正邦．电渣熔铸曲轴［J］．特殊钢，1999，20（增刊）：60-63.
[29] 张向前．电渣熔铸曲轴生产现状及存在的问题［J］．中国制造装备与技术，2005（4）：46-47.
[30] 李正邦．电渣冶金设备及技术［M］．北京：冶金工业出版社，2012. 4.
[31] 李正邦．电渣冶金的理论与实践［M］．北京：冶金工业出版社，2010. 1.
[32] 刘景远，徐成海，李广田，等．工业化 2t 真空电渣炉的研发［J］．铸造，2016，65（1）：52-55.

5 真空电弧重熔

5.1 概　述

真空电弧重熔是在无渣和真空条件下，利用金属电极与其被熔化后形成的金属熔池之间产生的直流电弧作热源来熔炼和净化金属的一种特种熔炼技术。如图 5.1 所示，自耗电极在直流电弧的高温作用下迅速熔化并在水冷铜结晶器内进行再凝固。当液态金属以薄层形式形成熔滴通过近 5000K 的电弧区域向结晶器中过渡，以及在结晶器中形成熔池和凝固过程中，发生一系列物理化学反应，使金属得到精炼，从而达到净化金属、改善结晶组织、提高性能的目的。

真空自耗电弧重熔原理如图 5.2 所示，需要被重熔的钢或合金预制成自耗电极 1，在低压环境或一定压力的惰性气氛 2 中，在无熔渣存在的条件下，依靠自耗电极与被熔化的金属液所形成的熔池 4 之间的直流电弧 3，将自耗电极逐层熔化并在自耗电极的端头汇集成液滴，该液滴迅速脱离电极端头，通过高温弧区滴落入水冷结晶器 6 中。金属液在电极端头聚集成滴和通过弧区进入金属熔池的过程中，被高温电弧迅速加热，而使金属液滴具有远高于通常的炼钢温度，使金属液滴得到充分净化、精炼。汇集在结晶器内的金属液，因冷却强度较大而凝固成锭 5。随着重熔的进行，重熔钢锭在结晶器中不断长大。这种凝

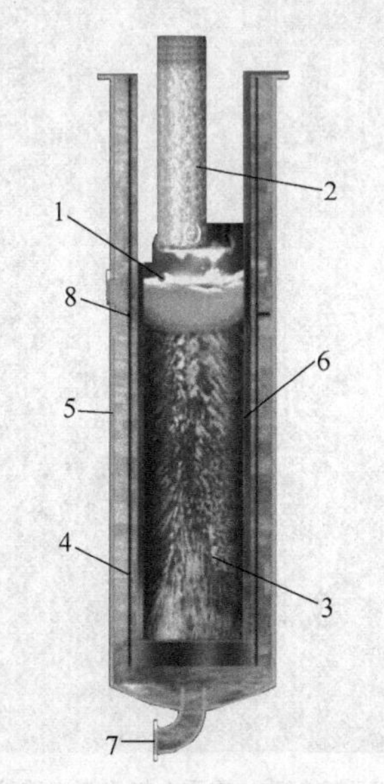

图 5.1　真空电弧重熔示意图

1—弧区；2—自耗电极；3—金属锭；4—高速导水套；5—水套；6—结晶器；7—进水口；8—出水口

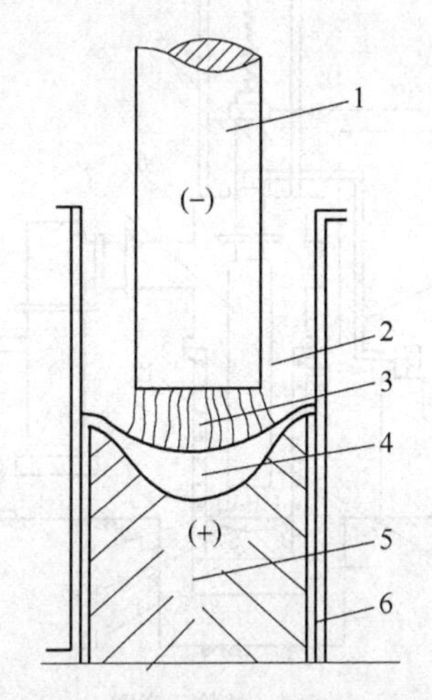

图 5.2　真空电弧重熔原理图

1—自耗电极；2—熔炼室空间；3—电弧；4—金属熔池；5—金属锭；6—水冷结晶器

固特点，保证重熔锭组织致密和有利的结晶方向。

真空电弧炉分自耗和非自耗两大类。后者是指这种真空电弧炉所用的电极是一种耐高温的导体，常用的有钨或石墨等，被熔炼的金属放在结晶器中，依靠电弧的热量将这些金属熔化并得到精炼。在熔炼过程中，电极本身不消耗或消耗很少，所以称为非自耗。自耗电弧炉是将被熔炼的金属做成电极，在燃弧过程中，电极以一定速率熔化并得到精炼，所以这种类型的电弧炉称为自耗电弧炉。由于生产钢和合金的真空电弧炉绝大多数是自耗电弧炉，所以在以后的各节中，若无注明，均指自耗电弧炉。

真空电弧熔炼采用大电流低电压直流电源，属于短弧操作。一般电弧电压为22~65V，对应弧长为20~50mm（后者为大锭）。

真空电弧炉可以创造一种低氧势、高温的熔炼条件，早在20世纪中叶就被用于熔炼铂、钽、钨等难熔的或易氧化的金属。随着机械工业的发展，真空自耗电弧重熔法成功地应用于钛及钛合金、精密合金、高温合金和难熔金属的生产，在20世纪50年代得到了迅速发展，容量日趋大型化。在特种熔炼中，真空电弧熔炼是重熔精炼的主要方法之一。

5.2 真空自耗电弧炉的结构及分类

5.2.1 结构简介

真空自耗电弧炉的形式有多种，但它们的基本结构是相同的。图5.3所示为真空自耗电弧炉结构示意图和实物图。真空自耗电弧炉成套设备包括电炉本体、电源设备、真空系统、电控系统、观测系统、水冷系统等几个部分。

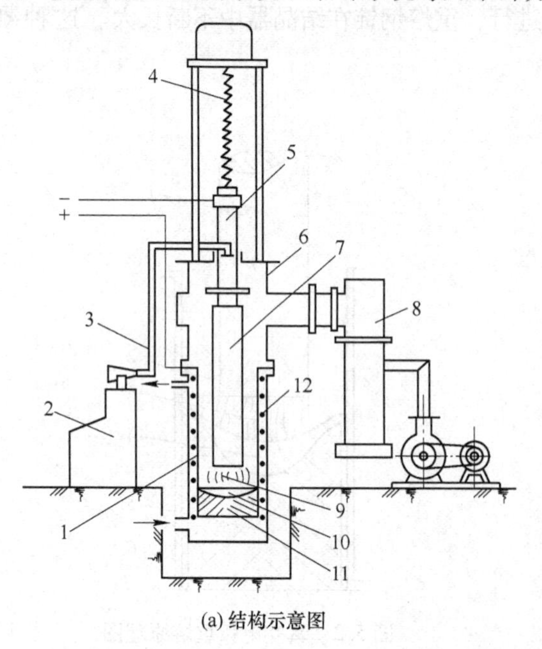

(a) 结构示意图

(b) 新冶钢6t真空自耗电弧重熔炉

图5.3 真空自耗电弧炉

1—铜结晶器；2—操作台；3—光学观察系统；4—电极升降装置；5—电极杆；6—炉体；7—自耗电极；8—真空系统；9—电弧；10—熔池；11—锭子；12—稳弧线圈

5.2.1.1 炉体

炉体由炉壳（真空室）、电极升降装置（包括电极夹头、过渡电极、水冷电极杆及其升降机构）、水冷铜结晶器等几个部分组成。炉壳一般用无磁性的奥氏体不锈钢制作，以保证真空室的密封和减少壳体内的铁磁损耗，提高电效率。炉壳上具有连接真空系统、结晶器和其他各种机构的孔道，以及供观察炉内工作情况用的观察孔和保证安全用的防爆孔等。炉壳和其他各部分之间的连接都是真空密封的。水冷电极杆是一根能导电的、中间通水冷却的光滑直杆，杆身与炉壳之间有防漏气的真空滑动密封。自耗电极连在电极升降装置上，电极的升降可以用液压驱动，也可以用电动机驱动，电动机的工作由电控系统自动控制。重熔的自耗电极，通过电极卡头与过渡电极和电极杆连接，自耗电极焊接在过渡电极的端头上。自耗电极用真空感应炉熔炼，既可直接浇注成型，也可通过热加工（锻或轧）成型。对于无法浇注或热加工成型的材料，如海绵钛、钨粉、短金属棒料等，可以通过烧结、压制或焊接成自耗电极。

结晶器呈直筒形，是用紫铜板做成的，壁厚约10~20mm，外面有一个外壳，两者之间是冷却水套。结晶器的顶部连在炉壳的下口上。为了充分利用电源设备和提高电炉的生产率，容量稍大的真空电弧炉都配有两个结晶器，当一个结晶器熔炼结束后，就可立即将整套装备切换到另一个结晶器上，开始新的一炉熔炼。切换的形式有两种：一是炉体固定式，另一种是炉体旋转式。前者只能更换和移动结晶器，适用于周期性生产；后者的炉体可以旋转，而结晶器的位置是固定的，依靠炉体的旋转来更换结晶器，保持生产连续。为连续生产，也有两台炉座合用一套电源、电控系统和真空系统的。这样，更换结晶器的工作就转变成切换电源和开闭真空系统的阀门，从而进一步缩短了炉与炉之间间歇的时间。

5.2.1.2 电源

真空电弧炉可采用直流电，也可用交流电。但为保持电弧稳定和电网负荷的均匀，更多的炉座采用直流供电。通常，以自耗电极为阴极，结晶器和重熔后的金属（液态或固态）为阳极，这种接法称为正极性。真空电弧炉的电弧电压只有几十伏特，使用低电压大电流的直流电源供电。为了获得高质量锭子，熔炼过程中要求熔炼功率稳定，对供电电源要求具有恒流特性的直流电流。图5.4所示为真空自耗电弧炉用的硅整流电源主回路图。

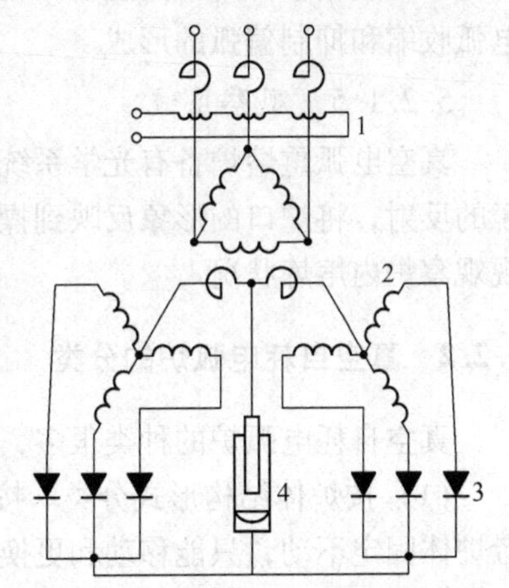

图5.4 真空自耗电弧炉电源主回路

1—饱和电抗器；2—整流变压器；3—硅整流装置；4—真空自耗电弧炉

5.2.1.3 真空系统

电炉的真空系统由真空泵组、管道、相应的真空阀门，以及真空测量仪表等组成。真空泵组应具有足够大的抽气能力，以迅速排出真空系统内的气体和由炉料所放出的气体，保证在规定的时间内将真空室内的压力降到要求的数值，并且能保持这个压力。

在熔炼过程中，炉壳内的压力应低于1.5Pa，在弧区由于金属蒸汽的存在，通常压力为2~10Pa。当炉壳内的压力在15Pa以上的较宽压力范围内，炉内就会出现辉光放电，并可能产生边弧（自耗电极与结晶器内壁之间燃弧），这样有把结晶器击穿的危险。水冷结晶器一旦漏水，冷却水与金属液接触，很可能会引起爆炸，这种情况在熔炼钛时就特别危险。在重熔含大量易挥发元素的钢或合金时，也可在一定的氩气压力下工作，为稳定电弧，氩气压力应大于20~26kPa。

5.2.1.4 电控系统

真空电弧炉的电气控制系统用于控制电弧长度、稳定电弧电流和电弧电压、防止短路和边弧的产生，并对过电流和过电压进行保护。在熔炼过程中，电弧的长度除决定供电回路的电参数（电流、电压、功率等）外，还决定自耗电极的熔化速率，从而间接影响重熔精炼的效果。所以，保持恒定的电弧长度，对于进行连续、稳定和安全的熔炼，以获得质地均匀的重熔锭是十分必要的。电弧长度和电弧电压存在一定的对应关系，可以用调节电弧电压恒定的办法来实现控制电弧长度恒定的目的。但是，由于低压环境中直流电弧的电位梯度很小，所以电弧电压变化的幅度不大，调节效果不好。对自耗电极电弧重熔过程的研究发现，金属熔滴在形成和滴落过程中会引起电压的波动（脉冲），而脉冲的频率、振幅以及持续时间（脉冲宽度）都与电弧长度有一定的对应关系，所以可用脉冲的频率、振幅及宽度为信号来控制电弧长度恒定。这种自动控制方式反应快、准确，可以稳定地将电弧长度控制在12~18mm之间，进行短弧熔炼，甚至控制弧隙为4~6mm（这时，脉冲的频率为短路的次数），进行超短弧熔炼。随着弧区压力的降低，阴极斑点面积扩大，弧区的功率密度减小，导致电弧的发散和电弧温度的降低，以及电弧的不稳定。为此，可在结晶器内套侧面部位，加设一稳弧线圈（见图5.3中的12），以保证在结晶器内形成一个与自耗电极轴线相平行的纵向磁场，在这一磁场的作用下，使电弧受到一个向心的约束力，使电弧收缩和抑制偏弧的形成。

5.2.1.5 观察系统

真空电弧重熔炉备有光学系统，以观察炉内情况。过去常采用潜望镜结构，即通过棱镜的反射，将炉口的形象反映到操作台的屏幕上；随着电视技术的发展，现多改用工业电视观察炉内熔炼状况。

5.2.2 真空自耗电弧炉的分类

真空自耗电弧炉的种类很多，可以按照不同特征进行分类。

（1）按炉体结构形式分类。按炉体结构形式可分为炉体固定式和炉体旋转式两种。前者炉体固定不动，只能移动和更换上下结晶器，用于间歇式生产。每炼一炉更换结晶器的时间较长，设备的作业率低。炉体旋转式的结晶器是固定的，依靠炉体旋转更换结晶器，所以在一炉熔炼结束后，可以立即旋转炉体到另一个已准备好的结晶器工位，进行下一炉的熔炼，这种连续式的生产作业，有利于提高生产率和设备利用率。

（2）按作业形式分类。按作业形式可分为间歇式和连续式两类。间歇式是每熔炼一炉为一个周期，每炉之间必须经过炉体破空、清洁处理和更换结晶器等工序。这种形式的炉子，生产效率低。连续式炉子又有两种形式，一种是炉体旋转式；另一种是两座炉体合用一套电源及真空系统设备，当一台炉体熔炼结束后，可立即切换到另一台炉座进行熔炼。

（3）按铸锭形式分类。按铸锭的形式可分固定铸锭式和抽锭式两种。固定铸锭式是整个重熔和铸锭过程在结晶器中完成，已凝固的重熔锭在结晶器中固定不动，熔炼完全结束后，重熔锭才从结晶器中吊出。抽锭式是在重熔和凝固过程中，结晶器与已凝锭有相对位移，若结晶器固定不动，则已凝锭从结晶器的下部被慢慢拉出；若已凝锭固定不动，则结晶器随重熔和凝固的进行逐渐上移。

（4）按自耗电极数量分类。按自耗电极数量可分为单电极和双电极两种。真空电弧双电极重熔，是一种通过使熔炼金属温度在金属熔滴进入结晶器前（低于液相线温度）制备等轴细晶锭的真空电弧重熔方法，简称 VADER（vacuum arc double electrode remelting）。如图 5.5 所示，在无渣、真空或惰性气体保护下，将两支金属自耗电极水平对置，作为直流电的阴极和阳极，通电使两极间产生直流电弧，两根电极的端部在电弧作用下呈薄层熔化并形成熔滴，熔滴在重力的作用下掉入旋转的非水冷结晶器内凝固成锭。由于熔滴在掉落过程中离开高温弧区，温度降低，进入液固两相区间，而金属液内部有许多固态晶核，加上结晶器旋转的作用，故重熔锭具有等轴细晶的特征。

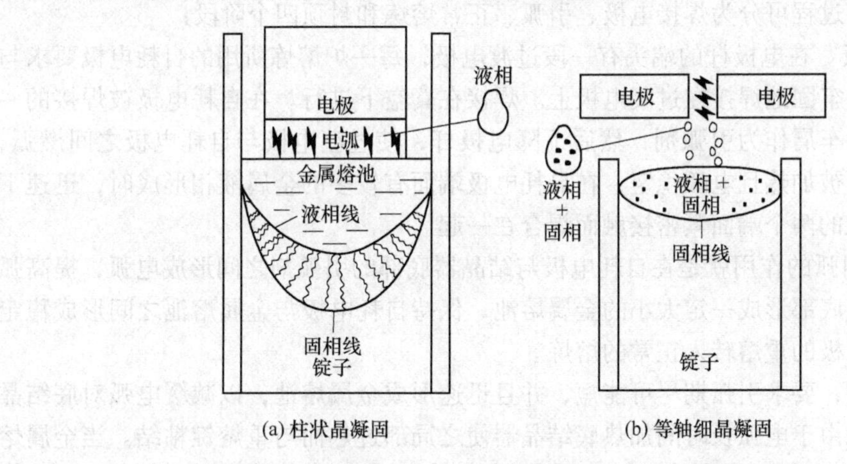

图 5.5　真空电弧双电极重熔过程原理图（与 VAR 对比）

VADER 炉的设备主要包括直流电源、炉体、电极给送系统、结晶器、锭子旋转系统及水冷系统。结晶器旋转速度与熔炼锭子尺寸有关，一般说来，锭子直径大可选择小一些的转速。转速一般控制在 60r/min 以下。为保持两支电极端面平整，两支电极在重熔过程中可绕水平轴线以相反方向旋转并周期地变换其极性。炉子可采用固定式结晶器、抽锭式结晶器或制备空心锭的结晶器。

用 VADER 方法获得的锭子在铸态下可得到相当于 ASTM3 级、110μm 尺寸的等轴细晶组织。由于 VADER 锭为等轴细晶组织，重熔金属不存在热加工过程破坏柱状晶的问题，热加工过程中能耗小。对于某些合金来说，由于重熔金属成分较均匀、各向异性小，韧性得以提高。

VADER 法是美国特殊金属（Special Metals）公司开发并发展起来的。发展的背景是由于对航空涡轮盘性能要求的不断提高，美国发展了粉末涡轮盘，但是，制粉工艺比较复杂，粉末易被污染，粉末涡轮盘中若存在外来非金属夹杂物，则会导致严重事故，为了获得高性能的涡轮盘件，特殊金属公司于 20 世纪 70 年代开始研制 VADER 细晶锭，企望得到低偏析、高性能的锻造涡轮盘，并于70年代末取得了VADER法的专利；至80年代，该公司生产了直径300mm、重2t的VADER高温合金等轴细晶锭。但由于在VADER过程中存在以下两方面的缺陷，使VADER锭未见用于航空涡轮盘的生产。这两方面缺陷，一是VADER锭表面质量受锭子直径影响，锭子直径过大时，靠旋转使重熔金属液（其温度处于液-固两相区温度范围内）流到锭模内壁处较困难，恶化了重熔锭表面质量；二是由于离心力的作用，使重熔金属液内密度差别较大的元素沿径向不均匀分布，产生宏观偏析，如Inconel 718合金中严重的铌径向偏析。此外，与VAR锭子相比较，VADER锭在减少微观偏析（铸态及经均匀化处理）方面未见明显的优越性。

5.3 钢和合金的重熔工艺

5.3.1 重熔工艺过程

真空电弧重熔过程可分为焊接电极、引弧、正常熔炼和封顶四个阶段：

（1）焊接电极。在电极杆的端头有一段过渡电极，每一炉熔炼所用的自耗电极要求与过渡电极同轴且被牢固地焊接在过渡电极上。焊接在真空下进行。在自耗电极被焊接的一端铺上一层同品种车屑作为引弧剂，然后下降电极杆，使过渡电极与自耗电极之间燃弧，当燃弧的两个端面被加热且电弧稳定，在自耗电极端面有较多的金属液相形成时，迅速下降电极杆，使燃弧的两个端面紧密接触而焊合在一起。

（2）引弧。引弧的作用就是在自耗电极与结晶器底部的引弧剂之间形成电弧，提高弧区温度和在结晶器底部形成一定大小的金属熔池，保持自耗电极与金属熔池之间形成稳定的电弧，使自耗电极的重熔转入正常的熔炼。

在实际生产中，要求引弧期尽可能短，并且迅速形成金属熔池，以减缓电弧对底结晶器的冲击，并消除由于电弧长时间加热底结晶器使之局部过热而与重熔锭粘结。当金属熔池形成后，可以用正常熔炼电流的110%~120%熔化一段时间，目的是让重熔金属保持液态的时间延长一些，这样可以减轻或消除重熔锭底部的疏松和气孔。

（3）熔炼期。正常熔炼期是重熔过程的主要时期，在这期间钢或合金被精炼和凝固成锭，即脱除金属中的气体及低熔点的金属杂质，去除非金属夹杂，降低偏析程度以及获得理想的结晶组织。重熔时，自耗电极的端头在直流电弧的加热下，温度可高达熔化温度以上，由于端头各部位的温度是表面高，电极内部低，这样就决定了自耗电极的熔化是在端头的表层开始。熔化过程中的电极端头形貌如图5.6所示。

已熔化的液层在重力的作用下，沿端面下流，汇集成液滴，当液滴达到一定尺寸时，其重力克服表面张力而下落滴入金属熔池。当液滴离开端面的瞬时，可能产生电弧放电，这种微电弧会将液滴击碎。此外，液滴中溶解的气体，在低压的弧区会从金属液滴中析出。离开端面的液滴，下落通过弧区时，会被进一步加热，其中所含的夹杂在低压和高温的作用下会被分解、挥发，使重熔金属得到净化精炼。熔池下部的金属因在水冷结晶器中被冷却而凝固。

（4）封顶。封顶的目的在于减小重熔锭头部缩孔，减轻头部“V”形收缩区的疏松程度，以及促进夹杂物的最后上浮和排除，减少切头量，提高成材率。确定封顶工艺制度的

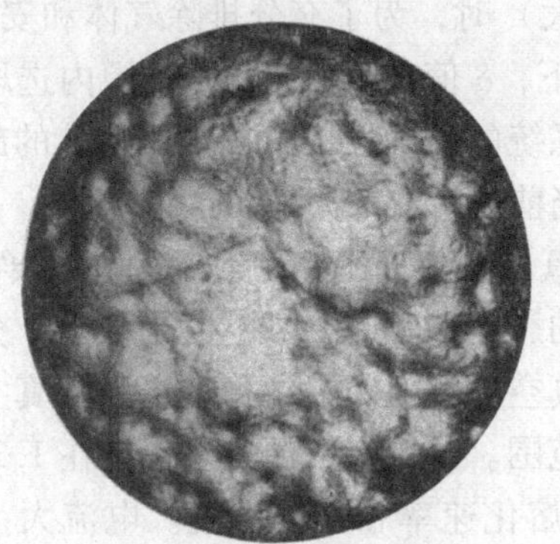

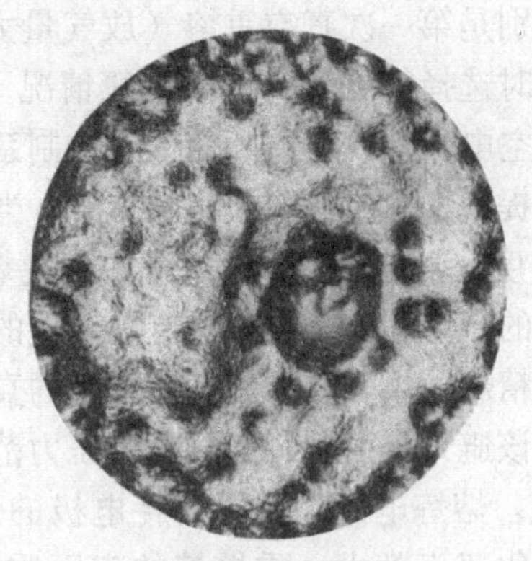

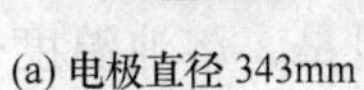

(a) 电极直径 343mm　　(b) 电极直径 410mm

图 5.6 电极端部形貌

原则是逐渐减小自耗电极的熔化速率，使金属熔池逐渐缩小，当自耗电极重熔终了时，金属熔池尽可能只有少量的金属液，从而保证缩孔最小且集中在重熔锭的顶部中央。

5.3.2 工艺参数

真空电弧重熔产品的质量取决于重熔参数是否合理。在生产实践中，是根据所熔炼的品种，重熔的目的和要求来选择工艺参数的。对重熔产品质量有影响的主要参数有：

（1）自耗电极质量。自耗电极的优劣对冶炼质量具有决定性的影响，其影响程度比对其他冶炼方法要直接得多。过高地估计真空电弧重熔的精炼作用而选用低质量的自耗电极是十分有害的。VAR 锭子的偏析及微观结构缺陷，99%取决于自耗电极质量。可以说，再好的 VAR 炉子设计和操作工艺也补偿不了自耗电极质量的缺陷。铸造电极径向凝固，不能热封顶，另外，表面易形成热裂纹，在缩孔与热裂纹区易产生电弧，使局部熔化速度变化，导致偏析。为了减少偏析及微观缺陷，采用三次熔炼来生产高要求的高温合金锭，最终的真空电弧重熔用电渣锭作自耗电极。

（2）自耗电极的直径。自耗电极的直径直接影响着重熔锭的质量。当直径较大时，电弧热能均匀地分布在整个熔池表面，所以熔池呈扁平状。这样，容易获得成分偏析小、铸态组织致密、柱状晶取向有利于改善热加工性能（柱状晶的结晶方向与锭的轴线间的夹角小）的重熔锭。通常用下式来选择电极的直径：

$$d/D=0.65\sim0.85 \tag{5.1}$$

式中 d——自耗电极的直径，mm；

D——结晶器的直径，mm。

对于钢或合金，目前 d/D 一般在 0.7~0.8 范围内选择，锭型较大时取上限，反之取下限。

另外，也可以根据下式凭经验来确定电极的直径：

$$d=D-2\delta \tag{5.2}$$

式中 δ——电极与结晶器之间的距离，mm。

当电极为多面柱体时，则 δ 值表示电极的棱与结晶器内壁之间的距离。确定 δ 值时，必须保证大于正常熔炼时电弧的长度，以消除产生边弧的危险。在重熔有色或难熔的金属和合金时，特别是第一次真空重熔（放气量大）时，为了充分排除气体和安全操作，δ 值应该比重熔钢时选择得更大一些。一般情况下，δ 值在 25~50mm 范围内选取，大型锭取上限。随着真空电弧炉设备不断完善，控制系统的准确性不断提高，目前的趋势是在保证操作安全的前提下，尽量选取较小的 δ 值。当前已有取 δ 为 17mm 的炉座。

（3）真空度。真空度对重熔过程中的脱氧、去除气体、元素挥发、夹杂物的分解和去除，以及电弧的行为和安全操作均有着直接的影响。因此，真空度是一个十分重要的工艺参数。为提高精炼效果，要求提高熔炼室的真空度，但是为了稳定电弧，真空度就不宜太高，特别是应该避开会引起辉光放电的压力范围。熔炼室的压力宜保持在 1.3Pa 左右。

（4）电流。熔炼电流决定着自耗电极的熔化速率和熔池温度。电流大，电弧温度就高，电极的熔化速率就大，重熔锭的表面质量好；但是，熔池温度也高，熔池的深度增加，重熔锭凝固时的结晶方向趋于水平，从而使重熔锭的疏松发展，成分偏析增加，各向异性加剧，热加工性能变差。熔炼电流小时，虽熔化速率低，但金属熔池形状浅平，结晶方向趋于轴向，从而保证了重熔锭致密、偏析小、树枝晶之间的夹杂有条件上浮排出，所以锭中夹杂细小弥散分布。选择熔炼电流还应考虑到电极直径、锭型的大小、所炼产品的物性（熔点、成分、黏度、导热性等）。表 5.1 给出选择熔炼电流的经验公式。

表 5.1 确定熔炼电流的经验公式

公式	单位		适用范围	备注
	i 或 I	d 或 D		
$i=\frac{3800}{d}-5$	(i) A/cm^2	(d) mm	合金钢、铁基或镍基合金 $d = 4 \sim 300$	电极稳定熔化的最小电流密度 i
$I = 160D$	(I) A	(D) mm	合金钢 $D = 45 \sim 150$ $d/D = 0.7 \sim 0.8$	获得优质重熔锭的最小熔炼电流 I
$I = (16 \sim 20)d$	(I) A	(d) mm	合金钢、铁基或镍基合金 $d = 10 \sim 300$ $d/D = 0.65 \sim 0.85$	获得优质重熔锭的最小熔炼电流 I

注：I—熔炼电流；i—熔炼电流密度；d—自耗电极直径；D—结晶器直径

（5）电压。在电流一定的条件下，电弧电压决定了电弧长度。电弧长度控制过短（如小于 15mm），易产生周期性的短路，使熔池温度忽高忽低，从而影响重熔锭结晶组织的均匀性和锭的表面质量；电弧过长，使热量不集中，熔池热分布不均匀，也会影响重熔锭结晶组织的均匀性，并且使出现边弧的危险性增大。在真空电弧炉熔炼中，电弧长度的控制基本一致。目前，大都将电弧长度控制在 22~26mm 范围内，相应的电压为 24~26V，这时的 δ 值应大于 25mm。

（6）熔化速率。单位时间内自耗电极被熔化且进入结晶器的金属液的千克数，常用单位是 kg/min。熔化速率（v）可以用与自耗电极升降相联动的标尺在单位时间内下降的距离（S，mm/min）来确定。计算公式为：

$$v = K \cdot S \tag{5.3}$$

式中，K 称为熔化速率系数（kg/mm），即自耗电极每下降 1mm 所熔化的自耗电极千克数。

在自动控制电弧长度恒定的重熔过程中，随着电极的熔化，电极将自动下降；但是熔池液面也同时上抬。所以电极下降1mm，熔化的金属量不等于横截1mm厚一片自耗电极的质量。K值可由电极的下降和液面的上升之间的质量平衡导出。

$$K = \frac{\pi \cdot d^2 \cdot \rho \cdot 10^{-6}}{4\left(1 - \frac{d^2}{D^2}\right)} \tag{5.4}$$

式中 d——自耗电极直径，mm；

D——结晶器直径，mm；

ρ——重熔金属的密度，g/cm³。

（7）漏气率。真空系统的漏气率E是指单位时间内炉体外的空气渗入真空室内的数量，单位是μmHg·L/s或L/h（标态）。漏气率对重熔金属的质量有较大的影响，特别是对难熔或含有活泼元素的合金影响更大。漏入真空系统内的气体，使真空室内氧、氮、水汽的分压提高，使重熔金属中氧化物和氮化物夹杂数量增加，从而使合金的持久强度和塑性下降。因此，真空电弧重熔要求设备漏气率控制在≤50μmHg·L/s，在熔炼难熔金属及其合金时，要求E=3~5μmHg·L/s。

（8）冷却强度。结晶器的冷却强度影响重熔锭的凝固过程和铸态组织。在实际生产中冷却强度受到冷却水的流量、压力、进出水的温度，以及锭型、锭重、钢种、结晶器的结构、熔炼温度等因素的影响。由于影响因素较为复杂，在操作中常根据经验调节冷却水的流量，使进、出水温度在要求的范围内，同时保持凝固速率与熔化速率相一致，金属熔池的形状保持稳定。

对结晶器出水温度的要求为：底结晶器进、出水温差小于3℃；上结晶器进、出水温差小于20℃，出口水温在45~50℃范围内。

5.4 真空电弧重熔常见的冶金质量问题

5.4.1 钢和合金的宏观缺陷

常见的宏观缺陷主要是重熔锭的表面质量不良和裂纹。

5.4.1.1 重熔锭表面质量不良

真空电弧重熔的特点是在低压环境中无渣操作，重熔后的金属液在水冷结晶器中较快地凝固，因此会造成重熔锭表面结疤、夹渣、重痕和翻皮等表面缺陷。造成这些缺陷的主要原因有：

（1）自耗电极本身质量差，带有较多杂质，在重熔过程中这些杂质会从钢中排出浮于熔池表面，并被推向结晶器的器壁，重熔金属在凝固时黏附于锭表面而形成夹渣。

（2）d/D选择过小，即结晶器直径偏大，导致电弧热在整个熔池面上分布不均匀，熔池边缘温度偏低；此外，熔池的辐射散热面积扩大，或结晶器的冷却强度过大，都会使重熔锭表面出现重痕，严重时出现翻皮。

（3）重熔过程中出现的喷溅和金属挥发物在结晶器内壁凝结，造成重熔钢锭表面结疤。

（4）电弧控制过短，使重熔过程中喷溅加剧，同时使出现短路的可能性增大；经常短时间的短路，导致熔池温度偏低或忽高忽低，也会出现重痕、翻皮等表面缺陷。

5.4.1.2 裂纹

重熔锭在热加工过程中或者在成材以后，在坯或材上有时会存在裂纹。根据其成因，可将裂纹分为：

（1）表面裂纹。其成因主要是由于重熔锭表面质量不良，轧或锻时表面缺陷处出现开裂。为消除这种裂纹，重熔后的钢锭，若表面质量较差，必须扒皮处理。

（2）发纹。由于氮化物夹杂（如 TiN）所引起的发纹，会在钢材的横向低倍试样上发现。造成这类裂纹的主要原因是夹杂，要求自耗电极本身具有较高的纯洁度。此外，熔炼过程中稳弧线圈的安匝数也明显地影响着这类裂纹，当安匝数较大时，熔池旋转加剧，促进夹杂物的聚集，使发裂的出现率加大。安匝数是线圈匝数与线圈通过的电流的乘积，安匝数越大，产生的磁场越强。

（3）晶间裂纹。重熔锭在凝固和冷却过程中（包括热加工后的冷却过程中），锭内的温度差是很大的，因此存在着较大的热应力；大多数重熔锭合金元素含量均较高，金相组织变化复杂，所以冷却过程中常常伴随有较大的组织应力；稳弧线圈运行时，金属熔池和已凝固的重熔锭均受到电磁力的作用，作用于固-液交界处两相区的电磁力，会使呈半凝固状态的金属出现晶间裂纹。热应力、组织应力和电磁力是造成晶间裂纹的主要原因。所以在熔炼或热加工过程中，应减小或避免这些力的出现。可采取的措施有：选择合适的熔炼电流，避免电流过大，因为电流过大会增加结晶结构的不均匀程度，而使内应力加大；稳弧线圈的安匝数与电磁力成正比，所以稳弧安匝数也不宜过大；热加工的变形量和冷却制度也影响着内应力的大小。

（4）残余缩孔导致的裂纹。由于重熔锭切头量不足，留有残余缩孔，在热加工过程中，会在残余缩孔附近的区域内产生裂纹。为了消除这种缺陷，除了制订合理的封顶工艺制度外，还必须保证足够的切头量，切尽残余缩孔。

5.4.2 钢和合金的微观缺陷

5.4.2.1 疏松

凝固时，由于体积收缩，树枝状晶之间得不到金属液的补充，而导致晶间的显微孔隙称为疏松。钢和合金的疏松程度对疲劳性能有很大的影响，疏松程度增加，钢和合金的疲劳极限值迅速下降。当自耗电极的熔化速率过大时，金属熔池较深，结晶方向趋于水平，这种树枝状晶之间的孔隙被金属液补充填满的条件变差，导致组织疏松。另外，在重熔锭底部也会出现严重的疏松，这是因为在金属熔池形成初期，底结晶器的巨大冷却强度，使熔融金属来不及完全铺开就开始凝固，所以晶间的体积收缩也来不及得到补充。克服这种缺陷的办法是选择合理的起弧工艺制度，在此阶段短时间提高输入功率（熔炼电流要比正常时提高 10%~20%），以提高熔池温度，和使金属熔化速率大于凝固速率。

5.4.2.2 偏析

选分结晶是造成偏析的根本原因。影响选分结晶的诸因素，如成分、锭型、锭的大小、熔化速率、熔池形状、凝固速率、磁场的大小等，均影响偏析的发展与否。在钢和合金重熔时，钢中许多元素（如碳、铬、硅、硫、磷、氧等）以及化合物（如硼化物、碳化物、氮化物、碳氮化物等），都会在树枝状晶之间富集而形成微观偏析。为消除这类偏析可采用以下措施：

（1）选用较大的 d/D 值和较小的电流密度，以保持熔池呈较浅的扁平状。这样可保持凝固的方向接近于轴向，并可使轴向凝固速率大于径向，因而在凝固时创造较好的向树枝状晶之间补充金属液的条件，也有利于阻止元素及化合物在枝晶间富集。

（2）外加磁场造成的电磁力会使金属熔池搅拌。这种搅拌对偏析的影响较为复杂，但是可根据经验选择合适的安匝数，在一定程度上抑制偏析的发展。

5.4.2.3　树状年轮

树状年轮在铸锭腐蚀横断面上为轻微腐蚀环，代表溶质元素呈负偏析。树状年轮形成的主要原因是熔化速率波动和冷却环境的变化，造成熔池形状的忽深忽浅，使铸锭断面形成如图5.7所示的年轮状缺陷。在遇到自耗电极内部产生裂缝和缩孔的情况下，熔速会发生变化，一方面，可以通过熔速控制器的PI参数调节来减少熔速输出的波动；另一方面也可以通过监控结晶器冷却水流量变化来判断原因。

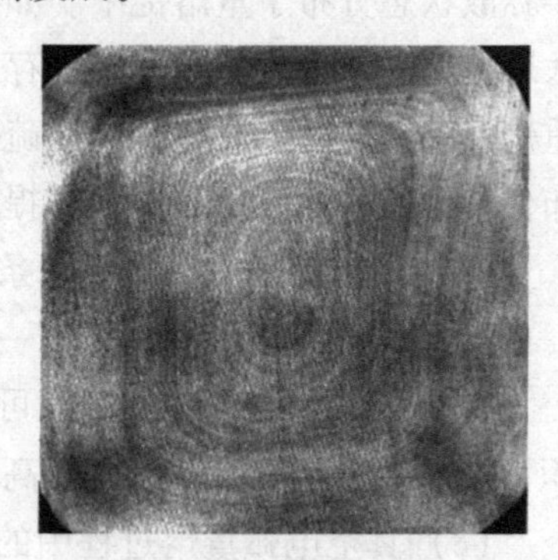

图5.7　树状年轮

5.4.2.4　黑斑和白点

比起树状年轮，黑斑和白点对材料性能有更大的影响。这两种缺陷为飞机引擎的涡轮盘过早损坏的主要原因。黑斑为黑色腐蚀圈或近似的圆点，成分富含碳化物或形成碳化物的元素。黑斑的形成通常由于较高的金属熔池深度，有时是由较高的旋转熔池深度造成。液体熔池处于离散磁场中，会发生旋转。通过保持较低的熔池深度和对真空自耗炉进行同轴电流馈电可消除磁场干扰，来避免产生黑斑。

白点是真空自耗重熔钢锭出现的典型缺陷。它们在宏观腐蚀上看起来为轻微的腐蚀点。它们在合金元素中发生率很低，如铬镍铁合金Inconel 718中的钛和铌。以下几种机理可造成白点的形成：钢锭中自耗电极的未熔化枝晶残渣；顶部碎片掉入金属熔池并且未溶解或重熔，内嵌入钢锭中；钢锭夹持区的碎片进入钢锭里正在凝固的界面。从以上所提的三种机理可以看出，真空电弧重熔过程不能完全避免白点，因为它们是工艺过程中固有的。为了最大限度地减少发生频率，应遵循以下条件：

（1）使用钢锭宏观结构所允许的最大可接受重熔速率。

（2）利用短弧隙减少冠部形成，增加电弧稳定性。

（3）利用匀质电极充分地消除空穴和裂缝。

（4）控制适当的熔炼电源参数。

5.5　真空电弧重熔的特点

真空电弧重熔的特点如下：

（1）低压环境中进行熔炼，不仅杜绝了外界空气对合金的污染，还可以降低钢和合金中的气体含量和低熔点易挥发的有害杂质的含量，从而提高合金的纯洁度。许多高温合金对于金属夹杂有较严的要求，真空熔炼可较有效地降低铅、铋、银等金属杂质。

（2）重熔过程中铝、钛等活泼元素烧损少，合金的化学成分控制较为稳定。

（3）熔炼是在无渣、无耐火材料的环境下进行的，这样就避免了这两方面来源的外来夹杂对合金的污染。

（4）改善夹杂物类型和分布状态。真空电弧重熔时，低压、高温为自耗电极中的夹杂创造了一个重新溶解和析出的条件。重熔锭的凝固方向和凝固速率促使残余的夹杂物以细小弥散状态分布于重熔锭中。如 GCr15 钢，在自耗电极中，氧化物和硫化物夹杂主要以较大颗粒、呈条带状、较集中地存在于钢中。经真空电弧重熔后，除夹杂总量明显减少外，重熔钢中夹杂主要以硫化物和硫化物包裹的氧化物细小弥散地分布。夹杂的这种形态和分布使轴承的寿命和可靠性明显提高。

（5）这种熔炼方法的凝固条件，可以保证得到偏析程度低、致密度高的优质重熔锭。

（6）电弧的高温允许重熔一些高熔点的金属和合金。

（7）合理的封顶工艺制度可使重熔锭头部的缩孔趋于最小，且最后的收缩区的结晶组织可以较接近于锭身，从而提高成材率。

（8）真空电弧重熔过程中的气氛可以控制。

（9）与电渣重熔相比较，重熔锭表面质量较差，致密度较差，缩孔还不能完全消除；由于表面质量差，通常重熔锭要扒皮，这样使金属的收得率降低。

（10）去除硫和夹杂物不如电渣重熔有利。

（11）对于高温合金而言，真空电弧重熔锭的热加工性能较差。

（12）真空电弧重熔含有锰等易挥发元素的合金时，其成分控制较为困难。如重熔 GCr15 时，钢中锰的挥发损失可达 15%～18%，且挥发的锰均凝结在结晶器的内壁，使重熔锭表面含锰量过高，热加工前必须经扒皮处理。

（13）设备复杂，维护费用高，致使合金的生产成本提高。

以上（9）～（13）项，最终表现为所熔炼产品质量的再现性差，生产成本较高。这使真空电弧重熔的应用范围受到了限制。

5.6 真空电弧凝壳熔炼

真空自耗电弧重熔的特点之一是自耗电极的熔化与重熔锭的凝固同时进行。这个特点决定了在凝固过程中存在着很大的温度梯度，从而促进柱状晶的发展，所以重熔锭的柱状晶区大，晶粒也粗大。此外该特点还决定了只能浇注几何形状简单的铸件。为了细化晶粒和能浇注形状复杂的铸件，只有改变熔化和凝固同时进行这一特点，使需用的金属全部熔化后，再浇注凝固成形，这样就提出了真空电弧浇注的方法。为保持真空电弧熔炼无耐火材料污染的优点，盛载金属液体的容器（称坩埚）现可用被熔炼金属制成，并通水冷却；也可用铜制成（同样采用水冷）。为防止铜污染金属液，可控制冷却强度，使水冷的铜坩埚内壁凝固上一层被熔炼的金属，所以这种方法又称真空电弧凝壳熔炼。

真空电弧凝壳熔炼的炉体与锭模安置在同一个真空室内（图 5.8 和图 5.9）。根据重熔金属的数量，可采用一根或多根电极。电极可为自耗的，也可是非自耗的，并安装有加料装置，以便将炉料加入坩埚。炉料熔化以后，不是在水冷坩埚中凝固，而是在该坩埚内聚集和精炼，然后在真空条件下浇注成锭或铸件。

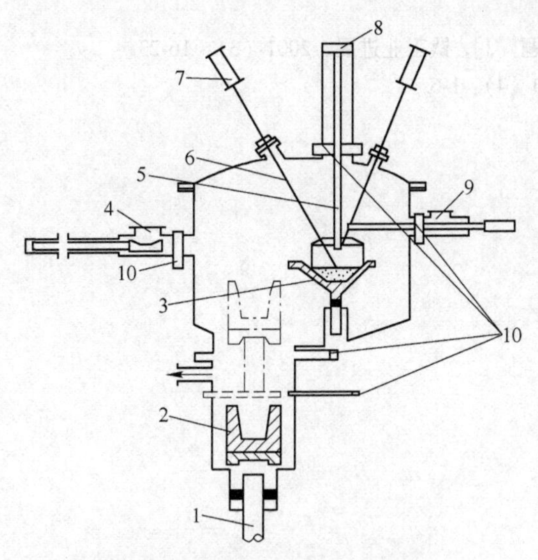

图 5.8 真空电弧凝壳炉示意图

1—液压缸活塞；2—铸型；3—凝壳式水冷坩埚；4—装料室；5—自耗电极；6—非自耗电极；7—电极控制装置；8—自耗电极送进机构；9—合金料加料口；10—真空闸阀

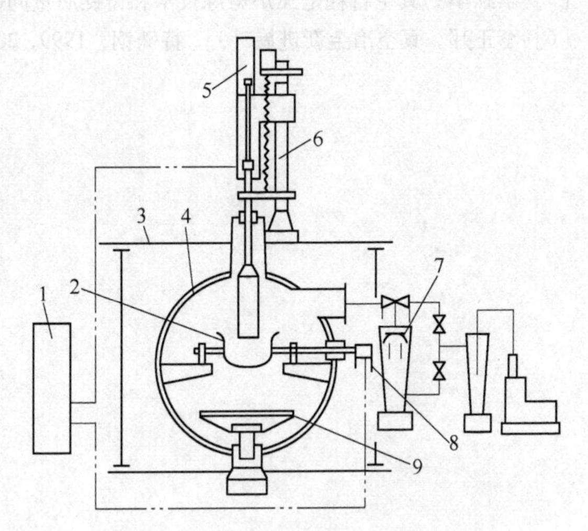

图 5.9 真空电弧凝壳炉结构示意图

1—电源及电控系统；2—坩埚及其翻转装置；3—工作平台；4—炉体；5—气动快速提升装置；6—电极升降传动装置；7—真空系统；8—水冷系统；9—离心浇铸装置

据报道，这种真空电弧凝壳熔炼法所生产的铸件，具有较高的机械性能。这种熔炼方法主要用于耐热金属及其合金铸件的生产。

5.7 真空电弧炉生产的品种

（1）难熔活性金属及其合金，如 W，Mo，Ta，Nb，Zr，Hf，Ti 和 U 等。

（2）特殊合金：高温合金和精密合金。

（3）特殊不锈钢和耐热钢。

（4）重要的结构钢，特别是大型铸造用锭。

（5）高级滚珠轴承钢。

（6）大断面高速钢、工具钢。

（7）高纯度有色金属及其合金。

参 考 文 献

[1] 丁永昌，徐曾启．特种熔炼 [M]．北京：冶金工业出版社，1995.

[2] 任伟，唐佳佳，胡玲，胡晓妍．真空电弧重熔炉钢锭断面形状与电气控制的关系探讨 [J]．工程设备

与材料，2017（3）：109-110.
[3] 傅杰，胡尧和，赵俊华．A-286大断面自耗电极真空电弧重熔过程中元素的挥发行为［J］. 金属学报，1986，22（3）：B97-104．
[4] 计玉珍，郑赟，鲍崇高．真空电弧炉设备与熔炼技术的发展［J］. 铸造技术·压铸，2008（6）：827-829.
[5] 李献军．真空自耗电弧炉熔炼技术和铸锭质量问题［J］. 钛工业进展，2001（3）：16-23.
[6] 李正邦．真空冶金新进展［J］. 特殊钢，1999，20（4）：1-6.

6 电子束熔炼

6.1 概　述

电子束熔炼（或电子束重熔），也称电子轰击熔炼（图 6.1），是在高真空下（$1.33\times10^{-2}\sim1.33\times10^{-3}$Pa）利用作为阴极的电子枪发射出的高能电子束来轰击作为阳极的被熔化的料棒（或颗粒料）和金属熔池，电子束所具有的动能在阳极转换成热能，从而使金属熔化并提纯的一种熔炼方法。金属料棒被熔化成熔滴而滴落到水冷的铜结晶器中凝固成锭。电子束熔炼技术通常适用于熔炼难熔，而且要求超高纯度的合金或者金属，是一种极具发展前景的熔炼方法。

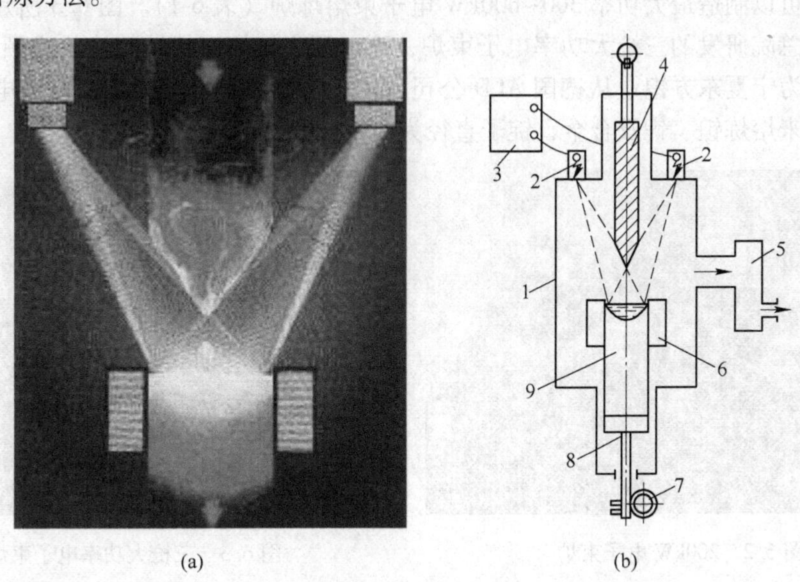

图 6.1　电子束熔炼示意图

1—带水冷的真空室；2—电子枪；3—高压电源和电子束扫描控制系统；4—自耗电极；5—真空系统；6—结晶器；7—抽锭机构；8—底盘；9—铸锭

电子束熔炼（ebm，electron beam melting）的概念，最早由皮拉尼（M. Von Pirani）于 1905 年提出，德国西门子（Siemens）公司将电子束熔炼法用于高熔点金属钽的提纯，发现重熔锭的纯度和加工性能都优于真空电弧炉重熔的锭子。但是，这种重熔法由于受到真空技术和工艺稳定性方面的条件所限，在较长时间内没有得到发展。直到 20 世纪 50 年代中期，由于市场对高纯度难熔金属的需求量增大，美国 Tomoscai 公司才将电子束熔炼技术发展到工业化生产规模，在钛、钨、钼、钽等高熔点金属的冶金领域获得应用。1959 年，民主德国 LEW 公司开发出了功率为 45kW 的电子束熔炼炉，20 世纪 60 年代又先后研制出200kW和1200kW的电子束熔炼炉，并向前苏联、中国等国出口；80年代，该公司又成功地开发了EH系列30W、80W、250W、600W、1200W高能电子枪，并与前苏联合作制造了5~7支EH1200kW高能电子枪的电子束熔炼炉。与此同时，联邦德国的莱宝-海拉斯（Leybold-Heraeus）公司和美国的康萨克（Consarc）公司相继开发出了用于W，Ta，Mo，Nb，V等高熔点金属熔炼的电子束滴流熔炼炉和用于回收钛废料，生产钛锭、钛板坯，熔炼高温合金，包括等轴细晶超强高温合金锭以及超强合金钢锭的电子束连续流熔炼炉。

1989年，日本建成了当时世界上最大的2500kW电子束熔炼炉，能生产出用于航天工业的重13t的圆锭（直径800mm）或扁锭（250mm×1250mm）。1990年，美国Timet公司开发出了两室电子束熔炼炉，金属在一个熔炼室内熔化的同时，另一个熔炼室则进行准备，从而显著提高了生产效率。1个4.5MW的电子束熔炼炉（6个50kV、750kW的电子枪），熔化速率可达2270kg/h，可生产35t的钛锭。

我国自1958年开始电子束熔炼炉的研究和试制工作，到20世纪60年代已经具备了工业化生产的规模。图6.2所示为钢铁研究总院从德国引进的200kW电子束重熔炉。1964年有色金属研究总院研制成功120kW电子束熔炼炉，1987年成功改造成200kW电子束熔炼炉。目前可以制造最大功率300~600kW电子束熔炼炉（表6-1）。图6.3所示为北京有色金属研究总院研发的三枪大功率电子束炉，可以用来熔炼海绵钛等块状或颗粒状原料。图6.4所示为宁夏东方钽业从德国ALD公司引进的1200kW（2支KSR600型电子枪）电子束炉，用来熔炼钽、铌及合金，锭子直径为100~500mm。

图6.2 200kW电子束炉

图6.3 三枪大功率电子束炉

表6-1 300~600kW电子束熔炼炉技术指标

电子枪额定功率/kW	加速电压/kV	加速电流/A	电子枪室真空度/Pa	电子束距离长度/mm	功率密度/W·cm^{-2}	阴极钨丝寿命/h	电子枪功率损失/h	电子枪阴极块寿命/h	炉室真空度/Pa
300	40	7.5	$10^{-4}\sim10^{-3}$	400~800	>2.5×10^5	>400	<3%	>2000	1.0×10^{-3}
600	45	13.4	$10^{-4}\sim10^{-3}$	400~800	>2.5×10^5	>400	<3%	>2000	1.0×10^{-3}

电子束熔炼从熔炼难熔金属钽（3015℃）、铌（2468℃）、铪（2227℃）、钼（2600℃）以及钨（3410℃）等开始，现已扩展到生产半导体材料和高性能的磁性合金以及部分特殊钢，如滚珠轴承钢、耐腐蚀不锈钢，以及超低碳纯铁等。此外，电子束熔炼炉

图 6.4　1200kW 电子束炉

还能用来熔炼某些耐热合金，特别是以铌或钽为主的含钨、含钼的合金。电子束熔炼法除用于钢和合金等金属材料的熔炼外，还可用它来熔炼不同性质的陶瓷和玻璃。

电子束熔炼法的不足之处在于生产率低，设备结构复杂，需应用高压直流电源，设备投资费用高。所以这种熔炼方法不可能成为特种熔炼的主要方法。如从生产费用方面分析，电子束重熔法是最高的。若以普通熔炼方法熔炼特殊钢的费用为 1，则其他熔炼法熔炼同容量、同钢种的费用分别为：电渣重熔法 1.75，等离子电弧重熔 2.03，真空电弧重熔 2.4，电子束重熔 2.72。

6.2　电子束熔炼的基本原理

在高真空条件下，电子枪的阴极灯丝被通电加热，当温度达到 2200~2600℃时，在阴极材料中有大量自由电子因受热而被激发逸出。若此时在阴极与阳极施加一个几万伏的直流电场，则激发出的自由电子在直流电场的作用下汇聚成电子束，以极高的速度向阳极运动。穿过阳极后，在聚焦线圈和偏转线圈的作用下，准确地轰击到结晶器内的底锭和料棒上，使底锭被熔化形成熔池，料棒也不断地被熔化滴落到熔池内，从而实现熔炼过程。电子束轰击被加热物料时，其绝大部分动能转变成热能使物料加热熔化，有一小部分动能（不超过 0.5%）转变成 X 射线。图 6.5 所示是电子束熔炼原理示意图。

电子枪的阴极材料选用钽、钨、钼和钍等难熔金属。阴极材料发射热电子的能力除取决于温度外，还与阴极材料的材质以及表面状况等因素有关。要求作为阴极的材料具有较强的发射热电子的能力和较高的熔点。热电子在电场中运动的速度，与阴、阳极之间的电位差成正比。电子束重熔炉直流电源的电压一般为几千到几万伏。在电场中，电子撞击阳极时的速度可用下式计算：

$$u = 593 \cdot \sqrt{\Delta V} \tag{6.1}$$

式中　u——电子撞击阳极时的速度，km/s；

ΔV——加速电场中的电压降，V。

对于一座 300~600kW 的电子束熔炼炉，其阴阳极间的电位差通常在 40~45kV 范围内，若取 ΔV =40kV，则

$$u = 593 \cdot \sqrt{40000} = 1.2\times10^5 \quad \text{km/s} \tag{6.2}$$

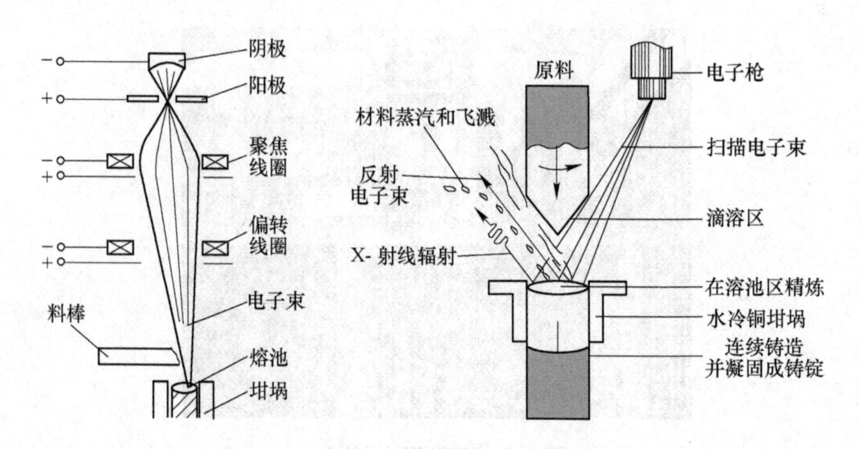

图 6.5　电子束熔炼原理

可见，轰击被熔炼材料的电子速度达到每秒 10 万千米以上。电子枪发射出来的电子束，除对料棒进行加热、熔化外，还可对金属液面加热，使之维持一个金属熔池。当采取抽锭方式即凝固的金属锭下降时，熔池的液面高度保持不变。由于电子束经电磁调焦后，能精确地铺展整个熔池表面，从而加热熔池，所以熔池表面过热度高，而且熔池也较浅，真空度又高，因而对精炼反应是非常有利的。电子枪可将几十至数百千瓦的高能电子束聚焦在 $1cm^2$ 的焦点上，产生 3500℃以上的高温。

电子束在熔化料棒的同时，还对金属熔滴和熔池加热。被精炼的金属在高真空和高温的作用下，其气体的析出、非金属夹杂的分解，以及碳的脱氧反应等，比其他熔炼方法有更优越的热力学条件。熔滴的形成、滴落以及金属熔池能维持较长的时间，使金属在真空中暴露的时间和比表面积均明显增大，这些因素均能促进精炼反应速率的提高。被精炼的金属又是在水冷铜质结晶器中凝固，可避免炉衬耐火材料对金属的玷污。所以，电子束重熔法兼有真空感应炉熔炼法和真空电弧重熔法的优点，同时却又避免了它们的不足。

电子束灵活的调节能力能有效地加热整个金属熔池的表面，可使金属熔池较长时间维持浅平，凝固后金属锭的铸态组织均匀、偏析很小、无缩孔。重熔过程中能有效地去除气体和夹杂以及一些有害的杂质元素，所以重熔后金属的物理性能、机械力学性能，特别是加工性能均得到明显的改善。例如，铌、钽、钼等金属及其合金，用其他真空熔炼方法熔炼的产品，塑性较差，脆性转变温度高，加工成型困难。但经若干次电子束重熔后，显著地降低了脆性转变温度，可以锻或轧成板材和棒材，甚至可抽成细丝。对于这一类难熔炼的金属和合金，电子束重熔法不失为一种较好的熔炼方法。

6.3　电子束熔炼炉的主要设备

典型的电子束熔炼炉一般由炉体、电子枪、进料系统、铸锭系统、真空系统、电源系统、冷却系统等 7 部分组成。电子束熔炼炉结构示意图如图 6.6 所示。

6.3.1 炉体

从图 6.2~图 6.4 可见，电子束熔炼炉炉体部分为一带水套卧式腔体，两边活动炉门，均采用 1Cr18Ni9Ti 不锈钢材料制造，炉体分别与电子枪、真空系统、进料装置、水冷铜结晶器、拉锭装置和观察测温相连接。

6.3.2 电子枪

电子枪是用来产生电子束的器件，是电子束熔炼炉的心脏。如图 6.7 所示，电子枪包括枪头（一般由灯丝、阴极、加速阳极、离子捕集器等组成）、电子束聚焦系统和电子束偏转系统等部分组成。电子枪按其结构形式可分为轴向枪、非自加速环形枪、自加速环形枪及横向枪等几种，以轴向枪应用最多。它们的基本结构及其在电子束熔炼过程中的工作情况如图 6.8 所示。

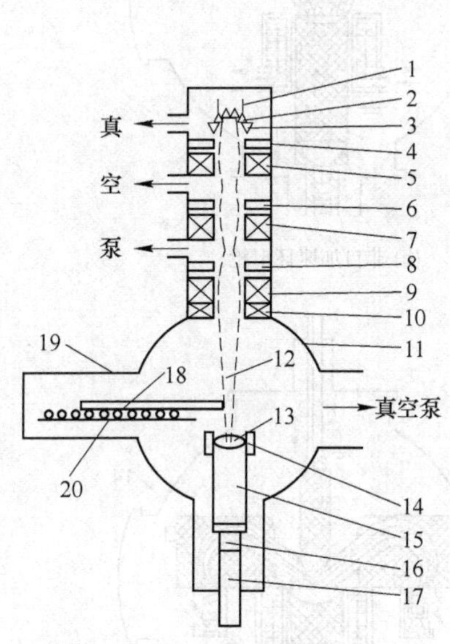

图 6.6 电子束炉结构示意图

1—加热阴极（钨丝）；2—发射阴极；3—聚束极；4—加速阳极；5—一次磁聚焦透镜；6—栏孔板；7—二次磁聚焦透镜；8—栏孔板；9—二次磁聚焦透镜；10—磁偏转扫描透镜；11—炉体；12—电子束流；13—熔池；14—结晶器；15—金属锭；16—锭座；17—拖锭杆；18—原料棒；19—给料箱；20—送料机构

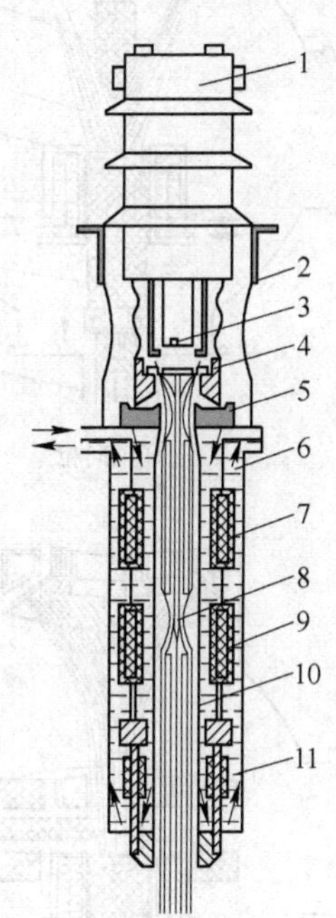

图 6.7 轴向枪内部结构示意图

1—绝缘瓷瓶；2—真空抽气口；3—加热阴极（灯丝）；4—块状阴极（由电子束加热）；5—加速阳极；6—冷却水；7—一次聚焦线圈；8—电子束；9—二次聚焦线圈；10—电子束导管；11—偏转线圈

6.3.2.1 轴向枪

轴向枪又分为间热式枪（或称皮尔斯枪）和直热式枪两种。图 6.7 所示为皮尔斯电子枪，其电子束发射元件是由加热阴极 3 和发射（块状）阴极 4 两部分组成。加热阴极是钨丝绕成的双螺旋形，当用 40~50A（电压 5V）的交流电通过钨丝时，钨丝可加热到

2800℃。在加热阴极和发射阴极之间加上1500V的直流电压，在此条件下，从钨丝发射出热电子，在外加电场作用下，撞击发射阴极。

发射阴极用钨或钽制成，其发射面呈球形，又称块状阴极。当加热阴极发射出的电子撞击到块状阴极时，块状阴极的温度升高到激发出热电子的温度（钨阴极为2750~2850K，钽阴极为2400~2550K）。此时，在块状阴极4与加速阳极5之间施加一个电压为几万伏的直流加速电场。由块状阴极激发出的热电子，会以1/3光速的速度轰击阳极（即被熔炼的炉料）。

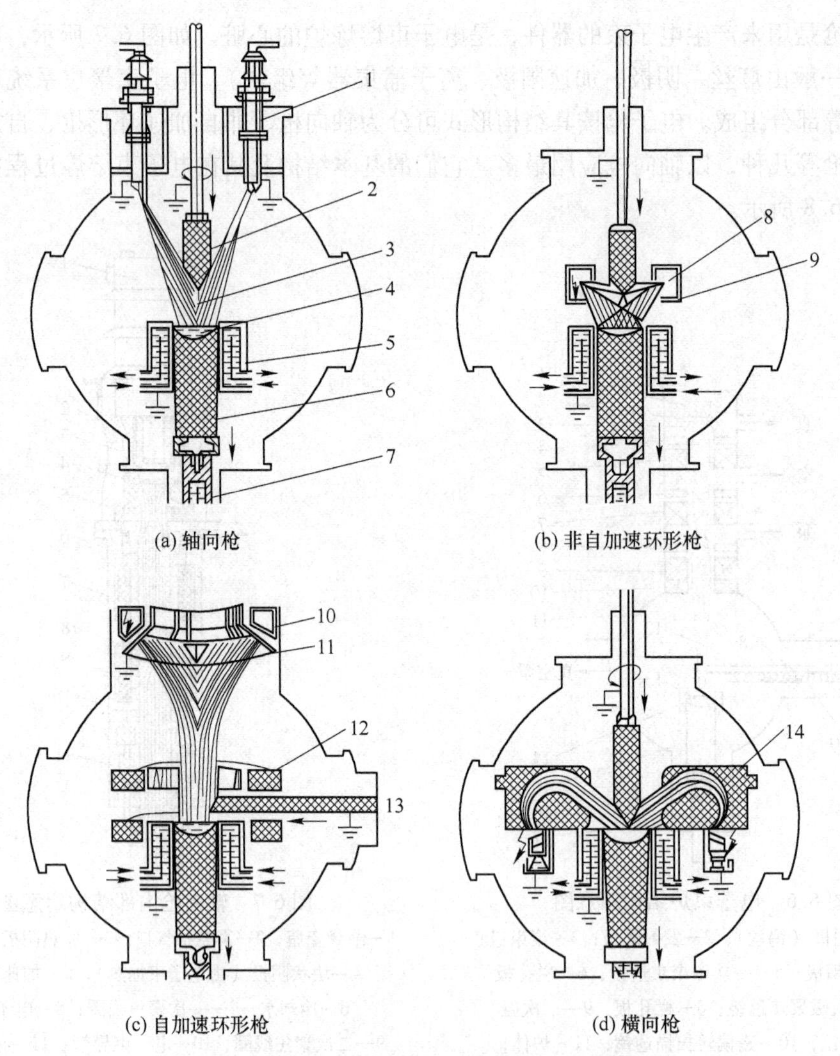

图6.8　几种电子枪的基本结构和工作情况

1—轴向枪；2—料棒；3—电子束；4—熔池；5—结晶器；6—锭子；7—拖锭机构；
8—非自加速环形枪；9—聚束极；10—自加速环形枪；11—加速阳极；
12—聚焦线圈；13—料棒；14—横向枪

从块状阴极发射出的热电子在加速电场的作用下向加速阳极（零电位）作加速运动，由于聚束阴极（安放在图6.7块状阴极4和加速阳极5之间，在图6.6中的3）的作用，电子束从加速阳极的中心孔通过，向下继续运动。聚束阴极是一个钼制的水冷空心圆锥形环，并与发射阴极处于等电位。加速阳极是由紫铜制成的空心圆锥体，安放在阴极与第一聚焦线圈7之间。

电子枪工作时，枪内的气体分子在阴阳极间的电场作用下发生电离。为了防止正离子对枪体的损害，设置有离子捕集器。它是一钼制的圆柱体，安放在加热阴极上面，并且正对着发射阴极中心。

为了不使已经穿过加速阳极中心孔的电子束发散，并能聚焦成束地射到被熔炼的棒料和熔池上，在加速阳极的下部，安置了两个聚焦线圈（也称磁聚焦透镜）（图6.7中的7和9）。第一个聚焦线圈是将电子束聚焦在电子束导管中，不让它发散；第二个聚焦线圈则用来控制电子束射到金属料棒及熔池表面上。

被电子束轰击的熔池表面部位温度很高，而靠近结晶器边缘部位温度会偏低，造成熔池表面温度分布不均。为了使电子束能射到熔池的任意部位，在枪内安装了偏转扫描透镜（图6.6中的10，图6.7中的11）。此偏转扫描透镜由两个十字状的磁力线圈组成。

间热式电子枪（皮尔斯枪）的缺点是结构复杂；优点是发射面积大、束电流大、阴极使用寿命长（可达100~150h），适合于制作大功率枪（几百千瓦至上千千瓦），应用较为广泛。直热式电子枪的阴极通常是绕成螺旋状的钨丝，通电加热后自身发射电子束。直热式电子枪的优点是结构简单，缺点是发射稳定性差、功率小（一般不超过60kW）。

轴向枪与其他几种电子枪相比，有如下一些特点：枪体本身有独立的真空系统，因而阴极的使用寿命较长；由于枪室可单独抽真空，从而熔炼室压力可高于枪室压力1~2个数量级，使得电子束熔炼的材料更广泛，某些含气量较大的材料亦可进行熔炼。由于枪的阴极距熔炼区较远，因而不易被金属的蒸气所污染；电子束射出的方位以及它的密度可以按熔炼时的需要进行调节。因此在重熔过程中，可以使射出的电子束，一部分落到棒料上使它加热、熔化，另一部分可射向熔池表面，使熔池表面保持高温液态。由于轴向枪的以上优点，在工业生产中得到广泛应用。为了增大炉子容量和实现不同熔炼目的，还经常采取多支轴向枪联合使用的方案。

6.3.2.2 非自加速环形枪

非自加速环形枪电子束熔炼炉（图6.8b）的环形枪头距金属熔池仅有20mm左右，故又称近环形枪电子束熔炼炉，其阴极受金属蒸气和喷溅物的侵蚀，寿命一般只有几个小时，但它具有制作容易、成本低的特点，故常用作实验室设备。

这种枪结构最简单，它的阴极是一圆环形钨丝，而且围绕在被熔材料的周围，离结晶器较近。为了控制阴极发射出的电子束的方向，在阴极的四周设有聚束极。

6.3.2.3 自加速环形枪

为了克服非自加速环形枪的不足，可在圆环形阴极下方，安放一个加速阳极，并使电子束通过加速阳极的环形孔隙，然后射向被熔的金属料上。这种结构形式，使加速阳极起到了一定的屏蔽金属蒸汽的作用；同时，由于电子得到加速，所以可将阴极放在距离被熔炼金属材料较远的地方。为了使电子束沿着一定的方向射到熔池表面，因此在结晶器的上方安放两个聚焦线圈。

自加速环形枪电子束熔炼炉（图6.8c），加大了阴极和金属熔池间的距离，故又称远环形枪电子束熔炼炉，其阴极的工作条件有所改善，但寿命也不超过 20h。由于重熔金属蒸汽对阴极的污染未解决，因而在生产中较少采用这种枪。

6.3.2.4 横向枪

横向枪（图 6.8d）和结晶器上口几乎处于同一平面，故又称平面电子束熔炼炉。它既具有环形枪电子束熔炼炉的优点，其阴极工作条件又得到了显著改善，使用寿命可提高到 100h 以上，但它与环形枪电子束熔炼炉一样，枪处于熔炼室内，故熔化时真空度不能太低。

横向枪不需要单独的真空系统，它的阴极是两根相当长的平行钨丝。电子束受电磁铁磁场的作用，而使其运动方向发生偏转，这种偏转角度可大于 180°。由于电子束方向能发生如此大的偏转，所以阴极可安放在距离熔区较远的地方，这样也可以减少被熔金属蒸汽的污染。阴极的使用寿命比非自加速环形枪和自加速环形枪要长一些。

6.3.3 进料系统

如果原料为预制好的自耗电极时，一般采用纵向或横向机械进料方式；如果原料为屑、块或颗粒状时，则采用给料仓的方式。因而，根据原料的物理状态可将电子束熔炼分为滴熔法和池熔法两种形式，如图 6.9 所示。滴熔法（图 6.9a 和 b），原料制成棒状自耗电极，从水平或垂直方向进到电子束通路中，料棒端头受电子束轰击后，熔化成熔滴，滴入结晶器内的熔池中。池熔法（图 6.9c 和 d），原料呈屑、块或颗粒状，通过给料器直接加到熔池中，电子束轰击熔池表面使之熔化。前者冶金效果（除气、去夹杂）好；后者便于将碎料熔成棒料，熔炼过程中还可调整合金成分，因此两者常配合使用。

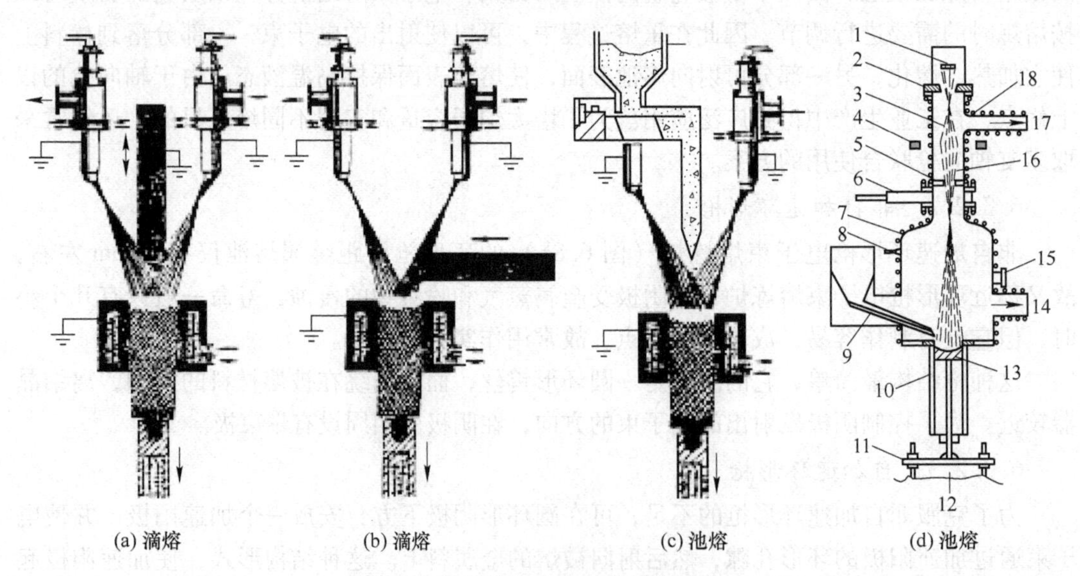

图 6.9 滴熔法与池熔法电子束熔炼

1—阴极；2—加速阳极；3—电子枪室；4—聚焦绕圈；5—隔片；6—4in 闸式阀；7—熔炼室；8—离子真空计；9—振动式给料器；10—水冷铜结晶器；11—拉锭器；12—向下拉锭；13—锆锭；14—接 10in 油扩散泵；15—窥视窗；16—电子束；17—接 4in 油扩散泵；18—水冷却绕管

6.3.4 真空系统

真空系统包括真空机组、真空室、真空管道及阀门和真空测量系统等。

真空系统在电子枪室内部获得 10^{-3}Pa 真空度，确保电子束的发射聚焦；在炉体内部获得 10^{-2}Pa 真空度，防止金属氧化、促使杂质蒸发。

某 300kW 电子束炉的电子枪真空系统采用 3 套 F-450 型涡流分子泵（每台抽速 450L/s），每台泵前各有 1 只 GCD-150 高真空插板阀，以及 2X-30 型旋片泵，为前级泵，组成清洁无油真空系统，不会对电子枪室造成油污染，而且启动快，抽速平衡。

熔炼炉室真空系统由 2 台 KT-600 扩散泵为主泵（抽速共 34000L/s），前级泵为 1 台 ZJP-1200 带旁通阀的罗茨泵（抽速为 1200L/s），1 台 H2150 滑阀泵（抽速为 150L/s），2 台 2X-15 机械泵作为扩散泵的维持泵，以及与之配套的各种阀门（如电磁放气阀、气动挡板阀、电磁真空充气阀、气动蝶阀、水冷挡板）等部件组成。这样的真空系统能保证高阀打开以后很快进入 10^{-3}Pa，并能在熔炼的过程中保证炉室的真空度。

6.3.5 高压电源

整个系统由主高压电源、副高压电源、灯丝电源三部分组成。

（1）主高压部分。由晶闸管交流相控装置、交流调压器、主高压变压器、高压三相整流器、平波电抗器、滤波电容器及保护、取样部分组成，主高压调节范围 3~30kV，直流电流输出能力 7.0A，电压闭环控制，稳压精度 1%。取样电路接地系统由需方提供可靠的稳定接地点。

（2）副高压部分。由晶闸管交流相控装置、副高压隔离升压变压器、三相桥式整流电路、副高压平波电抗器组成。晶闸管交流相控装置按束流电流闭环设计，束流控制和调节由该部分实现。输出直流电压的调节范围 300~3000V，束流反馈由分流器提供。

（3）灯丝部分。由晶闸管交流相控装置、隔离变压器、电流取样部分组成。交流相控装置按灯丝电流闭环设计，灯丝电流 80A，电压 25V，灯丝电流稳定度 1%，灯丝可脱离主高压、副高压单独设定。

6.3.6 铸锭系统和冷却系统

铸锭系统包括水冷铜结晶器、拉锭机构和出锭机构等。

电子束炉的结晶器与真空电弧炉的结晶器相似，用紫铜制成，并通水冷却。结晶器的底部有固定式和活动式（用于抽锭）两种；并且根据金属成品的不同要求，结晶器的内腔截面可制成圆形、环形或矩形，以拉出相应的金属锭。

对于底部活动式的结晶器，需安装抽锭机构。这是因为当结晶器内金属不断凝固时，为了使熔池液面始终保持一定的高度，已凝固的金属锭需要不断地向下抽引。电子束炉的抽锭机构可采用机械传动和液压传动两种。

冷却系统包括全部冷却用水及管道阀门等，有集流水箱、有水温、水流、水压连锁保护指示。

6.4 电子束熔炼工艺及其冶金特点

6.4.1 电子束重熔工艺

一方面，开炉前，应对炉子各部位认真检查，以免由于设备中的隐患而使熔炼过程中造成事故或热停工抢修；另一方面应准备好被重熔的炉料。电子束炉的炉料有铸（或锻）成的金属棒料，这种棒料的断面尺寸要求不太高，但应该尽量匀称。熔炼前还要将料棒外表的氧化物清除掉。除料棒外，根据原料情况，还可将屑状料和粒状料压成条状，并打捆成棒。有的电子束炉除能采用上述料棒为原料外，还可直接采用粒料、块料以及加工时的车屑为原料。

熔炼前，将结晶器和棒料安装好，随后密封炉体，抽真空。当炉内真空度达到（1.33~3.99）$\times10^{-3}$Pa 时，再开始送电加热阴极，并同时通水冷却。开始送电阶段，电子枪室的真空度会有所下降，等真空度恢复后，再送高压。送电后，应随时通过窥视孔观察电子束的聚焦和偏转情况，并根据情况随时进行调整，使射到棒料和熔池表面的电子束数量有一合理的比例。

开始送电时的功率不宜太大，当结晶器内已有一定数量的金属液，并且金属熔池有一定深度以后，再逐渐加大功率，达到正常的熔炼速率。重熔过程中，应特别注意防止电子束打在结晶器壁上而损坏结晶器，以致造成事故。重熔时，应根据金属熔池的液面高度来判断抽锭开始的时机，并且还应始终注意抽锭速度与金属熔化速率之间的配合。

6.4.1.1 熔化功率

实际生产中，常用图解法来求电子束熔化功率。由图 6.10 可以看出，熔化功率与材质有关；材质相同时，与铸锭直径的平方成正比；而当功率一定时，则铸锭直径的自然对数与金属材料的熔点成反比。

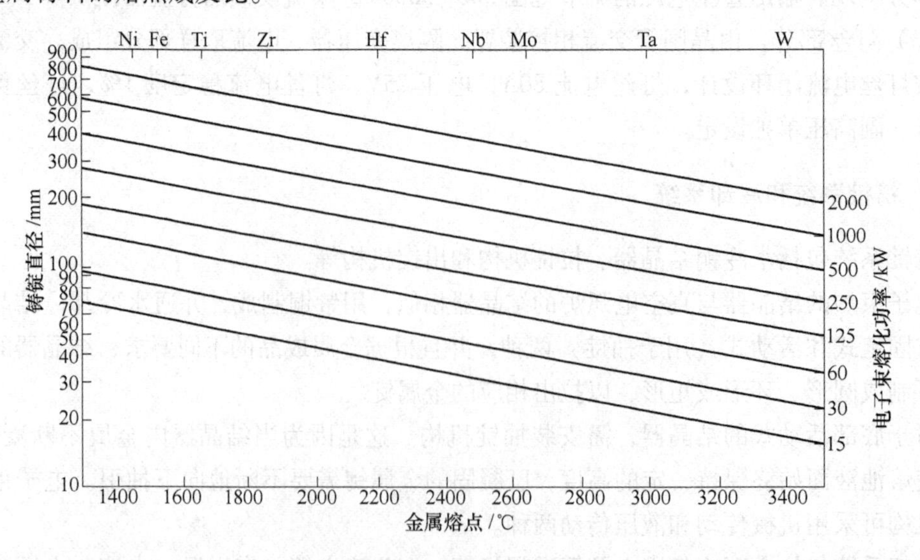

图 6.10 电子束熔化功率与金属熔点及铸锭直径的关系

6.4.1.2 熔化速率

金属的熔化速率可用下式决定：

$$V_{熔} = \frac{N}{60E} \tag{6.3}$$

式中 $V_{熔}$——平均熔化速率，kg/min；

N——熔化功率，kW；

E——单位总电耗，kW·h/kg。

重熔过程中，电能并非全部消耗于加热和熔化金属，而是有相当一部分用于加热金属熔池。例如钢和镍基、钴基合金，用于加热和熔化所消耗的电能仅为0.35~0.5kW·h/kg，而钨、钼等难熔金属，也只有2~3kW·h/kg，仅占总的单位电耗的20%~35%（表6.2）。

单位总电耗E与熔化速率$V_{熔}$的关系十分明显。若总的单位电耗不变，当提高进料速率时，熔化速率会相应加快，因此加热、熔化料棒所占的电能比例增大，而加热熔池所占的比例则减小。在正常的重熔情况下，料棒的熔化速率和金属熔池的温度之间应有一定的配合。如果单位总电耗E增加，而反映出的重熔熔化速率变慢，则金属熔池的温度必然会过高；相反，若单位总电耗过低，而反映出来的熔化速率较快，则金属熔池的温度将会偏低，甚至熔池温度分布不均，影响重熔过程中精炼反应的进行。

表6.2 电子束重熔不同金属时的单位电耗

金属类别	$D_{结}$/mm	E/kW·h·kg^{-1}	加热熔化料棒的单位电耗/kW·h·kg^{-1}
纯铁	ϕ230	1.5~2.5	0.35~0.5
钢	ϕ230	1.5~5	0.35~0.5
镍基合金	ϕ230	1.3~2.5	0.35~0.5
钨	ϕ80	20~25	2~3
钼	ϕ80	8~10	2~3

注：电子束炉的功率为200kW。

6.4.2 电子束重熔的冶金特点

电子束重熔法是在高真空和高温的条件下使钢或合金获得净化精炼的一种熔炼方法。它与钢和合金的其他特种熔炼方法相比，有以下特点：

（1）电子束重熔是在很高的真空度（10^{-2}~10^{-3}Pa）下进行的。它比真空感应炉、真空电弧炉的真空度要高得多。因此对于金属中的气体、非金属夹杂以及某些有害元素的去除要完全和彻底得多。净化精炼反应的速率也较其他真空炉来得高。

（2）在重熔过程中能对熔化炉料的功率和加热熔池的功率分别进行调节，因而当熔化速率改变时，仍可使熔池保持所需要的温度。由于能对熔化炉料的功率进行调节，加之送料速率可以调节控制，因此可在较大范围内调整金属炉料的熔化速率。

（3）由于射到阳极上的电子束释放出很高的能量，可达到10^4~10^8W/cm^2，使金属熔池能达到很高的温度，这不仅有利于重熔过程中精炼反应的进行，并且可用于熔炼钽、铌、钨、钼等高熔点金属，也可熔化非金属氧化物。

（4）电子束的可控性好，所以可通过控制电子束来控制熔池的加热部位，从而保证熔池温度分布均匀。这将有利于得到表面质量和结晶组织优良的金属锭。

（5）电子束炉不仅能熔化料棒，还可设计成能熔化块状、屑状或粉末状的金属料。

6.5 电子束重熔的效果

6.5.1 金属中气体和夹杂的去除

电子束熔炼的最大特点是可以较长时间保持高真空、高温和液态金属，因此对气体、杂质元素以及其低价氧化物的去除十分有利。表6.3给出了1873K时铁液中气体元素含量与真空度之间的热力学平衡关系。在常规的冶金反应器中进行真空熔炼，由于受到动力学因素的制约，很难达到表6.3所示的气体含量，但电子束熔炼优越的动力学条件，可以使实际结果更接近平衡。

表6.3 1873K铁液中气体杂质的平衡含量

真空度/Pa	氢/×10⁻⁴%	氮/×10⁻⁴%	C0.2%时的平衡氧含量/×10⁻⁴%
10^5	25	487	102
10^4	8	153	10
10^3	2.5	48.5	1
10^2	0.79	15.3	0.1
10	0.25	4.8	0.01
1	0.079	1.5	0.001
10^{-1}	0.025	0.48	10^{-4}
10^{-2}	0.008	0.15	10^{-5}

通过对不同材料的试验，也证明了经电子束重熔后所得材料的纯度最高，从而可使金属的性能大大改善和提高。电子束重熔镍基高温合金、不锈钢、滚珠轴承钢后，金属中气体杂质的去除效果见表6.4~表6.6。

表6.4 电子束重熔镍基合金的去气效果

合金牌号	$N/10^{-6}$		$H/10^{-6}$		$T.O/10^{-6}$	
	重熔前	重熔后	重熔前	重熔后	重熔前	重熔后
Udimet700	120	20	10	1	230	25
Nimonic105	110	25	10	1	200	20
Waspalloy	105	25	80	1	210	25

表6.5 真空电弧炉和电子束炉重熔0Cr18Ni10的去氮效果

牌号	重熔方法	$N/10^{-6}$	
		重熔前	重熔后
0Cr18Ni10	真空电弧炉	140	100
	电子束炉	140	60

表 6.6 电子束重熔滚珠轴承钢的成分变化

金属状态	w[元素]/10^{-6}									
	C	Mn	P	S	Cr	Cu	Ni	N	H	T.O
重熔前	1.05	0.28	0.015	0.015	1.50	0.06	0.110	0.0070	0.0001	0.0040
重熔后	1.03	0.04	0.008	0.008	1.41	0.01	0.012	0.0013	0.00014	0.0007

若以熔炼 1Cr18Ni12Ti 为例，对真空自耗电弧等四种不同重熔方法进行比较，发现电子束重熔的脱氧效果最好。不同方法重熔后钢中的氧含量见表 6.7。

表 6.7 几种方法重熔 1Cr18Ni12Ti 后的氧含量

重熔方法	真空电弧	电渣	等离子弧	电子束
T.O/10^{-6}	30	50	13	10

电子束重熔法不仅对钢和合金有很好的除气能力，对纯金属也是如此。表 6.8 和表 6.9 列出铌、钨、钼经电子束熔炼后的气体含量变化。对于某些特殊用途的金属，甚至可通过多次重熔的办法，使金属达到更高的纯度。

表 6.8 电子束重熔铌后气体含量的变化

金属状态	锭料直径/mm	熔炼速率/kg·h^{-1}	电子枪功率/kW	真空度/mmHg(×133.322Pa)	金属收得率/%	蒸发损失/%	气体含量/10^{-6}		
							N	H	T.O
预烧结铌棒							85	2	1560
一次熔炼	40~50	8	50~80	1×10^{-4}	—	—	30	1	105
二次熔炼	40~50	8~10	70~100	5×10^{-5}	90	4	15	1	15
铌丸或粒料							105	4	2100
一次熔炼	40~60	6~8	50~80	1×10^{-4}	—	—	40	1	80
二次熔炼	60~80	8~10	70~100	5×10^{-5}	90	4	15	1	20

表 6.9 电子束重熔钨、钼后气体含量的变化

金属状态	锭料直径/mm	熔炼速率/kg·h^{-1}	电子枪功率/kW	真空度/mmHg(×133.322Pa)	金属收得率/%	蒸发损失/%	气体含量/10^{-6}		
							N	H	T.O
预烧结的钨棒							30	1	4100
一次熔炼	40~50	4	120~160	1×10^{-4}	—	—	11	1	115
二次熔炼	40~50	4	120~160	6×10^{-5}	90	6	2	1	5
预烧结的钼棒							51	2	810
一次熔炼	40~60	6~8	50~90	$(1\sim2)\times10^{-4}$	—	—	15	1	105
二次熔炼	60~80	8~10	70~100	5×10^{-5}	86	6	3	1	6

重熔后金属中的气体含量除与重熔次数有关外，还与每次重熔的时间有关。图 6.11 所示为金属铌中氧和氮的含量与重熔时间的关系。由图可见延长重熔时间可显著地降低金属中氧和氮的含量。但是重熔时间延长，即表示熔化速率降低，这将降低生产率和增加生产成本。

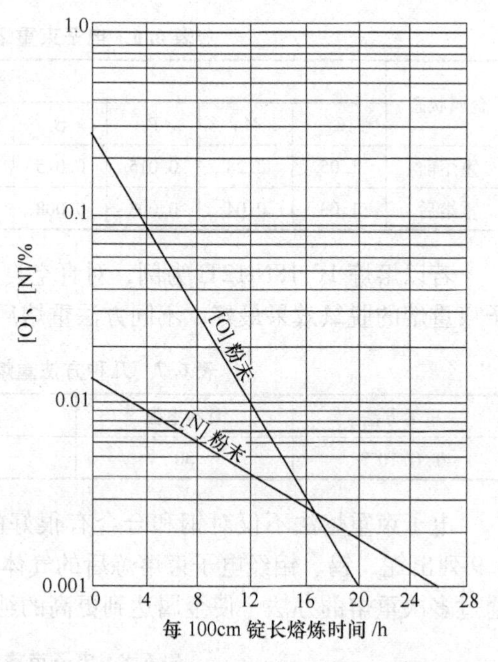

图 6.11 电子束重熔铌时除气与时间的关系

电子束重熔法对去除金属中的非金属夹杂也有较为理想的效果。表 6.10 比较了几种熔炼方法熔炼 ЭИ867 合金的非金属夹杂物的含量。

6.5.2 金属中夹杂元素的去除

真空熔炼中，凡蒸气压为待提纯金属蒸气压 100 倍左右的杂质，在高温真空精炼时都能有效地除去，如杂质铁、铝、硅等的蒸气压超过钛的 100 倍，故真空熔炼钛时，这些杂质能有效地除去。电子束炉的工作真空度高，同时可方便控制熔速和电子束能量分布，使熔液过热度高且停留时间长，更有效地去除氢、氯、钙、镁等元素，使其达到很低的水平，因此，其提纯效果更好。难熔金属中的碳、钒、铁、硅、铝、镍、铬、铜等均可挥发除去，其含量达到低于分析法准确范围，有的可达到光谱分析极限水平，比精炼前可降低两个数量级，得到晶界无氧化物的钨和钼。因此，电子束炉生产钛合金时，较基体钛饱和蒸汽压高的元素，挥发损失比电弧炉熔炼更强烈，难以控制化学成分，较适宜生产纯钛铸锭。

表 6.10 不同方法熔炼 ЭИ867 合金中的非金属夹杂的含量

熔炼方法	试片数	视场数	AlN 夹杂金相定量分析		SiO_2 夹杂的化学分析/%
			一个视场的夹杂物数	夹杂物含量/%	
非真空感应炉	5	100	4.1	0.042	0.009
真空感应炉	5	100	1.6	0.014	0.002
等离子炉	4	80	3.9	0.024	0.0002
电子束炉	3	250	0.2	0.002	0.0002

6.5.3 金属性能的改善

电子束熔炼金属，和其他方法熔炼金属一样，应对其基本理化性能、化学成分、杂质含量、铸态组织等进行常规测试与分析。通常电子束熔炼金属具有高的纯洁度与良好的铸态组织，从而具有高的机械性能，特别是高的塑性、韧性及各向同性系数。当电子束重熔合金结构钢时，若与普通熔炼方法相比，其材料的伸长率提高了 35%，断面收缩率提高 65%，而 a_K 值几乎提高了 1 倍，各向同性系数从 0.6 提高到 0.9。应该指出：电子束熔炼过程中，由于熔池温度高，过热度大，金属处于液态的时间长，因此铸锭在凝固时，柱状晶发展，这就给开坯带来不利的影响，所以在制定工艺参数时，应考虑防止柱状晶过分长大的问题。另外，电子束熔铸锭还易产生一些表面冶金缺陷，如表面横向裂纹、冷隔、表面不光滑等，这些都应通过优化工艺参数及提高操作技术水平来解决。

6.6 其他电子束熔炼炉

6.6.1 电子束凝壳炉

电子束凝壳炉的结构和真空电弧凝壳炉结构相同，它是在电子束熔炼炉的熔炼室内加入一套铸造系统，用于真空铸造，主要是钛及钛合金的真空铸造。

6.6.2 多用途电子束熔炼炉

多用途电子束熔炼炉是一种以电子束为热源，在不同类型坩埚内，对高熔点活泼金属进行熔化、精炼、提纯熔炼的设备，如图 6.12 所示。这种设备适合于做成满足研究开发用的小型熔炼炉，也可用来进行小批量的生产。可按照不同的熔炼目的选择坩埚类型、被熔炼材料供给方式、电子枪输出功率。可以用来熔炼提纯 Ti，V，Nb，Ta，Mo，W，Fe，Si，Al，TiO_2等材料。

图 6.12（a）为熔化棒料的电子束炉，电子枪发射的电子束对送进的棒料进行轰击，使棒料熔化、滴落进入角形坩埚内进行充分熔炼提纯，然后将金属液倾倒至可以抽锭的水冷铜结晶器内，凝固成锭。

图 6.12（b）为熔化颗粒料的电子束炉，供料装置将颗粒料送入角形坩埚中，电子枪发射的电子束将角形坩埚中的颗粒料进行轰击、熔化。金属液在角形坩埚内进行充分熔炼提纯，再将金属液倾倒至可旋转的水冷铜坩埚内，凝固成锭。为了满足不同的工艺需要。水冷铜坩埚可以有三种不同的选型：水冷点坩埚、水冷条状坩埚和水冷倾倒坩埚。

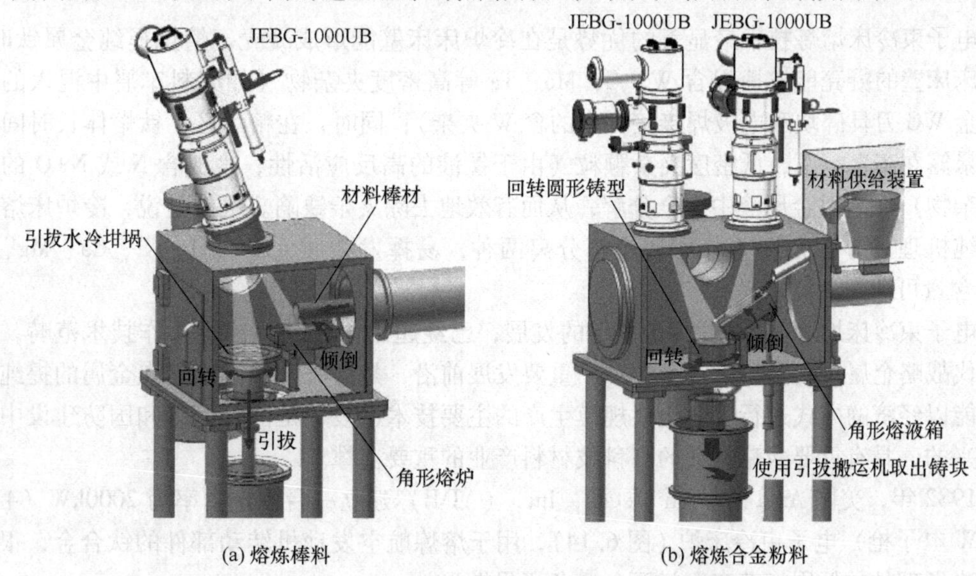

(a) 熔炼棒料　　(b) 熔炼合金粉料

图 6.12 BS-EBM 系列多用途电子束熔炼炉

6.6.3 电子束冷床熔炼（EBCHM）或电子束连续流熔炼（EBCFM）

电子束冷床熔炼（electron beam cold hearth melting，EBCHM）炉或称电子束连续流熔炼（electron beam continous flow melting，EBCFM），是20世纪70、80年代，为解决钛废料回收问题，以及解决真空自耗电弧重熔法生产的用于航空工业的钛合金部件的冶金缺陷而诞生的多功能电子束熔炼方法。电子束冷床熔炼技术是一种把电子束熔炼技术与冷炉床技术结合，在高真空下进行熔炼、精炼和浇铸的冶金技术。与真空自耗重熔不同，其主要特征是用一个可以进行精炼的冷炉床把原料或电极的熔化、精炼与浇铸分开（图6.13），以电子枪的强流电子束作为熔炼热源，使金属或合金熔化，熔融的金属液在特殊设计的冷炉床（一种比较浅的狭长水冷铜质坩埚）流动，完成金属液的精炼、净化，消除返回料中可能混杂的所谓高密度和低密度夹杂物，确保流入坩埚区金属液的纯净化，最后在水冷坩埚内冷凝成铸锭，随着熔化持续进行，凝固的铸锭在拉锭机构的作用下不断从坩埚底部被拉出，最终形成一个整体铸锭。

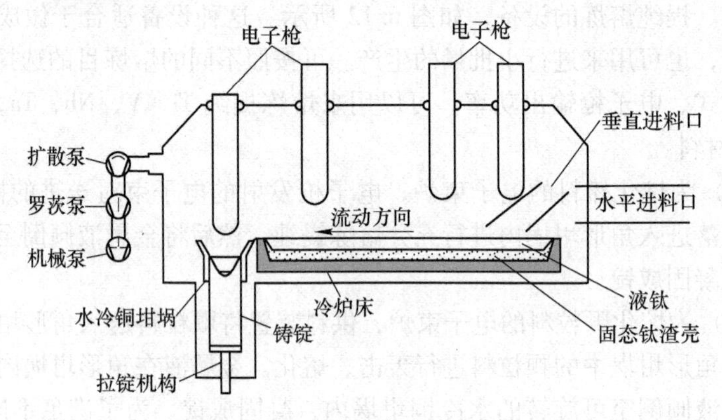

图6.13 电子束冷床熔炼炉示意图

电子束冷床熔炼技术最显著的优势是在冷炉床床壁能形成凝壳。熔炼提纯金属钛时，冷炉床床壁的凝壳能够捕捉含W，C，Mo，Ta等高密度夹杂物（如废料车屑中混入的硬质合金WC刀具碎块和电极焊接接头中的含W夹杂）；同时，在精炼区，钛熔体长时间大面积暴露在高真空下，低密度夹杂颗粒（由于钛液的高反应活性，生成含N或N+O的稳定夹杂物）在高温金属液中完全分解，从而有效地去除夹杂缺陷。也就是说，冷炉床熔炼的提纯机理可分为密度差分离和溶解分离两种，易挥发杂质元素（H、Cl、Ca、Mg、K等）含量可达到最低水平。

电子束冷床熔炼技术经过40多年的发展，已经超出了传统的冶金操作技术范畴，成为当代战略金属钛冶金科学技术的一个重要发展前沿，是活泼金属和高熔点金属的提纯和净化能以经济的方式进行工业化大规模生产的主要技术手段，是国民经济和国防建设中一种新兴的，具有重要战略意义的高科技材料产业的重要支撑。

1982年，美国Axel Johnson Metals，Inc.（AJMI）建立一台额定功率为2000kW（4支600kW电子枪）电子束冷床炉（图6.14），用于熔炼航空发动机转动部件的钛合金，很好地解决了部件的低周疲劳寿命问题，避免了早期失效。

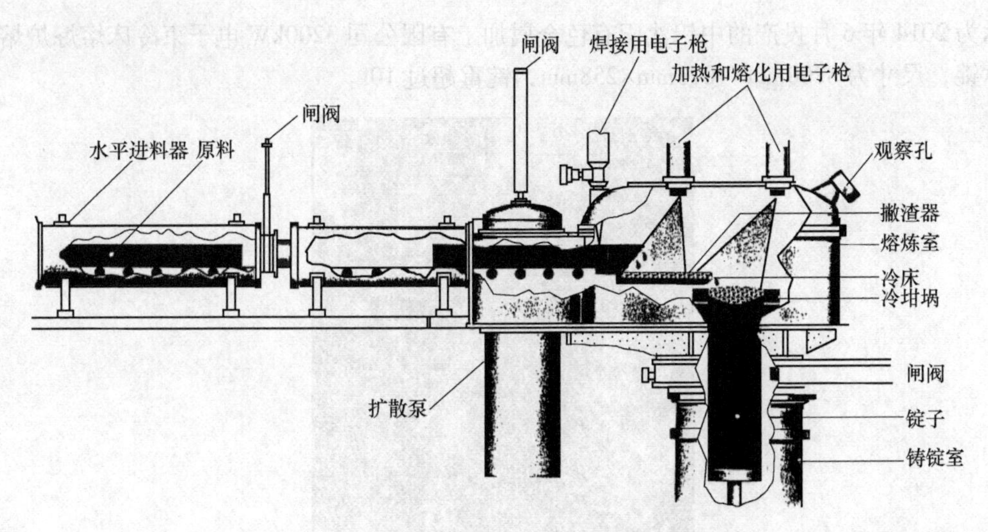

图 6.14 2000kW 大功率电子束冷床炉示意图

日本矿业日立工厂的 ESP100/1200CF 电子束冷床熔炼炉，电子束功率为 1200kW，主要用于生产高纯特殊钢、镍基和钴基高温合金，用海绵钛及废钛生产纯钛锭和用直接滴流法生产难熔、活泼金属及其合金，产品最大尺寸为 3000mm×350mm×250mm 的扁锭或直径为 800mm 的圆锭。用 EBCFM 炉子还可以生产细晶盘坯及锭子，图 6.15 所示是用 EBCFM 方法在 ES2/12/200CF 炉子上生产细晶盘坯的示意图。用这种方法可以得到宏观晶粒尺寸小于 0.2mm 的 INCO718 超细晶涡轮盘坯。这种炉子变更铸造系统后可进行真空铸造，也可用于旋转制粉。

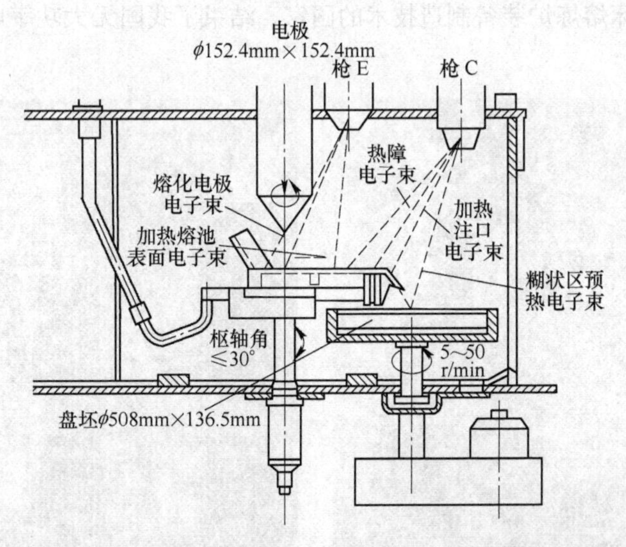

图 6.15 用 EBCFM 法制备超纯细晶盘坯示意图

随着航空工业的迅速发展，我国对电子束冷床熔炼技术的研究和工业应用发展较快，先后引进建成了多套电子束冷床熔炼炉，分别是西北有色金属研究院（1 台 500kW）、宝钛股份（1 台 2400kW）、宝钢特殊钢（1 台 3200kW）、中铝沈加（1 台 3200kW）。图 6.16

所示为2014年6月投产的中铝沈阳有色金属加工有限公司3200kW电子束冷床熔炼炉熔炼的钛锭，尺寸为8200mm×1073mm×258mm，锭重超过10t。

图6.16 中铝沈加EBCHM炉熔炼的钛锭

攀枝花大江钒钛新材料有限公司和攀枝花云钛实业有限公司分别于2016年用国产大功率电子束冷床熔炼炉生产出了8m长的钛圆锭和扁锭（图6.17），标志着我国自主研发钛工业装备和技术水平再上一个新台阶，使我国成为继美国、德国、乌克兰之后第四个掌握大功率电子束冷床熔炼炉装备制造技术的国家，结束了我国无大功率电子束冷床熔炼炉制造能力的历史。

图6.17 攀枝花大江钒钛和云钛实业EBCHM生产的钛锭

参 考 文 献

[1] 丁永昌，徐曾启．特种熔炼［M］．北京：冶金工业出版社，1995.
[2] 马立蒲，刘为超．电子束熔炼技术及其应用［J］．有色金属加工，2008，37（6）：28-31.
[3] 谢建新．浅谈 1200kW 电子束炉熔炼工艺［J］．矿冶，2013，22（4）：77-79.
[4] 尹中荣，马元，郑杰，等．新型电子束熔炼炉的研制［J］．真空，2003（6）：44-47.
[5] 邹武装．冷床熔炼炉的最新发展［J］．世界有色金属，2011（9）：48-50.
[6] 田世藩，马济民．电子束冷炉床熔炼（EBCHM）技术的发展与应用，2012（2）：77-85.
[7] SHIMIZU Fumiyuki，YANO Toshihiro，UMEMOTO Yasushi，YUKAW Yasumasa. Electron Beam Cold Hearth Melting and Refining（EB-CHR）of Refractory Metals［J］. ISIJ International，1992，32（5）：656-663.
[8] Paton B E，Trygub M P，Akhonin S V. 钛、锆及其合金的电子束熔炼［M］．樊生文，王殿儒，张海峰，等译．北京：机械工业出版社，2014.

7 等离子熔炼

7.1 等离子熔炼及其特点

等离子体是一种强有力的高温热源，它不仅广泛地用于焊接、切割、喷涂、喷焊、化工，以及气动热模拟实验等领域，而且还用于冶金工业，即等离子体熔炼。

等离子体熔炼，就是利用等离子弧作为热源用来熔化、精炼或重熔金属的一种新型熔炼方法。它既可熔炼金属材料，又可熔化非金属材料。

等离子体技术在冶金中的应用最早可追溯到18世纪中叶由肯耐斯里（E. Kinnersly）等人完成的用电火花熔化金属的尝试。现代等离子熔炼技术始于20世纪50年代末至60年代初的美国联合碳化物（Union Carbide）公司所属的林德（Linde）公司。在同一时期，前苏联、东欧国家以及日本也进行了许多研究工作，并将其应用于工业生产。进入20世纪80年代，等离子熔炼技术已比较成熟，特别是在钢水加热方面的应用发展较快，如等离子钢包加热和中间包加热。中国于20世纪70年代初开始研究等离子熔炼技术并建成了一些实验设备和容量在0.5t以下的工业炉。等离子熔炼已在许多国家得到开发和应用，涉及的冶炼产品也十分广泛，但总的产量还较低。等离子冶金用氮气作为工作气体，可以熔炼高氮奥氏体不锈钢，还可以利用等离子冶金来制取超细粉和纳米粉等。

等离子熔炼的特点是电弧具有超高温并可有效地控制炉内气氛，因而适合于熔炼活泼金属、难熔金属（W，Mo，Re，Ta，Zr）及其合金，尤其是高温合金和精密合金的生产。

7.1.1 等离子体简介及其分类

等离子体的概念最早由美国科学家Langmuir在1920年提出。等离子体是物质的一种独立存在的形态，是由自由电子、阳离子和中性粒子等组成的，整体呈电中性的物质形态。通俗地说，等离子体就是电离的气体。自然界中等离子体并不鲜见，宇宙中99%以上的可见物质处于等离子体状态。在地球上能够观察到的等离子的自然形式是闪电，或者是南北两极出现的极光。在我们生产或生活中常见的焊接电弧、日光灯、闪电等均属于等离子体。

如图7.1所示，我们在生产和生活中经常遇到的物质形态有三种，即固态、液态和气态。随着能量输入的增加，物质的状态会发生变化，从固态到液态，再到气态。如果采用放电的方式再向气体增加能量，气体将转变为等离子体（物质的第四态）。以水为例：在标准大气压下，水在零度以下是固态，零度以上是液态，加热到100℃以上则变为气态。各种物质都是由分子或者原子组成的，而原子则由带正电的原子核和核外束缚在电子层上的带负电的电子所组成。电子在一定的轨道上围绕着原子核运动，最外层运动着的电子在外力（如受热、辐射或电磁场的作用等）的作用下脱离自身轨道而形成自由电子。这样，原来呈中性的原子或分子失去电子后就成为带电的正离子。所以把由自由电子、正离子和未电离的中性原子或分子所组成的集合体称为等离子体。这种集合体所带的正、负电荷的总数是相等的，表现出的集体行为是一种呈电中性的高温导电"流体"，也可以说它是物质在高温或者特定的激发状态下的一种存在方式。

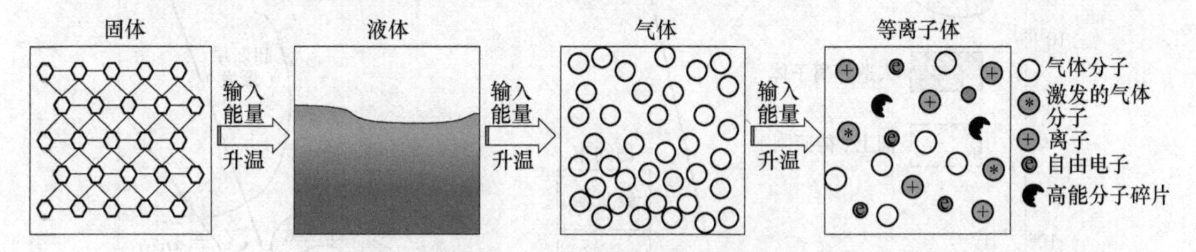

图 7.1　等离子体的形成过程

图 7.2 显示了目前已知的各种等离子体，其电子数密度相差达 30 个数量级以上，温度相差 7 个数量级以上；有的处于宏观上静止或恒定流动的状态，有的处于剧烈变化或散乱湍动的不稳定状态。各种等离子体的成分、电离度和其他多种性质，差别也很大。

虽然等离子体在电的特性方面呈中性，但是在外电场的作用下却具有良好的导电性、导热性，同时又是一个高温热源。等离子体的基本特性如下：

（1）导电。电子和正离子在电磁场作用下均可形成电流，等离子体具有高的导电性，当通过大电流时就可形成能量高度集中、温度很高的热源。

（2）磁控。等离子体本身是高导体，可以通过磁场控制等离子体的运动和改变等离子体的形状。

（3）气氛可控。改变等离子体的工作气体就可以形成氧化性、中性或还原性的气氛满足熔炼的需要。

为了获得等离子体，必须供给一定的能量使气体电离。对于不同的气体，电离时供给的能量也不同。

气体的电离电位越高，电离时所需供给的能量也越大，表 7.1 列出了 He，Ar，N_2 和 H_2 的电离电位。为了使气体电离，可以采用以下方式供给气体能量：

（1）用加速到一定速度的粒子撞击中性气体粒子；

（2）用一定波长的光照射中性气体粒子；

（3）将气体加热到一定的温度，使气体产生热电离。

表 7.1　常用气体的电离电位

气体种类	He	Ar	N_2	H_2
电离电位/V	24.59	15.76	14.50	13.50

气体粒子（分子、原子等）处于不停、无规则的运动状态，它们之间又在不断发生碰撞。当温度升高时，气体粒子（分子、原子等）的运动不断加剧，即它们的平均运动速度不断提高。当温度提高到一定程度时，就会有一些气体粒子受到其他高速粒子的碰撞，因此而获得足够的能量而发生电离，将这种因提高温度而造成的气体电离称为热电离。实验数据表明，多数气体在温度超过 8000K 时就会产生这种热电离。

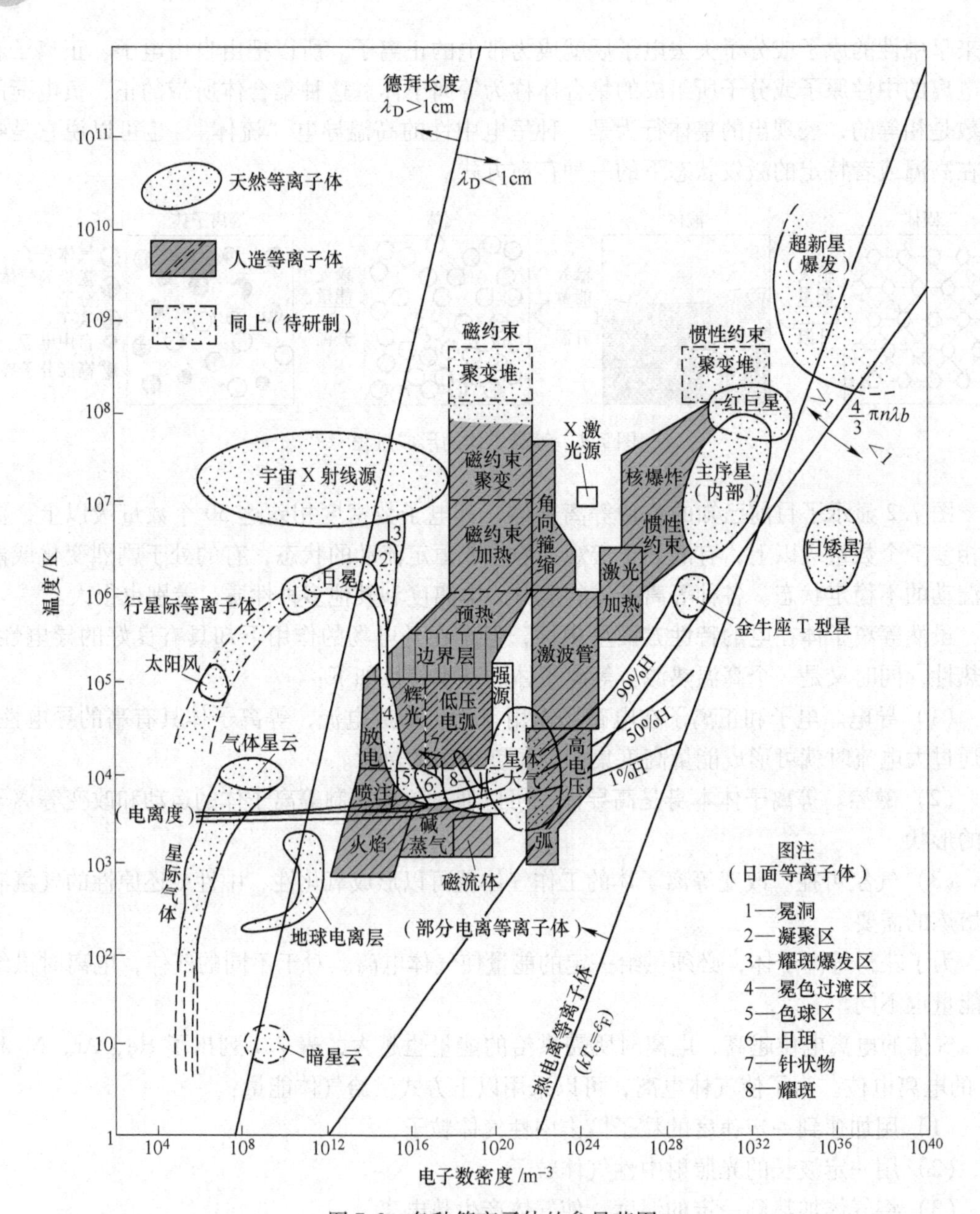

图 7.2　各种等离子体的参量范围

当电流通过电弧柱时，就像通过一般的电阻一样，会产生热量，这个热量可把气体加热到很高的温度，而使它产生热电离。冶金用的等离子体是用直流电或交流电在两个或多个电极间放电（有时也用高频电场放电获得），放电过程中电离的实质就是产生电子雪崩。这种雪崩具有连锁反应特性，原理如图 7.3 所示。

等离子体的电离程度称为电离度，用等离子体中正离子的数密度与电离前中性粒子的数密度的比值表示：

$$d = \frac{h}{N} \tag{7.1}$$

式中　d——等离子体电离度；

h——等离子体中的离子数；

N——电离前气体中的总质点数。

气体分子在电离前，首先要分解成原子。据文献报道，各种气体分子的分解，大约在10000K 时基本上能完成，而在温度为 30000K 时，几乎都变成了离子。气体在热电离时放出一个电子，称之为一次电离。但随着温度的升高，有的一价的正离子还可以再放出电子（除 H^+ 以外）形成二价的正离子，而这时的电离又称为二次电离。如果供给更多的能量，则还可多次电离。表 7.2 列出氮和氩在多次电离时的电离电位数值。

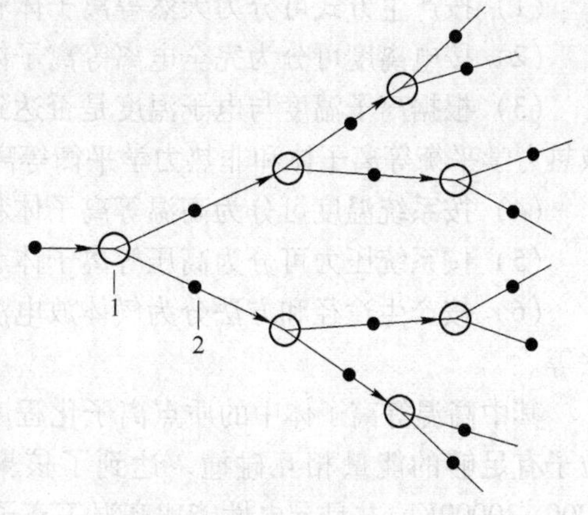

图 7.3　电子雪崩示意图
1—原子；2—电子

表 7.2　氮、氩电离时的电离电位　（V）

气体种类	电离次数		
	1	2	3
N_2	14.5	29.4	47.4
Ar	15.76	27.5	40.9

气体的电离程度随着温度的变化而变化。温度越高，电离的次数也相应增加。如图 7.4 所示，在 1×10^6Pa 下，温度为 30000K 时，氩等离子体中的正离子大部分处于二次电离状态（Ar^{2+} 约占正离子总数的 85%）；而当温度达到 35000K 时，氮等离子体中的正离子大部分也处于二次电离状态。

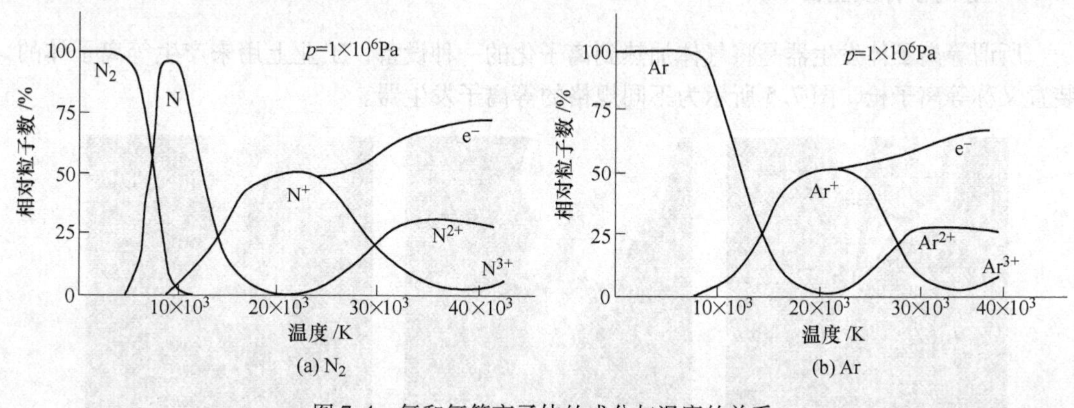

图 7.4　氮和氩等离子体的成分与温度的关系

还应指出，在一次电离的情况下带负电的粒子（电子）和带正电的粒子（正离子）数目是相等的。然而在多次电离时，电子数会多于正离子数。但是，不论在哪一种情况下，等离子体在宏观上仍保持电中性。

等离子体的分类方法较多，如：

（1）按产生方式可分为天然等离子体和人工等离子体；

（2）按电离度可分为完全电离等离子体、部分电离等离子体和弱电离等离子体；

（3）根据离子温度与电子温度是否达到热平衡可以分为完全热力学平衡等离子体、局域热力学平衡等离子体和非热力学平衡等离子体；

（4）按系统温度可分为高温等离子体和低温等离子体；

（5）按系统压力可分为高压等离子体和低压等离子体；

（6）按产生途径和方法分为气体放电法、射线辐射法、光电离法、热电离法、冲击波法等。

其中高温等离子体中的质点离子化程度接近于1，温度达数10万度（K）（表7.3），粒子有足够的能量相互碰撞，达到了核聚变反应的条件；而低温等离子体温度范围为5000~30000K，并且导电性能比高温等离子体要低。低温等离子又分为热等离子体和冷等离子体两种。热等离子体是稠密气体在常压或者高压下电弧放电或者高频放电而产生的，可使分子和原子电离、化合等；冷等离子体通常是稀薄气体在低压下通过激光、射频或者微波电源由辉光放电产生。

表7.3 高温与低温等离子体的特性

类 型	电离度 d	T/K	导电性
高温等离子体	≈ 1	$10^6 \sim 10^8$	很高
低温等离子体	<1	$5 \times 10^3 \sim 3 \times 10^4$	较高
电弧	$<<1$	$5 \times 10^3 \sim 6 \times 10^3$	一般

目前工业上应用的是低温、低压等离子体，而产生等离子体的方法主要有电弧法和高频感应法。

7.1.2 等离子体发生器

所谓等离子体发生器是将气体加热到离子化的一种设备，工业上用来产生等离子体的装置又称等离子枪，图7.5所示为不同规格的等离子发生器。

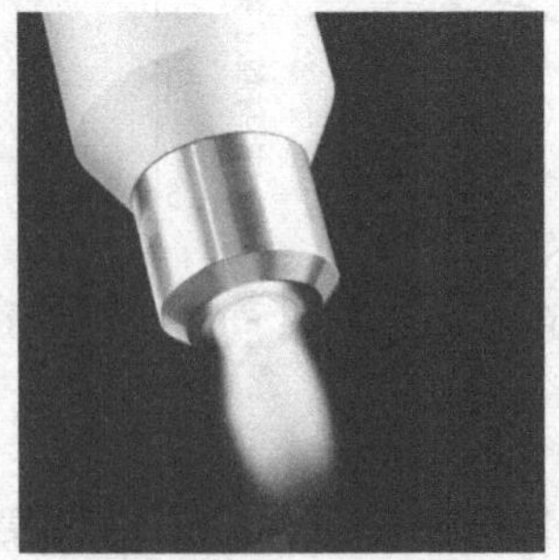
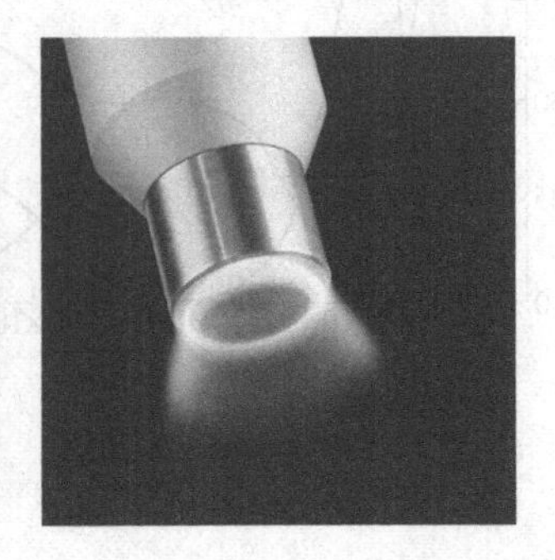

图7.5 等离子发生器（等离子枪）

等离子体发生器的装置由电极、电弧和电源组成。

（1）电极。等离子体发生器的电极有两种基本类型，一种是由难熔金属制成，作为热阴极，如钨制品，加入少量的钍或铈的氧化物以提高其电子发射能力；另一种是水冷铜电极（冷阴极），它常和管弧结合。由于去离子的冷却水在高压下高速流过狭窄通道，故冷却效果良好。设计良好的水冷铜电极的寿命常可达数百小时。

（2）电弧。为了延长等离子体发生器的寿命和稳定电弧，等离子体弧柱要求能被压缩，弧根要能旋转。

（3）电源。电弧等离子体发生器一般用直流电源，要求有陡降的伏安特性，因为发生器一旦导通，其电阻值常降到1Ω以下，因而要求电源电压也急剧下降，从而使电流维持近乎一个定值。

通常等离子体发生器（等离子枪）可分为两大类，即电弧等离子枪和高频感应等离子枪。

7.1.2.1 电弧等离子枪

电弧等离子枪常用于冶金工业，它是将气体吹过电弧，迅速吸收能量，使之离子化；一旦离开电极，又极快复合成分子状态而释放出离子化时吸收的能量。根据其结构的不同，电弧等离子枪分为非转移型、转移型（图7.6和图7.7）以及中空阴极型等离子枪等（图7.8）。

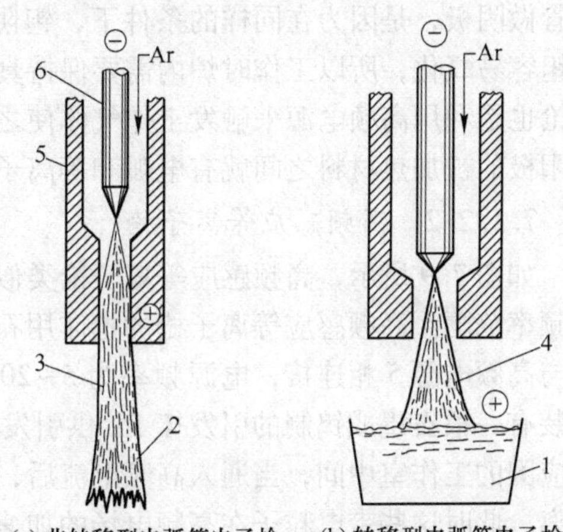

图7.6 转移型与非转移型电弧等离子枪的工作原理

1—被加热材料；2—等离子焰；3—电弧；4—电弧等离子流；5—水冷喷嘴；6—阴极

非转移型等离子枪由阴阳两极组成（图7.6a），阴极是一根钨棒，或表面敷有ThO_2的钨棒（或称钍钨电极），阳极是水冷的铜喷嘴。非转移型等离子枪工作时，先用其他电源在阴极与阳极之间触发电弧，此电弧的放电过程与一般的电弧放电一样，即通电后，阴极由于受到正离子的撞击而被加热，因温度高而不断发射出电子，由于电场的加速作用而又使这些电子不断射向阳极。这些电子在射向阳极的途中又不断撞击其他的气体原子，并使之电离，从而产生等离子体；同时连续送入的工作气体穿过电弧空间之后，成为从喷嘴喷出的高温等离子焰流。当等离子体离开喷枪的喷嘴之后，其中的正离子和自由电

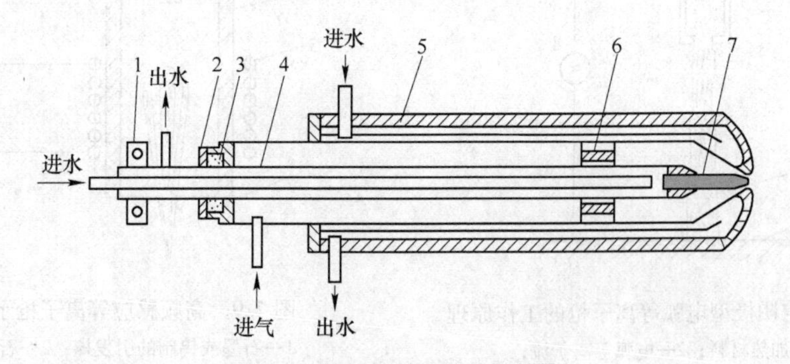

图7.7 转移型等离子枪的结构

1—电源接头；2—压盖；3—密封填料；4—阴极杆；5—枪体；6—分流环；7—阴极

子随即复合为气体的原子和分子，并放出原先在电弧中所吸收的能量。此能量使等离子焰流的温度比普通电弧的温度要高。由于这种等离子焰流的射程一般都比较短，功率也较小，仅供金属的喷涂、焊接等方面应用。

转移型等离子枪在枪体上同非转移型等离子枪几乎相同，引弧方式也一样，所不同的是起弧后电源的正极由枪体的喷嘴转移到被熔化的材料上（图 7.6b），在阴极和阳极之间形成等离子弧，其长度比自由电弧或等离子焰流长得多，有的可达 1m 以上。国际焊接学会曾经建议将转移型弧称为等离子弧，而将非转移型弧称为等离子焰流。图 7.7 所示为转移型电弧等离子枪的结构。

中空阴极型电弧等离子枪的阴极用钽管制成（图 7.8），阳极为被加热的材料。采用钽管做阴极，是因为在同样的条件下，钽阴极发射电子的能力要比钨极高 10 倍左右。由于钽容易氧化，所以工作时炉内需要保持真空。与高频感应等离子枪相似，中空阴极等离子枪也是利用高频电源来触发工作气体使之电离。当工作气体一经电离以后，在阴极和作为阳极的被加热材料之间就有电弧和等离子流通过。

7.1.2.2　高频感应等离子枪

如图 7.9 所示，高频感应等离子枪类似高频感应炉，但它的频率更高，常处于无线电波频率范围。高频感应等离子枪的枪体用石英管 2 制成，石英管外绕有感应线圈 3，此线圈与高频电源 5 相连接，电源频率为 5~20MHz。为了引发工作气体电离，在石英管的上端装有一根石墨或钨制的引发棒 1，供引发工作气体电离用。工作时，先将引发棒下移至感应圈的工作室中间，当通入高频电流后，它被加热到很高的温度，而将周围的工作气体电离。此时这些带电粒子在高频电场的加速作用下，发生碰撞，因而得到所需要的等离子体。当这些等离子体随着工作气体喷出管外时，形成等离子焰 4。这种等离子枪以 Ar 为工作气体时，所产生的等离子焰的温度约为 10000~15000℃，而它所形成的气流的喷射速度约为 10~100m/s，与电弧等离子流的速度相比，要低得多。

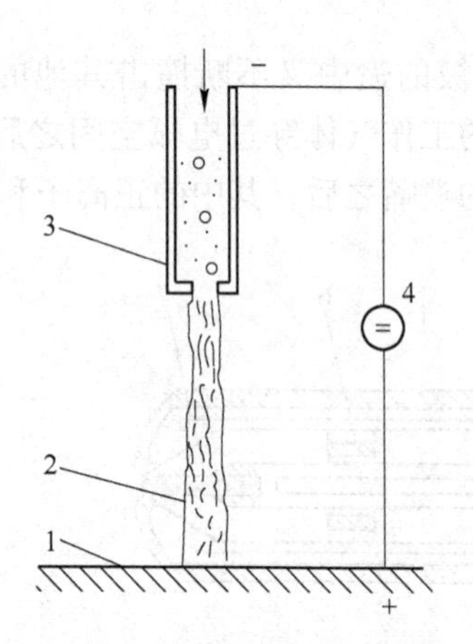

图 7.8　中空阴极型电弧等离子枪的工作原理

1—被加热材料；2—电弧等离子流；
3—中空阴极；4—直流电源

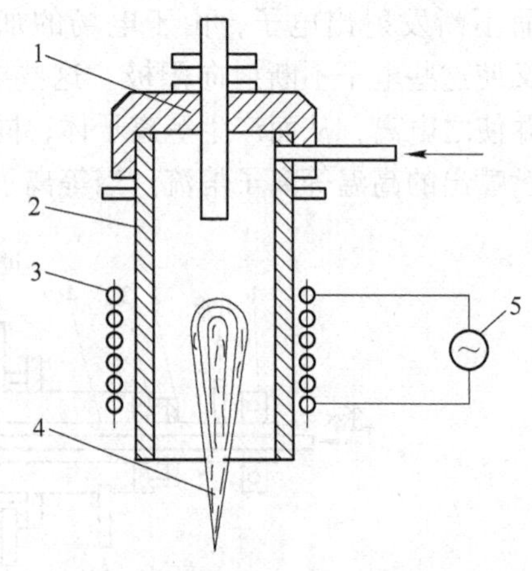

图 7.9　高频感应等离子枪示意图

1—石墨或钨制的引发棒；2—石英管；
3—感应线圈；4—等离子焰；5—高频电源

高频感应等离子枪具有以下特点：

（1）只有线圈，没有电极，故无电极损耗问题。发生器能产生极纯净的等离子体，连续使用寿命取决于高频电源的真空器件寿命，一般较长，约为 2000～3000h。在等离子体高温下，由于参加反应的物质不存在被电极材料污染的问题，故可用来冶炼高纯度难熔材料，如炼制铌、钽、海绵钛等。

（2）高频等离子体流速较低，弧柱直径较大。近年来，已广泛应用于实验室，便于进行大量等离子体过程试验。工业上制备金属氧化物、氮化物、碳化物或冶炼金属时，反应物在高温区停留时间长，使气相反应很充分。

（3）由于高频感应型等离子枪在操作过程中不使用电极，故能使用任何气体。另外，由于没有电极材料的污染，这种等离子焰比电弧等离子焰更洁净。但是，这种类型的枪功率较小，效率也较低，功率常只有数十千瓦，多用于球化、超细粉制备等。

等离子枪的类型较多，但工业上用于熔炼的等离子炉多采用转移型和中空阴极型电弧等离子枪。

7.1.3　等离子弧的特点

所谓电弧，是指气体的电离并产生离子的定向运动。而所谓等离子弧，其实也是一种电弧，只不过它是一种气体电离度很高的电弧。若从等离子弧的整体来看，虽然它的正、负电荷数量相等，然而从它的能量集中程度来分析，它是综合导电界面收缩得比较小、能量相对集中的一种压缩电弧。国际焊接学会认为：等离子弧是一种使用机械的或电的压缩作用而造成收缩的等离子体，能够把高度集中的热量传递到较小表面上的电弧。

因此，等离子弧与普通电弧本质上都是等离子体，但是只将压缩了的电弧称为等离子弧。等离子弧具有以下特点：

（1）等离子弧的温度高、能量集中。由于等离子弧柱被压缩，弧柱保持细束形状，使气体达到高度的电离，因而产生很高的温度，而且能量集中于较小的柱体，使等离子弧的温度远比自由电弧高。因此，可以用它作为各种用途的高温热源。一般认为，炼钢电弧炉的电弧最高温度可达 5000～6000K，而采用 Ar 气为工作气体时的等离子弧温度可高达 24000～26000K。若用于切割，可以切割任何金属，如导热性好的铜、铝，熔点高的钨、钼，以及各种合金钢、不锈钢、低碳钢或铸铁等金属。若用于焊接，则焊接速度快、生产率高、焊接热能影响区小、质量好。这是等离子弧的主要特点，也是其应用广泛的主要原因。

（2）等离子弧具有高的导电和导热性能。通常气体是很好的绝缘体，它由中性的原子或分子构成。但当气体电离形成等离子体以后，等离子弧柱内的带电粒子处于加速的电场中，具有高的导电和导热性能。若将普通电弧和等离子弧相比，等离子弧的弧柱具有较高的电场强度。普通电弧弧柱的电场强度一般很少超过 10V/cm，而等离子弧柱电场强度通常为 10～100V/cm。

（3）等离子弧的流速高，具有较大的冲击力。等离子弧通过喷孔，在热、磁收缩效应的作用下，断面缩小，温度升高，内部具有很大的膨胀力，迫使带电粒子从喷孔高速射出，以极高的速度射向被熔化的金属，产生很大的冲击力。例如，Ar 弧等离子流射出时，一般可达 100～500m/s；而高频感应型等离子枪采用 Ar 气为工作气体时，所形成的等离子焰气流的喷射速度仅在10~100m/s的范围内。

（4）等离子弧燃烧稳定。普通电弧若是水平放置，弧柱总是力图向上浮起，使弧柱成为连接两极之间的一段圆弧。当电弧比较长时，不论将电弧位置如何放置，由于弧柱的密度较小，加上热对流影响，电弧燃烧不稳定而产生飘动。

而等离子枪通工作气体时，等离子弧电离度高、导电性能好、电弧长。由于气流的稳定作用，加之弧柱的密度大、刚度好，弧柱发散角度小，弧长变化敏感性小，比一般电弧具有更好的稳定性。

（5）等离子弧各项参数的调节范围广。等离子弧的气氛、温度、冲击力、电流、弧长、弧柱直径等参数可以根据需要调节。如，通过改变工作气体种类，可以得到氧化性、中性或还原性的气氛；可以通过改变喷嘴尺寸、电参数、气流量等调节温度、冲击力、弧长、弧柱直径等参数，得到不同性质的等离子弧。由于等离子弧可调参数很多，故可以在很广的参数范围内稳定工作以满足各种等离子工艺的要求，这是自由弧不能做到的。

7.1.4 等离子弧的温度特性

形成等离子弧高温的原因，有机械作用和电、热作用造成的压缩，表现在以下三个方面：

（1）热收缩效应。当电弧通过水冷的喷嘴射出时，受到外部不断送来的冷气流和导热性良好的水冷喷嘴壁的冷却。由于弧柱周围气体温度降低，使消电离的速度明显大于电离速度，因此电离过程主要产生在弧柱中心的高温区，弧柱导电截面积相应缩小，如果要在缩小了的截面上通过原来同样大小的电流，就会使弧柱的电流密度增大，电弧的温度增高。

（2）磁收缩效应。磁收缩效应是指电弧电流所产生的磁场对弧柱的压缩作用。若将弧柱看成一束平行的导线，并有同一方向的电流经过，由于周围磁场的作用，它们之间力图互相靠紧，并且这种作用随着电流密度的增大而增强。在普通电弧燃烧时，这种磁收缩效应也是存在的，只是由于等离子弧的电流密度大，因而等离子弧的这种磁收缩效应要比自由电弧燃烧时显得更为明显。

（3）机械压缩效应。在等离子枪的气体喷出端安装有喷嘴，并经喷嘴口流过工作气体，因而同样使射出的电弧受到一种压缩作用。这种压缩作用只是一种机械的压缩。

除此之外，电弧空间的气体成分，以及电极材料等，对电弧的温度影响都较大。电弧空间气体的电离电位越高，则电弧的温度越高。但是电弧空间气体中也包含着电极材料形成的蒸汽。当采用金属电极燃烧时，由于电弧空间有金属电极的蒸汽存在，而它们的电离电位又都比较低，使得电弧的温度都比等离子弧的低。而当采用钨制的电极燃烧时，由于钨很少蒸发，故电弧的温度比较高。

7.1.5 等离子熔炼的优越性

等离子熔炼炉不仅能生产合金钢与合金，而且还能熔炼一些难熔的金属和活泼金属，如W，Mo，Nb，Ta，Zr，Ti等。这种设备之所以在技术上得到不断改进与提高，发展十分迅速，而且在经济上有很强的生命力，是因为它具有如下优点：

（1）熔化速度快，热效率高。例如一座容量为2t的等离子电弧炉与同容量的三相电弧炉相比，其生产率约高30%~40%，而电耗仅为同容量电弧炉的75%左右。

（2）去除气体和非金属夹杂物较充分。在等离子电弧的高温以及等离子流的喷射作用下，金属材料中的气体和非金属夹杂物可以充分去除。例如采用等离子电弧炉重熔 GCr15 钢时，与电弧炉相比，钢中氧化物、硫化物和氮化物等夹杂都有所减少，钢中［O］、［N］含量也分别减少 33%和 29.8%。

此外，等离子熔炼的金属锭中，非金属夹杂物的分布也比较均匀。

当采用等离子熔炼时，同样能降低金属中氢的含量。采用等离子熔炼 AISI4340 钢时，炉料中原始含氢量为 8×10^{-6}，钢水中氢含量约为 $(1\sim2)\times10^{-6}$，而最终钢锭中氢含量仅只 1×10^{-6}左右，见表 7.4。

表 7.4　等离子熔炼 AISI4340 钢中的氢含量

金属状态	$[H]/\times10^{-6}$							
平衡含量	1.4	1.6	0.8	1.2	0.8	0.4	0.9	0.5
钢水	1~2	1~2	1~2	2	1	1.6~2.6	2.4	1.8
钢锭	1	1	1	1	1	1	0.9	0.6

钢中［H］的实际含量大多数要比平衡时的含量要高，这一点可以从动力学条件来考虑，可能是氢由金属中缓慢析出的结果。

在等离子熔炼过程中，炉内 Ar 气氛可控，所获得的金属纯度较高，有的钢种经等离子熔炼，其性能可与真空感应炉熔炼的金属媲美。例如用等离子电弧炉所熔炼的不锈钢，除了具有良好的抗腐蚀能力以外，还具有良好的延展性（表 7.5）。

表 7.5　两种方法熔炼 1Cr18Ni9Ti 钢的机械性能比较

钢　种	熔炼方法	$\sigma_b/kg\cdot mm^{-2}$	$\delta/\%$	$\varphi/\%$	$a_K/kg\cdot m\cdot cm^{-2}$
1Cr18Ni9Ti	真空感应炉	53	38	43.5	15.7
	等离子炉	53	48	65	>31.4

对于电热合金，采用等离子重熔法比普通电弧炉生产的质量要好，使用寿命要高得多。若将 Cr13Al4 合金经等离子电弧炉熔炼，并加工成 0.8mm 的电阻丝，它的寿命可达 1624h（指电阻丝在 1100℃下加热直到断裂时的时间），而采用普通电弧炉生产的这种合金，使用寿命只有 263h。等离子电弧炉熔炼的高温合金，其质量可与真空感应炉媲美。

经过等离子重熔后的 1Cr21Ni5Ti 钢，它的强度比采用其他熔炼方法的要高，表 7.6 列举了不同熔炼方法所获得的 1Cr21Ni5Ti 钢的力学性能。

表 7.6　不同方法熔炼 1Cr21Ni5Ti 钢的力学性能

熔炼方法	在 20℃时的机械性能			
	σ_B/MPa	σ_T/MPa	$\delta/\%$	$\psi/\%$
电弧重熔法	798	571	22.9	57.06
真空电弧重熔法	608	380	27.4	59.60
电渣重熔法	757	559	25.4	60.00
等离子重熔法	846	633	21.7	58.30

（3）合金元素烧损小。由于等离子弧的温度高，熔化速度快，再加上熔炼过程中有惰性气体的保护，因此几乎可以较完全地吸收合金料，甚至易挥发元素 Mn 的收得率也能够高达 96%~98%。表 7.7 是普通电弧炉与等离子电弧炉主要元素收得率比较。

表 7.7 普通电弧炉与等离子炉内的合金元素收得率

元素	普通电弧炉熔炼合金元素收得率/%	等离子炉内元素收得率/%			
		A	B	C	D
C	—	70~80	100	94	86
Ni	96	—	—	100	100
Si	95	90	99	100	100
Mo	95	95	—	100	100
Ta	75	—	—	100	—
Nb	75	—	97	100	—
Mn	94	98	98	96	96
Ti	50~70	—	95.5	65~87	85~90
W	85~90	90	—	97	—
Al	80	90	96.5	61	90
Cr	97	95	100	100	100
V	—	—	100	—	—
B	—	—	95	—	—

注：A 为国内炉容量为 500kg 数据，B、C、D 为国外不同作者数据。

如果在等离子重熔过程中，脱氧以后再将与氧亲和力较大的元素（如 Al，Ti 等）加入炉内，其元素的收得率会更高。

此外，可以用这种方法来熔炼化学成分范围较窄的钢与合金。

（4）工作电流、电压稳定。与普通电弧炉和真空电弧炉相比，等离子电弧炉的工作电流与电压稳定。在进行等离子重熔时，加上造渣，在锭表面可以形成薄渣壳，能获得光滑的锭表面，在锻打前可免于表面精整处理。

（5）可以在不同的气氛、压力下工作。等离子熔炼时，根据不同工艺要求，炉内可选用不同压力以及不同的气氛（如还原性、惰性等）。

（6）可造渣精炼。等离子炉不仅可采用精料熔炼，而且还可以利用粗料，甚至硫含量较高的炉料。当以石灰和萤石为渣料熔炼时，可取得较好的脱硫效果，脱硫效率一般可达到 30%~60%。表 7.8 中列举了几例经等离子熔炼后钢中硫含量的变化。

表 7.8 等离子熔炼时钢中硫含量的变化

序号	炉数	[S]/%			炉衬材质
		炉料中	成品钢中	[S] 的变化	
1	17	0.069	0.012	−0.057	铬镁
2	4	0.018	0.008	−0.010	铬镁
3	9	0.028	0.011	−0.017	刚玉
4	2	0.071	0.034	−0.037	铬镁

为了进一步提高脱硫效果，可采取换渣的方法，还可采取（$Ar+H_2$）弧喷射含钙的化合物粉末，可将钢中硫含量降到0.0007%左右。

（7）避免增碳的可能性。等离子熔炼炉使用的等离子喷枪电极和喷嘴均为金属制成，因而在熔炼中没有增碳的可能性。同时，等离子弧的温度极高，脱碳速度快，可以用来生产［C］含量极低的超低碳不锈钢。据资料介绍，有的可使［C］含量降低到0.005%～0.009%。

（8）元素蒸发量较小。等离子熔炼与其他几种熔炼方法（如真空电弧熔炼、真空感应熔炼以及电子束熔炼等）不同之处是在熔池上方有气氛压力，因而金属中元素的蒸发量较小。

（9）可使金属渗氮。为了提高钢的抗拉强度和屈服强度，又不降低其塑性，可采用增加钢中氮含量的办法。等离子熔炼中，若以氮作为工作气体，能使钢中达到较好的渗氮效果。用等离子弧渗氮时，熔融金属暴露于等离子弧中，利用化学吸附和电场吸附使钢水增氮，其平衡时氮的浓度远远大于热力学氮饱和浓度。为了使钢中渗氮，可以不采用价格昂贵的含氮铁合金为原料。据资料报道，采用氮弧渗氮，有的可使钢中［N］含量达到0.6%～1.0%左右。表7.9为部分钢种渗氮的结果。

如采用加压等离子电弧炉制备25Cr16Ni7Mn0.6N高氮不锈钢时，采用等离子弧可以加速钢水的渗氮，而且金属杂质含量较低，在较低的氮分压下，不需要添加氮化合金即可获得非常高的氮含量，图7.10所示为加压等离子电弧炉示意图。

表7.9 等离子熔炼时钢中渗氮的结果

钢种	w[N]/%	
	坯中	锭中
X20H10Г6	—	0.50
X16H25M6	0.08	0.30
X88H9	—	0.40
X16H25M6Ф	0.08	0.30
X17H4Г14Ф	—	0.52
X19AH16	—	0.18
X18H10	—	0.41
X21Г7AH5	0.17	0.46
X25H12AP	0.42	0.58
X15H5AM2	0.09	0.21
X15AГ15	—	0.44
X20Г10H7M2	—	0.99

（10）设备较简单，易于调节温度。与真空电弧炉相比，等离子炉设备简单，其弧温比较易于调节。

（11）重熔炉料的范围较广。与真空电弧炉相比，等离子重熔炉不仅能重熔棒料，还可以重熔块料。

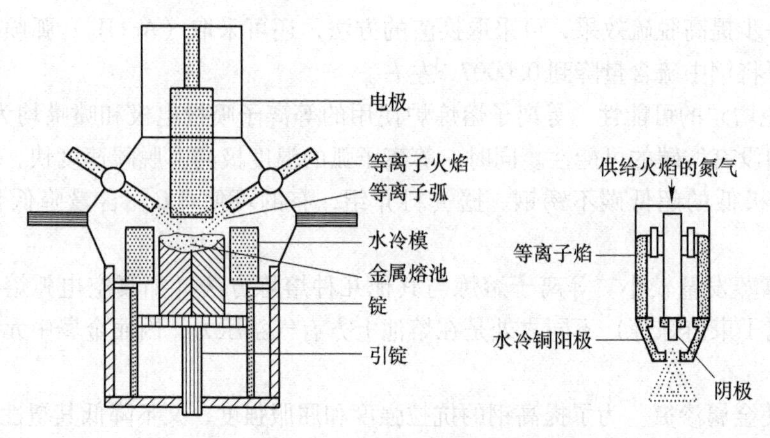

图 7.10 加压等离子电弧熔炼示意图

7.2 等离子枪的电极材料和等离子工作气体

7.2.1 等离子枪的电极材料

等离子枪的喷嘴为阳极，用紫铜制成；电极为阴极，用难熔金属制成。阴极材料应具有较低的逸出功和较强的电子发射能力，常用钍钨、铈钨为阴极材料。

钨是一种难熔金属（其熔点为 3800K 左右），作为阴极的一种材料，当钨阴极的温度达到 2000K 以上时，其受热发射电子的能力已经相当明显。为了减小电子的逸出功，大幅度提高热电子的发射能力，可在钨中加入少量的钍或铈的氧化物制成阴极棒（如在钨阴极中加入 1%～2%的氧化钍，在阴极温度相同时，钍钨阴极的电子发射能力比钨阴极的电子发射能力有很大提高）。图 7.11 所示为两种阴极的电子发射能力与温度的关系。

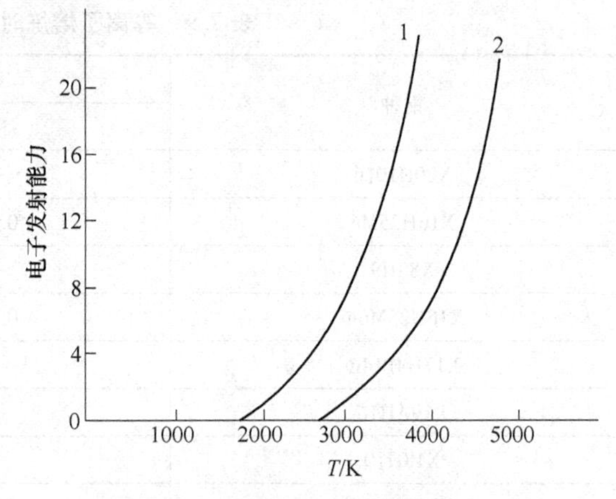

图 7.11 电子发射能力与温度的关系

1—钍钨阴极；2—钨阴极

同时，加入氧化钍后还能使阴极的烧损量减少。表 7.10 列举了不同含钍量的钍钨阴极在切割金属时的烧损量的比较。

表 7.10 不同含钍量对钍钨阴极烧损量的影响

钍钨阴极	工作电流/A	工作时间/min	原质量/g	运行后质量/g	烧损量/g · min^{-1}
B_T-10（含钍 1%）	250	7.83	36.152	36.138	0.0018
B_T-15（含钍 1.5%）	250	11.2	36.712	36.696	0.0014

钍钨阴极的电流密度很高，可达 $1.0\times10^4A/cm^2$。为了使电极不致过热，它的直径不能选得太小。在一般情况下，电极的电流密度选用 $2.0\times10^3A/cm^2$。电极直径不同，允许的最大工作电流也不同。对于不同直径的钍钨极，其允许的最大工作电流见表 7.11。

表 7.11 不同电极直径与最大工作电流的关系

序号	钍钨极直径/mm	最大电流/A
1	3	140
2	4	250
3	5	400
4	6	550
5	7	770

近年来铈钨电极发展较快（在钨极中加入 2%~3%的氧化铈），这是因为铈钨阴极比钍钨阴极的放射污染要小得多，可大大减小对人体的危害。同时，铈钨阴极的烧损速度小，等离子弧燃烧稳定，这种电极的应用将会很有前途。

此外，阴极材料的选用，还与等离子枪中的工作气体的种类有关。对于钍钨或铈钨阴极，若工作气体中含有少量的氧，会大大增加阴极的烧损量。表 7.12 列举出以氮气作工作气体时，气体的纯度对阴极烧损速度的影响。由此看来，气体中的氧含量对阴极烧损速度的影响十分明显。

表 7.12 氮气的纯度对钍钨阴极烧损的影响

氮气纯度/%	工作电流/A	切割时间/min	阴极烧损/g	烧损率/$g\cdot min^{-1}$	工作气流量/$L\cdot h^{-1}$
95	300~350	1.8	1.69	0.9	1800
99.5	300~350	2.7	0.054	0.02	
95	350	9.0	3.0	0.38	3000
99.5	350	5.7	0.026	0.005	

7.2.2 等离子工作气体

目前工业上采用的工作气体主要有 Ar，H_2，N_2，He，还有 Ar 和 N_2、Ar 和 H_2 的混合气体。

氩（Ar）是等离子冶金中最常用的一种气体（这是因为 Ar 为单原子气体，易电离，并且又是惰性气体）。它不仅对燃烧的电极起保护作用，也对被加热、熔化的金属起保护作用。

在 Ar，H_2，N_2，He 等工作气体中，氩的热焓最低，所获得的等离子弧及其工作电压也相对较低（表 7.13）。据文献报道，在非转移弧型电弧等离子枪操作时，若采用 Ar 为工作气体，它的电弧电压为 40V。而采用 H_2，N_2，He 时，其电弧电压均比采用 Ar 时要高，分别为 62V，60V 和 47V。此外，当熔炼活泼金属时，由于 Ar 等离子体可作为保护性气氛，会减少对金属的氧化。Ar 在空气中的含量很少，然而在惰性气体中，其成本最低，是常用的工作气体之一。

表 7.13 等离子工作气体的特性

特性		Ar	N_2	H_2	He
气体性质		惰性	不活泼	还原性	惰性
原子质量或分子质量		40	28	2	4
0℃时，1atm 下的动力黏度/N·s·cm^{-2}		221	170	88	196.2
20℃时，1atm 下的热焓/kJ·(kg·K)$^{-1}$		0.52	1.04	14.2	5.26
0℃时，1atm 下的导热系数/W·(m·K)$^{-1}$		16.3	24.3	174	151
电离电位/V	一价	15.76	14.50	13.50	24.59
	二价	27.50	29.40	—	54.10
等离子体热焓/kJ·(kg·K)$^{-1}$		19.5	41.70	320	214
等离子体温度/K		14000	7300	5100	20000
施加于电弧的能量/kW		48	65	120	50
电弧电压/V		40	60	62	47

氢（H_2）是双原子气体，又是还原性气体。它的热焓和导热系数最高，传热能力最强，可有效地防止金属的氧化。但在高温条件下，由于增加了氢在金属中的溶解度，会影响金属的质量，使用时受到某些限制。

氮（N_2）的热焓较高，化学性质不活泼，成本比较低，也是等离子熔炼时经常采用的工作气体，常用于冶炼含氮合金钢。

除此之外，有时还采用氦（He）作为工作气体，这是因为它的热焓和导热系数相当高，而且又属惰性气体。这种气体在空气中的含量非常少，制取这种气体的费用相当高，因而目前较少将 He 作为等离子的工作气体。

也可将 H_2 或者 N_2 与惰性气体混合后使用，常见的有 $Ar + H_2$，$Ar + N_2$ 等。

7.3 等离子熔炼的类型

按加热方式分类，等离子熔炼主要包括等离子电弧熔炼、等离子感应炉熔炼和等离子电子束熔炼三大类型。等离子电弧熔炼按其设备结构不同，又可分为等离子电弧炉和等离子电弧重熔炉两种。

7.3.1 等离子电弧熔炼

等离子电弧熔炼（plasma arc melting，PAM）利用等离子弧的超高温及惰性气氛，在耐火材料坩埚中熔炼难熔金属及活泼元素。合金的回收率高，可有效脱碳，合金的纯净度高。

1962 年美国联合碳化物公司建成了一台功率为 120kW，容量为 140kg 的等离子电弧炉，它是世界上最早出现的等离子电弧炉。至今，俄罗斯、美国、德国、日本、奥地利、英国和中国等国家，都建了砌有耐火材料炉衬的等离子电弧炉。

图 7.12 所示为等离子电弧炉，它的外形与普通电弧炉相似，设有炉盖、炉门、出钢槽等，还配有电磁搅拌装置、等离子喷枪以及炉底阳极。

为防止炉气的污染，出现了密封式等离子电弧炉，如图 7.13 所示，它由炉盖、炉体、等离子喷枪以及炉底阳极等组成。

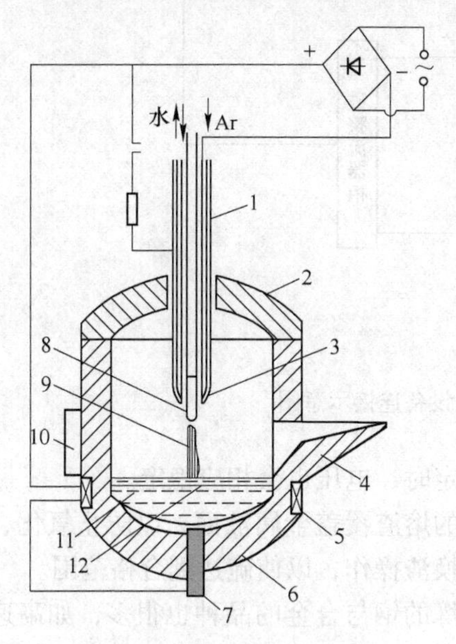

图 7.12 等离子电弧炉

1—喷枪；2—炉盖；3—辅助阳极；
4—出钢槽；5—电磁搅拌设备；6—耐火材料；
7—炉底阳极；8—钍钨极；9—等离子弧；
10—炉门；11—金属液；12—熔渣

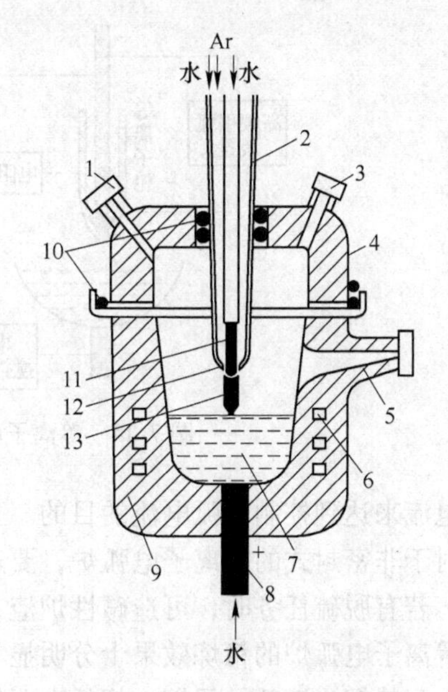

图 7.13 密封式等离子电弧炉

1—窥视孔；2—喷枪；3—操作孔；
4—炉盖；5—出钢口；6—电磁搅拌线圈；
7—液态金属；8—水冷阳极；9—电熔镁砂炉衬；
10—密封用石棉绳；11—钍钨电极；
12—辅助阳极；13—等离子弧

以上两种炉型的喷枪均由水冷铜喷嘴以及水冷铈钨极（或钍钨极）组成。喷嘴与铈钨阴极之间绝缘，并允许氩气通过。氩气是从喷枪上部喷枪套管流向炉内，并电离成等离子体。炉体是由耐火材料砌成，而在炉底的中心部位，埋有一根石墨棒（或钢-铜质水冷棒）作为炉底阳极。通电时，炉底阳极与直流电源的正极相连接。

由于等离子弧的弧温度高、热量集中，而且这种电弧所引起的熔池搅拌也较微弱，将会引起熔池内金属局部过热，而在炉底，有时还会出现未熔化的块料。为了使熔炼过程中金属能得到充分地搅拌，使熔池温度和化学成分均匀，在炉底的耐火材料外层装有两个水冷铜管线圈。当工作电流通过线圈时产生磁场，此磁场与通过熔池的电流产生的磁场相互作用，使熔池中的液体金属运动。

图 7.14 所示为等离子电弧炉的电器设备连接示意图。在主电路中装有饱和电抗器，它是为了稳定电弧和起到限制电流的作用。熔炼开始时，首先在电极与喷嘴之间加直流电压，再通入 Ar 气；同时用并联的高频引弧器引弧，将 Ar 气电离，产生非转移弧。然后在阴极与炉底阳极之间再加上直流电压，并降低喷枪，使非转移弧逐渐接近炉料，此时铈钨电极与金属炉料之间便会起弧，该弧为用来熔化金属炉料的转移弧。转移弧形成后，将非转移弧熄灭，用转移弧来熔化炉料。

熔炼过程中，最重要的工艺参数为电弧电流、电弧电压和工作气体流量。熔化开始时，电流和电压均有所波动，为控制电流与电压的稳定，可通过升降喷枪和控制饱和电抗

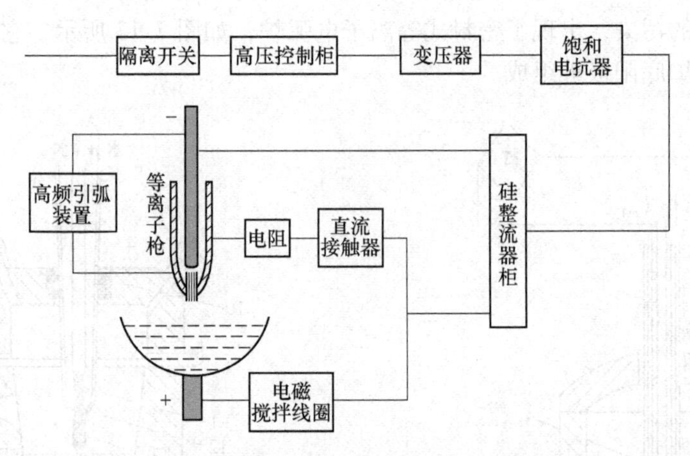

图 7.14 等离子电弧炉的电气设备连接示意图

器的电流来达到控制电弧电流的目的。一旦电流稳定时，电压也会相应稳定。

对于非密封式的等离子电弧炉，要造一定数量的熔渣覆盖金属液面，以防止氧化、吸气等。若有脱硫任务时，可造碱性炉渣，还可采用换渣操作，以使硫达到合格范围。

等离子电弧炉的精炼效果十分明显，用它来熔炼的钢与合金的品种也很多，如高速工具钢、耐热钢、滚珠轴承钢、超低碳不锈钢、精密合金和高温合金等。

1973 年，德国 Dreshden 附近的 Freital 钢厂研制出功率为 3.5~4.0MW 级的水冷转移型等离子枪，枪体的阴极由钨制成。在工作电流为 10kA 时，成功地工作了一段时间。在此基础上 Freital 钢厂又研制出容量为 35t，变压器容量为 20MW 的大型等离子炼钢电弧炉（图 7.15）。随着炉容量的扩大，为向炉内输入更多的热量，德国 Freital 钢厂研制出容量为 35t，炉壁四周安装了 4 支等离子枪，变压器容量为 20MW 的大型等离子炼钢电弧炉，工作电压为 300~450V，电流为 10kA，炉体的阳极寿命大于 100h。

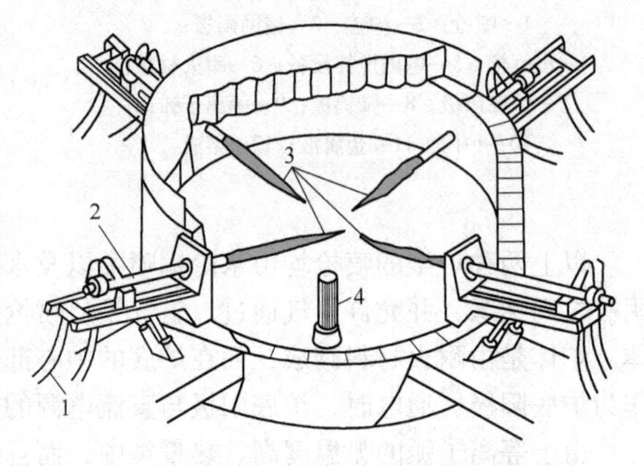

图 7.15 Freital/Voest-Alpine 的等离子电弧炉
1—阴极；2—等离子枪；3—等离子弧；4—阳极

为控制弧长，等离子枪可作轴向运动。为便于维修，枪体可以从炉体中退出。在 Freital 的等离子体炉建成后的 10 年中，每年约产钢 60000t。Freital 后来将此技术出售给奥地利的 Voest-Alpine 钢厂。

在奥地利 Linz 的 Voest-Alpine 钢厂，1983 年 11 月投产了容量为 45~60t 的等离子电弧炉，主要产品为合金钢和普碳钢。该炉的工作参数见表 7.14，熔炼中、高合金比钢时，合金元素的收得率列于表 7.15。而熔炼后，钢中的［S］、［P］、［N］、［O］的含量，均能达到规定的范围。熔炼初期，为了保证废钢与炉底阳极之间有良好的接触，在每炉出钢后，熔池内不应该留有残渣。

表 7.14 炉子规格和工作参数

炉体型号	P15（Freital）	P35（Freital）	P45/60（Voest-Alpine）
公称容量/t	15	35	45/60
直径/m	3.9	5.8	5.8
额定功率/MV·A	10	20	36
额定电压/V	700	700	800
Ar气消耗量（标态）/$m^3 \cdot h^{-1}$	15	30	40
熔化速度/$t \cdot h^{-1}$	10	23	30
电能消耗/$kW \cdot h \cdot t^{-1}$	550	500	450
炉衬寿命/次	150	150	150
耐火材料消耗/$kg \cdot t^{-1}$	16/7	16/7	—
噪声水平/dB	80	80	80

表 7.15 生产中、高合金钢时元素的收得率

合金元素	收得率/%		
	等离子电弧炉	电弧炉+AOD	电弧炉
Cr	98~100	97	94~96
Ni	99~100	98	98
Mo	98~100	97	94~95
Mn	97~98	94	90~94
Si	96~100	90	88~91
Nb	98~100	85~90	74~77
W	97~98	95~97	85~90
V	95~97	93~97	83~85
Ti	75~83	65~70	45~65
Al	68~85	—	65~75
B	98~100	—	—
Fe	98~99	93~96	94~95

7.3.2 等离子感应熔炼

等离子感应熔炼（plasma induction melting，PIM）是利用等离子弧的超高温、惰性气氛、感应加热以及电磁搅拌作用而组合的炉子，可以有效地脱硫、去碳、去气，对易挥发元素的控制也有优势。

7.3.2.1 等离子感应炉的特点

等离子感应熔炼法是近年来发展起来的一种十分有竞争能力的特种熔炼方法，它由普通感应炉和等离子弧加热装置组合而成，由于增加了一个等离子热源，提高了炉子的热效率和熔化速度，同时还可采取有渣熔炼，并使渣池温度高达1850℃左右，形成高温、活泼的熔渣，为降低金属中的硫含量创造了条件。由于高温热源的存在，避免了普通感应炉的冷渣和无保护气氛的缺点，显著地提高了感应炉的精炼能力。表 7.16 列出几种不同熔炼方法的熔池表面温度。

表 7.16 几种不同熔炼方法的熔池表面温度

熔炼方法	熔池表面温度/℃
非真空感应熔炼	1650
真空自耗熔炼	1750
电渣重熔	1800
等离子感应熔炼	1850
电子束重熔	1850

等离子感应炉的特点如下：

（1）等离子感应炉通常在常压条件下工作，根据工艺需要也可以在负压下工作。

（2）可控制炉内气氛，使之在惰性气氛、还原气氛下工作。如：惰性气体 Ar 能提高活泼元素的回收率，还原性气氛（通常用纯 H_2 或 $Ar+H_2$ 为工作气体）可使金属液中的氧含量达到很低的水平。

（3）为了得到含［N］较高的金属，等离子感应炉可利用不活泼气体 N_2 或 N_2+Ar 为工作气体，在通过氮气流形成等离子弧的同时进行合金化，使金属中氮的含量增高。

（4）有时为了使钢液脱碳，有的厂还在等离子感应炉中采用空气为工作气体。

（5）等离子感应炉一个重要特点，就是它可以进行有渣或无渣操作。当熔炼工艺需要采用有渣操作时，可完成脱硫、脱氧、脱碳等任务；而采用无渣操作时，利用等离子弧的高温作用，可以使金属中的 As，Sn，Pb，Bi 等杂质挥发去除，其效果可达真空感应炉的熔炼水平。

7.3.2.2 等离子感应炉的结构

等离子感应炉的研究工作是在 20 世纪 60 年代初开始的，到 70 年代便出现了容量为 2t 的工业性等离子感应炉。我国在等离子感应熔炼方面也进行了大量的研究和开发工作，同时也建造出容量为 0.5t 的等离子感应炉。这种设备主要用来熔炼精密合金、低碳或超低碳不锈钢，以及含有 Ti，Al 等易氧化元素的高温合金。

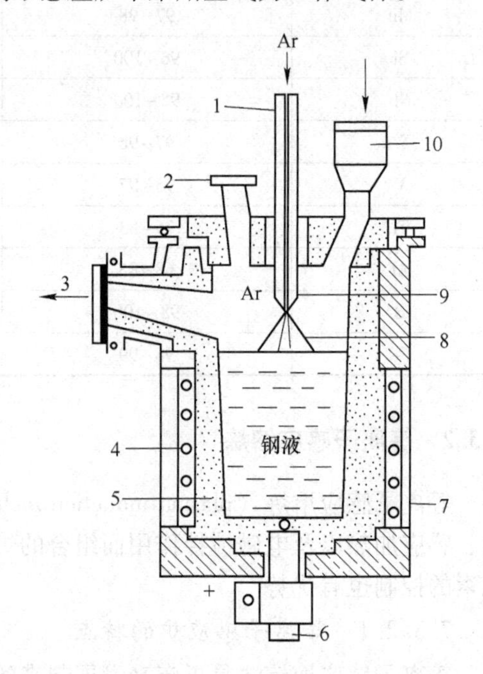

图 7.16 等离子感应炉

1—等离子枪；2—窥视孔；3—出钢口；4—感应线圈；5—坩埚；6—炉底电极；7—炉壳；8—等离子弧；9—等离子喷嘴；10—合金加料漏斗

等离子感应炉由感应炉体和等离子喷枪两大部分组成（图 7.16），它的炉体部分可以采用工频感应炉、中频感应炉或者三倍频感应炉。对于大容量的等离子感应炉，炉体的感应线圈由感应加热圈和搅拌线圈两部分组成；而对于容量小的炉体，只需配备感应加热线圈。等离子感应炉的炉体与普通感应炉不同之处在于炉体坩埚底部安装有炉底阳极。炉底阳极有水冷式和非水冷式两种，水冷式炉底阳极是用不锈钢-铜加工而成；非水冷式的材质为石墨棒或钨金属陶瓷棒制成。

由于石墨电极有可能使金属液增碳，因此不宜用来熔炼低碳钢或超低碳的钢与合金。当采用石墨棒作电极时，为防止石墨电极与金属液直接接触，应尽量避免使金属增碳，因此在炉底端面上铺有一层约50mm厚的MgO-C混合材料制成的导电层。由于金属陶瓷电极能耐急冷急热，而且电阻率较低，导热性较好，消耗也低，因此这种电极已开始成为较好的炉底阳极。

等离子感应炉与普通感应炉在结构上还有不同之处，即等离子感应炉加有炉盖，内砌耐火材料。炉盖上装有加料漏斗和窥视孔，为了将等离子枪伸入炉内，在炉盖中央部位还开有喷枪安装孔。

等离子感应炉的热源是由等离子热源和感应加热的热源组成，其中感应加热的热源为主要热源。例如，日本大同制钢涉川工厂所建造的容量为2t的等离子炉，该炉采用功率为600kW、频率为150Hz的三倍频变压器为感应热源，而等离子枪的功率为450kW。为使金属液在熔池中能进行搅拌，又安装了功率为200kW、频率为50Hz的搅拌线圈。表7.17列出容量为0.5t和2t等离子感应炉的主要技术参数。

表7.17 等离子感应炉的主要技术参数

技术参数	炉容量	
	0.5t	2t
感应炉功率/kW	200	600
感应炉电源频率/Hz	60	150
搅拌线圈功率/kW	—	200
等离子枪功率/kW	200	400
等离子枪工作电炉/A	2000	3000
装入量/t	0.35~0.6	1.6~2.6
熔化时间/min	150~240	150~210
精炼时间/min	40~60	60~90
单位电耗/$kW \cdot h \cdot t^{-1}$	1000~1600	900~1300
氩气消耗（标态）/$m^3 \cdot t^{-1}$	35~45	25~35

7.3.2.3 等离子感应炉的熔炼工艺

等离子感应炉的熔炼工艺与普通感应炉类似，分为装料、熔化、精炼、出钢与浇铸等步骤。由于等离子感应炉加有等离子热源，又能造渣脱硫，故对炉料的块度和料中的含[S]量要求不高。熔炼时，还可配用一部分返回料。然而炉料中随着返回料配比的增加，金属中气体的含量会增多。表7.18所列数据是熔炼铸钢时，炉料中配入不同数量的返回料与钢中气体含量的变化。这些数据表明，在使用返回料时，为保证金属的质量，应按照适当的比例配入返回料。

表 7.18　返回料比例与钢中气体含量的变化

炉料配比/%		钢中气体/$\times10^{-6}$		
新料	返回料	[N]	[H]	[O]
100	0	380	6	75
50	50	426	7	80
25	75	425	7	90
0	100	450	8	100

装料前应认真清扫坩埚底部，并使金属料与坩埚底阳极（或阳极导电层）有良好的接触，以免影响等离子弧的形成。装料时，应将大块料、难熔料装在坩埚中间部位，小料、易熔料则装在四周。W，Mo，Ni，Cr 和 Mn 等金属和合金，可以随炉料一起装入炉内。

如果进行有渣熔炼，炉料应装在坩埚底部四周，以免遮盖炉底阳极（或阳极导电层）而影响等离子弧的形成。渣量一般为炉料重的2%~5%。

炉料装入后，将炉盖密封好，向炉内充入 Ar 气，然后下降等离子枪，并且送电操作。当炉料完全熔化后，应适当减小感应加热的功率，以免出现过热现象。

采用有渣熔炼时，除了在精炼期和出钢前采用 Si，Mn，Al 等脱氧剂进行沉淀脱氧外，还可在熔渣面上加入 Al 粉、Si-Fe 粉、Si-Ca 粉等粉状脱氧剂进行扩散脱氧。经过这两种脱氧过程，对于有些钢种来说，可使它们的氧含量降低到 0.0015%。

Ti，Al，B，Zr 等活泼金属应在精炼末期加入，同时适当加大功率进行搅拌，等钢液的温度达到规定的要求后，即可出钢浇注。

等离子感应熔炼的熔炼过程在惰性气氛下进行，可使合金元素的烧损小，收得率高。据文献介绍，Cr，W，Mo，V 和 Ni 的收得率几乎近 100%，Mn 的收得率也可达 95%~98%，而几种易氧化的活泼元素（如 Ti，Al，B，Zr 等），其收得率也在 85%~95%的范围内。

等离子感应熔炼具有高温、可控气氛和电磁搅拌等特点，为精炼过程的脱硫、除气和去除夹杂等创造了有利条件。因此所获得的金属质量远比普通感应炉要高，甚至在某些方面可与真空感应炉媲美。由于等离子感应炉可在熔炼初期用 Ar 气冲洗炉内空间，并保持在惰性气氛下工作，使炉内空间的 O，H，N 的分压降到最低限度，同时炉内氩气的压力略高于外界压力，以免空气吸入，这样便能得到含［H］、［N］很低的钢与合金。

在等离子高温下，当采用 CaO-CaF_2 渣洗操作时，可将钢中硫降至 0.005%，其脱硫效率接近 80%（表 7.19）。

表 7.19　有渣与无渣操作时的脱硫效率对比

熔炼方法	精炼时间/min	精炼温度/℃	$w[S]$/%		脱硫效率/%
			熔炼前	熔炼后	
有渣熔炼	18	1640	0.024	0.005	79.16
无渣熔炼	65	1640	0.028	0.027	3.57

等离子感应炉熔炼中，由于能用 Ar-H_2 混合气体为工作气体，并进行扩散脱氧和沉淀脱氧，不论从热力学还是动力学条件来分析，使钢中获得较低的氧含量是十分有利的。它所熔炼的钢与合金，氧含量均低于非真空感应炉和电弧炉，接近或达到了真空感应炉的

水平。

等离子感应炉所生产的钢与合金，氧含量低，因而金属中的非金属夹杂物也低于电弧炉，接近于真空感应炉熔炼的水平。值得注意的是，为了降低金属中的非金属夹杂物含量，等离子感应炉应采用无渣操作较为有利。此外，无渣操作时，利用等离子弧在金属液表面的高温作用，可以使金属中的As，Sn，Pb，Bi等杂质挥发去除。

综上所述，等离子感应熔炼在脱硫，去除非金属夹杂物和减少钢与合金中的气体含量等方面，接近或超过真空感应炉熔炼的水平，是一种非常有竞争力的特种熔炼方法。

7.3.3 等离子弧重熔

等离子弧重熔（plasma arc remelting，PAR）是在惰性气氛或者可控气氛中，利用等离子弧的超高温来熔炼金属的特种熔炼方法，也可以说是一种金属的重熔工艺。重熔过程中，被熔化的金属熔滴穿过熔渣层，在结晶器内凝固。它与真空自耗电弧重熔和电渣重熔一样，边熔炼、边结晶，即金属的熔炼与浇注同时进行。被重熔的金属料可以是棒料，也可以是块料。当采用棒料时，等离子弧直接射向棒料而使它熔化。

根据金属锭的质量大小，等离子重熔法可采用单枪操作或多枪操作。若采用单枪操作时，等离子枪垂直地安装在炉膛中心，料棒从炉体侧面的装料孔伸入到炉膛内（图7.17）。若采用多枪操作时，料棒从炉子的正上方伸入炉内，而等离子枪（4~6支）从炉子的侧壁伸入，并倾斜地布置在料棒的四周（图7.18）。

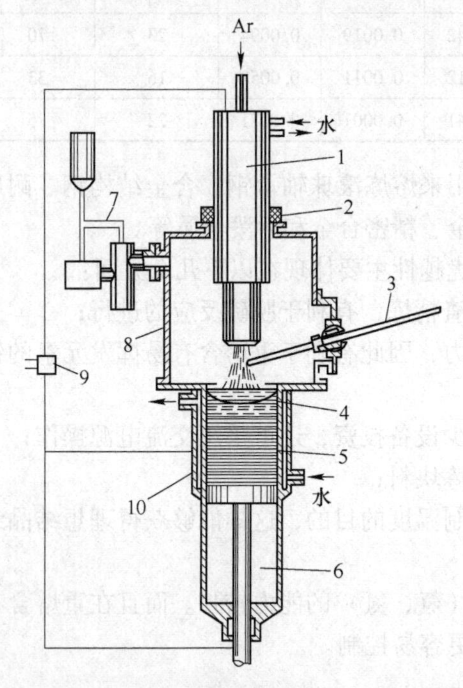

图7.17 单枪操作的等离子弧重熔炉

1—等离子枪；2—绝缘密封圈；3—料棒；4—金属熔池；5—金属锭；6—抽锭系统；7—真空抽气系统；8—炉膛；9—电源；10—结晶器

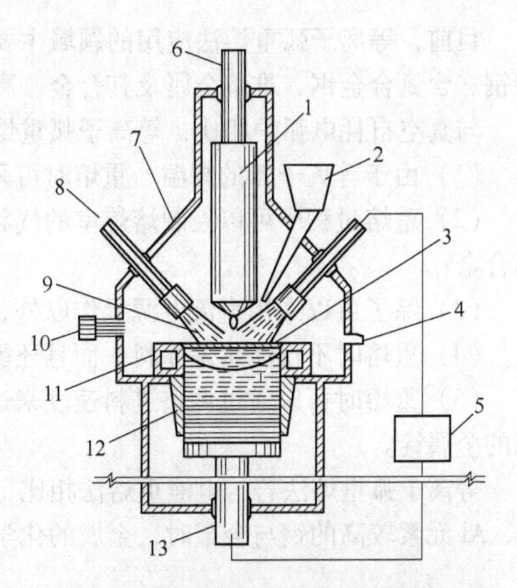

图7.18 多枪操作的等离子弧重熔炉

1—料棒；2—合金加入漏斗；3—熔池；4—排气孔；5—电源；6—料棒连杆；7—炉膛；8—等离子枪；9—等离子弧；10—观察孔；11—结晶器；12—金属锭；13—抽锭杆

在重熔块料时，为了使炉料能迅速而完全熔化，炉料应经过漏斗槽加入到熔池的中央部位。

等离子弧重熔炉的炉壳，通常采用不锈钢的双层结构，中间通水冷却。结晶器安置在炉膛底部中央，电源的一端与等离子枪中的电极相连，另一端通过凝固的金属锭与熔池相接。

重熔前，先将炉内抽成真空，采用 Ar 气为等离子喷枪的工作气体。工作时，一面进气到炉膛内，一面将炉内的气体抽出，并保持炉内一定压力。

等离子弧重熔与等离子电弧炉、等离子感应炉相比，不同之处是前者采用水冷结晶器，使熔炼与结晶同时进行；并且由于等离子弧的高温，可以在金属熔池上形成渣池，锭表面上形成一层薄的渣壳，因而使所得的金属锭具有良好的表面质量和铸态组织。

重熔过程中，有 Ar 气保护，金属的化学成分波动很小，并且气体和非金属夹杂物的含量均很低，等离子重熔钢的夹杂总量和氧含量仅次于电子束重熔法，表 7.20 给出在重熔轴承钢时，钢中夹杂物和气体含量与其他熔炼方法的对比。

表 7.20　不同工艺对轴承钢中夹杂、气体含量的影响

熔炼方法	钢的密度 $/g \cdot cm^{-3}$	非金属夹杂物/%				气体/$\times 10^{-6}$	
		氧化物	硫化物	氮化物	总量	[O]	[H]
电弧炉	7.8162	0.0096	0.0110	0.0020	0.0226	33	104
电渣重熔	7.8239	0.0076	0.0013	0.0019	0.0108	24	82
真空电弧重熔	7.8190	0.0033	0.0042	0.0019	0.0094	23	70
电子束重熔	7.8295	0.0035	0.0012	0.0011	0.0058	16	33
等离子弧重熔	7.8284	0.0029	0.0041	0.0001	0.0071	22	75

目前，等离子弧重熔法应用的领域主要包括用来熔炼滚珠轴承钢、合金结构钢、耐腐蚀钢、含氮合金钢、难熔金属及其合金、高温合金、精密合金和活泼金属等。

与真空自耗电弧炉相比，等离子弧重熔法的优越性主要体现在以下几个方面：

（1）由于等离子弧的高温，重熔时可采取造渣精炼，有利于脱硫反应的进行；

（2）重熔过程中可以控制熔炼室的气氛和压力，因此有利于重熔含有易挥发元素的钢与合金；

（3）除了可以采用直流电源操作以外，为减少设备投资，还可采用交流电源操作；

（4）重熔时不仅能熔炼棒料，而且还能够熔炼块料；

（5）重熔时可以通过调整进料速度来达到控制温度的目的，这样能够获得理想结晶组织的金属锭。

等离子弧重熔法若与电渣重熔法相比，去气（氢、氮）的能力较强。而且在重熔含有 Ti、Al 元素较高的钢与合金时，金属的化学成分更容易控制。

7.3.4　等离子电子束重熔

等离子电子束重熔（plasma electron-beam remelting，PER）是在低真空下，利用氩气等离子弧加热钽阴极，使其发射热电子，热电子在电场作用下，撞击阳极金属炉料，并在水冷结晶器中凝固，能够熔炼海绵钛及难熔金属。

等离子电子束是一种高度稳定的热源，等离子电子束重熔炉也是一种重熔设备，它的核心部分是钽（Ta）制的中空阴极。等离子电子束重熔炉的阴极和阳极与直流电源和高频起弧器连接，高频起弧器也连接在主回路内。

这种重熔设备在 $10\sim10^{-2}$ mmHg（13.33～1.33Pa）的低真空下工作。当接通电源时，通常用 0.05～2.0cm³/s 的高纯 Ar 吹入空心阴极，在高频电弧下，空心阴极内的气体分子和原子被电离，因而形成低压等离子体；等离子体的阳离子轰击阴极的内表面，使阴极的温度高达 2400K。阴极在此高温下产生热电子并发射，使阴极周围的电子密度迅速增加。当主功率加至阴极时，阴极内发射的热电子和等离子体加速飞至阳极。这些热电子在飞向阳极的途中又不断激发气体分子和原子，使它们电离，不断放出高能量的热电子，形成一个密集的热电子流，轰击阳极（即金属炉料或金属熔池），使其加热、熔化。图 7.19 所示为等离子电子束熔炼系统。

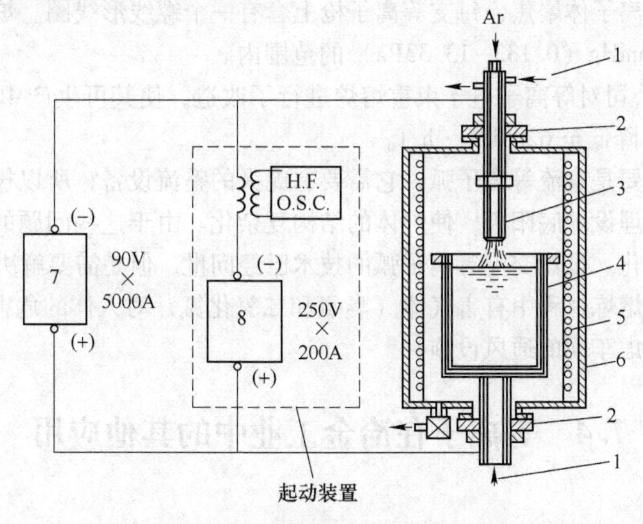

图 7.19 等离子电子束熔炼系统

1—水；2—绝缘圈；3—中空阴极；4—水冷铜结晶器；5—螺线管线圈；6—真空室；7—直流总电源；8—直流起动电源

如果将等离子电子束重熔与电子束重熔相比，前者是在低真空或低电压（30～80V）的条件下工作，而电子束重熔是在真空度为 $10^{-3}\sim10^{-5}$ mmHg（0.133～0.00133Pa）和工作电压为 2～200kV 下工作。但是，重熔的金属质量可与电子束重熔的金属质量媲美。采用纯度较高的 Ar 气为工作气体重熔 Ti、Zr 时的金属中的［O］、［H］含量见表 7.21。

表 7.21 等离子电子束重熔法和电子束重熔法熔炼金属中［O］和［H］含量对比

重熔金属	重熔方法	$w[O]/\times10^{-6}$	$w[H]/\times10^{-6}$
Ti	等离子电子束重熔（高纯 Ar）	290	9
	电子束重熔	300	12
Zr	等离子电子束重熔（高纯 Ar）	538	10.4
	电子束重熔	591	7.1

由于等离子电子束重熔法的工作电压低、真空度低，所以设备投资少，生产成本相对

较低。采用这种方法生产时，不仅能用棒料为原料，还可以重熔块料。在熔炼 Ti 时，可以使用 Ti 屑或海绵 Ti 为原料。在重熔时，熔炼速度可以通过调整工作电流或调整加料速度来加以控制。

等离子电子束重熔除了生产 Ti，Zr 及其合金以外，还能用来生产 Fe，Ni 和 Co 基的高温合金，以及难熔金属及其合金，其中特别是 Ta 合金。

等离子电子束重熔法由日本 Ulvac 公司首先用于难熔金属和活泼金属的熔炼工业，而且这种重熔方法在日本发展较快。1971 年就已建成了一台装有 6 支喷枪的等离子电子束炉，每支枪的功率为 400kW，主要用来生产 3t 钛金属及其合金板锭。该台等离子电子束重熔炉由以下几部分组成：（1）真空密封、水冷双层炉壳的熔炼室；（2）水冷铜炉缸；（3）抽锭机构及锭模；（4）供料系统；（5）真空室抽气系统；（6）3 个直流电源。

炉缸的上方有 3 支等离子枪，以便熔化炉料；其余 3 支用来维持板锭凝固层上面的熔池温度。为了使等离子体聚焦，每支等离子枪上套有一个螺线形线圈。炉内操作压力通常控制在 10^{-3} ~ 10^{-1}mmHg（0.133 ~ 13.33Pa）的范围内。

随后，Ulvac 公司对等离子电子束重熔炉进行了改造，使其可生产 4t 扁锭，其电能消耗由 9000kW · h/t 降低至 6200kW · h/t。

目前采用的主要是直流等离子弧，它需要有庞大的整流设备，所以投资也较大。等离子电弧炉的炉底需埋设炉底阳极，使炉体的结构复杂化。由于这些问题的存在，影响了等离子熔炼炉的大型化。虽然交流等离子弧的技术已经问世，但是需要解决的问题还很多。

此外，为防止熔炼过程中有害气体（臭氧和二氧化氮）对人体的危害，在设计这种熔炼炉时，应充分考虑车间的通风设施。

7.4 等离子在冶金工业中的其他应用

7.4.1 等离子中间包加热技术

在连铸过程中，中间包内钢水的温度不断降低，钢水温度过低无法保证浇铸作业的正常进行，因此需要提高中间包的钢水温度。通常是通过提高转炉钢水温度，或经过 LF 精炼提高钢水温度来保证较高的钢水过热度，但是高过热度降低了浇注速度，降低了铸坯等轴晶率，宏观偏析比增加，铸坯产生疏松甚至缩孔，影响铸坯质量。因此，在不提高钢水过热度的情况下，在中间包采取外部加热的方法及时补偿中间包热量散失，从而保持低过热度的恒温浇注将是一个理想的方法，图 7.20 显示了用等离子加热和不用等离子加热而采用提高转炉出钢温度两种情况下的钢水工序温度变化对比。

对中间包钢水进行外部加热的方法很多，如化学法加热、电弧加热、感应加热、等离子加热、电渣加热等，各种加热方法对比见表 7.22。然而采用化学方法加热易造成钢水污染；采用电弧加热其电弧电极系统现场布置困难，另外石墨电极对钢水有增碳问题；采用感应加热法反应较慢，而且加热温度场不易与中间包铸流结合；中间包等离子加热技术克服了以上加热方法的缺点，是一种高效率、节能耗、清洁的中间包加热方法，能够实现恒温、低过热度浇注，从而提高铸坯质量。

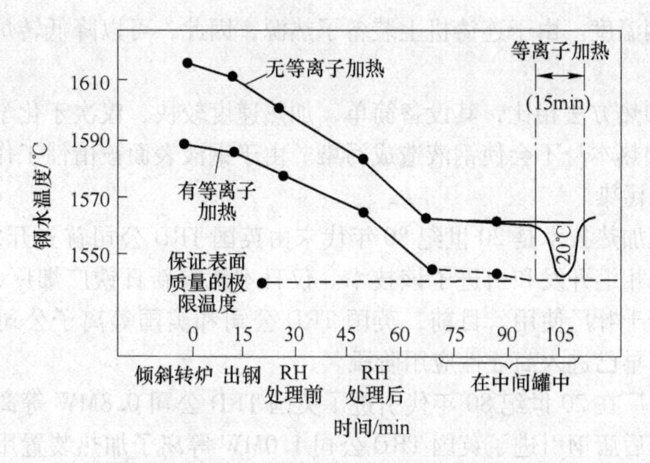

图7.20 用等离子加热和不用等离子加热钢水温度变化曲线比较

表7.22 各种加热方法比较

加热方式	原理	特点	优缺点
化学加热	由添加剂的氧化作用使钢水升温	热效率高，升温快	减少设备投资，节约能源，易污染钢液
等离子体加热	利用在电弧的作用下成为等离子体的高温气体作为热源	温度高，能量集中，气氛可控，不含对冶金产品有害的杂质	对电网不产生冲击负荷，功率因数高，不用石墨电极，保证钢液温度均匀，耗电量大
电弧加热	利用电极之间产生的高温电弧加热钢水	热效率不高，且有石墨污染	对钢中元素含量有一定的影响，消耗电极，易于吸气
电磁感应加热	电磁感应产生热量加热钢水	热效率高，可浇铸要求过热度波动小的优质钢	搅拌作用加速夹杂物上浮，减少了皮下夹杂物数量，减少清包次数
电渣加热	利用自耗或非自耗电极通过导电渣通电加热钢水	埋弧加热，减少热辐射，钢水不增碳，加热与压力无关	能在中间包开浇前进行冶金处理，实现等温浇铸，铸坯内部结构平均

等离子加热的基本原理是以等离子枪和被加热钢水作为电流的两极，通电起弧后，将氩气、氮气或其混合气体经等离子枪吹入电弧区电离，形成高能量气体等离子流对中间包内钢水进行加热。等离子加热系统根据中间包连续测温装置的测量结果与设定的目标温度加以比较，从而调节等离子枪加热功率，实现钢水的加热升温和温度控制。

等离子弧是一种极其清洁的、加热效率高（加热速度3~5℃/min）、控制性能好的热源，近年来已广泛应用于冶金工业中。中间包加热技术可显著提高钢水质量、降低能耗，降低原材料消耗。

中间包等离子加热的迅速发展源于它自身的一系列优点。主要体现在：

（1）在浇注过程中，中间包内钢水温度可以严格控制在±5℃以内，由于中间包里装上了可变热源，可以根据中间包内钢水温度的变化改变等离子加热装置的输出功率，从而控制中间包内的钢液温度在较小的范围内波动，达到等温浇注，改善铸坯内部组织，提高铸坯质量的目的。

（2）能直接加热中间包中的覆盖渣，从而促进夹杂物的熔化，消除板坯中的气泡。

（3）降低出钢温度。由于连铸机上装备了热源，因此，可以降低转炉出钢温度，同时减少总能量的消耗。

（4）与其他加热方法相比，其设备简单，加热速度较快，仅次于化学加热法。

（5）等离子加热本身不会使钢液造成污染。由于钢液表面被惰性工作气体覆盖，可防止外来气体对钢液污染。

等离子中间包加热技术是20世纪80年代末由英国TRD公司首先开发的，随后美国、日本、意大利等国相继开发和引进了该技术。仅日本就有新日铁广烟厂、神户加古川厂、日本钢管厂、川崎千叶厂使用。目前，英国TRD公司和美国等离子公司（PEC）在等离子中间包加热方面早已进入商业性应用阶段。

国内衡阳钢管厂在20世纪80年代引进了英国TRD公司0.8MW等离子加热装置用于加热钢包钢水；随后唐钢引进了英国TRD公司1.0MW等离子加热装置用于连铸中间包加热，其中电源装置由鞍山热能院制造；1995年武钢引进了美国PEC公司1.0MW等离子体发生器应用于连铸中间包加热。同时，国内也开展了等离子体发生器的研制工作。中国科技大学与马钢联合研制了类TRD型1.0MW等离子体发生器，用于马钢连铸中间包加热装置；北京科技大学、清华大学与济南钢铁总厂合作研制了类PEC结构的500kW等离子体发生器，用于济钢板坯连铸中间包加热。

台湾中钢1995年引进的美国PEC公司1.0MW等离子中间包加热装置应用效果良好。近些年，国内如青钢、石钢等钢厂为了提高产品质量，实现产品的升级换代，已引进了新一代的中间罐等离子加热装置。

国内外等离子加热装置使用情况见表7.23。

表7.23　等离子加热装置使用情况

使用厂家	等离子枪类型	加热功率/MW	中间包容量/t	铸机类型
意大利Aosta	DMAG交流阴极枪	1.8	9	方坯
美国查帕拉尔	PEC直流阳极枪	2.0	15	方坯
日本神户Kokura	PEC直流阳极枪	1.2	14	方坯
日本神户加古川	TRD交流阴极枪	4.3	80	板坯
新日铁名古屋厂	PEC直流阳极枪	2×2.0	40	二流板坯
日本钢管京滨厂	TRD交流阴极枪	4×1.1	40~50	板坯
美沃克诺福克厂	PEC直流阳极枪	1.0	15	小方坯
德国萨尔钢公司	PEC直流阳极枪	1.25	21	小方坯
新日铁广烟厂	TRD直流	1.0	14	板坯
唐钢炼钢厂	TRD交流阴极枪	1.0	10	方坯
武钢二炼钢厂	PEC直流阳极枪	1.0	10	板坯
马钢三炼钢厂	中科大类TRD枪	1.0	12	板坯
济南板厂	清华类PEC枪	0.5	8	板坯
台湾中钢	PEC直流阳极枪	1.0	35	方坯

图7.21所示为中间包等离子加热示意图，在中间包等离子加热过程中，其中央控制系统通过检测的钢水温度、液面高度、拉坯速度等参数经PLC来调节输入功率，使中间包

内的钢水达到预定的温度。钢水温度可由连续测温实现，也可以根据温度的预测模型得到，液面高度可由称重法或电磁法得到。

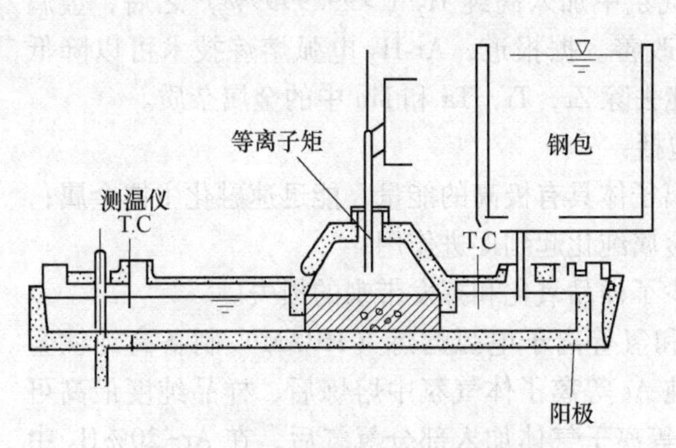

图 7.21 中间包等离子加热示意图

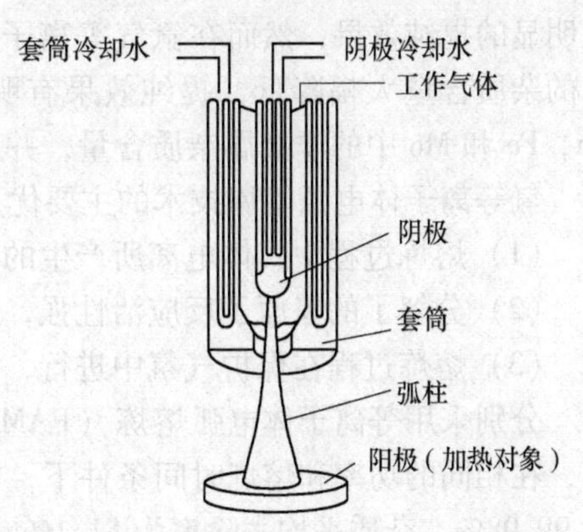

图 7.22 转移弧中间包加热示意图

中间包等离子加热系统的设备构成一般为等离子体枪（Plasma 枪，如图 7.22 所示）、等离子枪的升降机构、中间包上部加热室、气体系统、冷却水系统、回流阳极、电路系统以及电控系统等。以新日铁中间包等离子加热装置为例，上下移动的等离子枪作为电流的阴极，被加热的钢水作为阳极，其工作原理和工作步骤如下：

（1）运行开始时，先将等离子枪下降到接近钢液面，然后利用高频电流起弧装置在阴极与阳极之间放电形成电弧区。

（2）将等离子枪向上提升，拉长弧柱，提高弧柱的电压，即增加等离子枪的输出功率，也即增加向钢水的加热功率。

（3）将工作气体如 Ar，N_2 等经等离子枪吹入电弧区而被电离，形成等离子弧柱，利用其电阻将电能转换成热能。通常弧心温度约 3000℃，电离度越高，弧柱温度也越高。

（4）等离子枪产生的热量通过三条途径加热钢水：从等离子弧柱向钢液面的直接辐射加热，从加热室壁面反射到钢液面的间接辐射加热，由弧柱中的电流经钢水到达阳极的电压降，即利用钢水电阻的直接加热。

（5）等离子加热的热损失主要有三部分：等离子枪外套筒和阴极的冷却水带走的热量、工作气体的废气带走的热量，以及加热室壁面耐材的蓄热及经壁面的传热。

在工业用的等离子设备中，由于其功率的限制使其仅仅能作为一种稳定连铸工艺的手段，而不能作为大幅度提升钢水温度的装置。功率越高，其等离子枪的寿命越短，通常功率超过 5MW 的等离子枪其使用寿命很短。

在等离子加热中，等离子弧的电功率通常是以其电压和电流的乘积来表示，然而由于电流受电极允许电流密度的限制，如想得到更大的等离子弧能力，就必须提高电压。采用高功率等离子枪来进行中间包加热及大包加热将会提高其应用的范围和灵活性。因此，要实现大包和中间包的快速提温，等离子枪加热将向高功率方向发展。

7.4.2 氢等离子体在冶金中的提纯作用

氢等离子体电弧熔炼技术（hydrogen plasma arc melting，HPAM）的基本原理是在等离子体气氛中加入少量 H_2，利用氢气较高的还原性来增强提纯效果，同时体现出较好的脱氧、脱碳及脱氮效果。该方法近年来已被用来提纯钛、铜、钼、锆等金属和合金。

在很多研究中，高纯 Ar（>99.9995%）作为电离气体产生等离子体，但是并没有产生明显的提纯效果，然而在氩气等离子体气氛中加入高纯 H_2（>99.9999%）之后，金属中的杂质含量大幅降低，提纯效果有明显改善。据报道，Ar-H_2 电弧熔炼技术可以降低 Cu，Fe 和 Mo 中的非金属杂质含量，并且能去除 Zr，Ti，Ta 和 Mo 中的金属杂质。

氢等离子体电弧熔炼技术的主要优点包括：

（1）熔炼过程中气体电离所产生的等离子体具有极高的能量，能迅速融化主体金属；

（2）分解了的氢原子反应活性强，对金属纯化起到促进作用；

（3）熔炼过程在保护气氛中进行，减少了样品氧化和挥发带来的损失。

分别采用等离子体电弧熔炼（PAM）和氢等离子电弧熔炼（HPAM）制备高纯钛金属，在相同的功率和熔炼时间条件下，在纯 Ar 等离子体气氛中熔炼后，样品纯度最高可达 99.98%，杂质平均去除率为 51.1%；而等离子气体加入部分氢气后，在 Ar+20%H_2 中熔炼相同时间，样品最终纯度为 99.99%，杂质平均去除率为 84.8%。因此，等离子体电弧熔炼技术对钛有一定的提纯作用，尤其在等离子体气氛中加入 H_2 后除杂率明显提高，样品纯度也更高。

氢等离子体电弧熔炼对钛合金中的氧也有明显的去除效果。Ti-6Al-4V 合金在不同氢气含量的等离子体氛围中熔炼，最终氧含量见表 7.24。可以看出，H_2 对 Ti 合金起到一定的除氧作用，并且在 H_2 含量为 10%时效果最优。

表 7.24 不同 H_2 含量的等离子体中熔炼 Ti-6Al-4V 合金的氧含量变化

等离子体气氛	氧含量
熔炼前	0.12
1%H_2+99%Ar	0.099
10%H_2+90%Ar	0.028
20%H_2+80%Ar	0.045
30%H_2+70%Ar	0.043

研究发现，锆合金中杂质的迁移机制和等离子体中的氢含量有关，含氢量增加时，杂质去除速度加快，最终杂质含量越低。目前 HPAM 可制得超高纯度的锆，一般 99.9%的锆金属在熔炼 60min 后纯度可高于 99.99%，杂质平均去除率 88%。锆合金中 Al 和 Cu 杂质的去除效果如图 7.23 所示。可以看出，在 Ar 氛围中杂质的去除速率缓慢，在等离子气氛中加入 H_2 后杂质含量明显下降，并且通入 H_2 量增大时，除杂效果更好。

此外，氢等离子冶金在提纯钽、钼、钴等金属中也有很好的去夹杂的作用。

氢等离子电弧熔炼技术显著的提纯效果究其原因可分为两大部分：（1）氢气的加入在熔炼中发挥了重要作用；（2）杂质元素本身的性质不同，去除率各不相同。

在高温（5000K）时 H_2 的分解率为 95%，氢以原子态存在，分解和激化了的氢原子在提纯熔融金属的过程中发挥着尤为重要的作用。首先，氢原子具有极高的还原性，可以与杂质在金属表面发生化学反应，对难熔金属的提纯具有良好的脱氧和脱氮效果；其次，氢等离子体热导率高，提高了熔融金属表面温度，纯物质中的过饱和杂质通过热力学传输在液相中发生迁移；最后，在等离子气体相-熔融金属界面的气体相界面层，熔融金属表

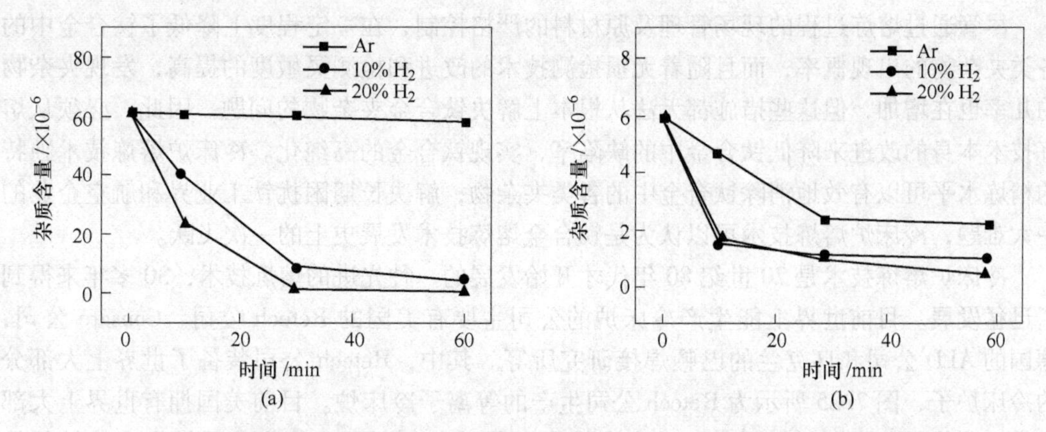

图 7.23 不同氢含量的等离子体气氛中杂质 Al 和 Cu 含量随冶炼时间的变化

面飞溅出的高蒸气压杂质与活性氢瞬间结合，加快了杂质从相界层向气体相的移动，从而达到提纯金属的效果。

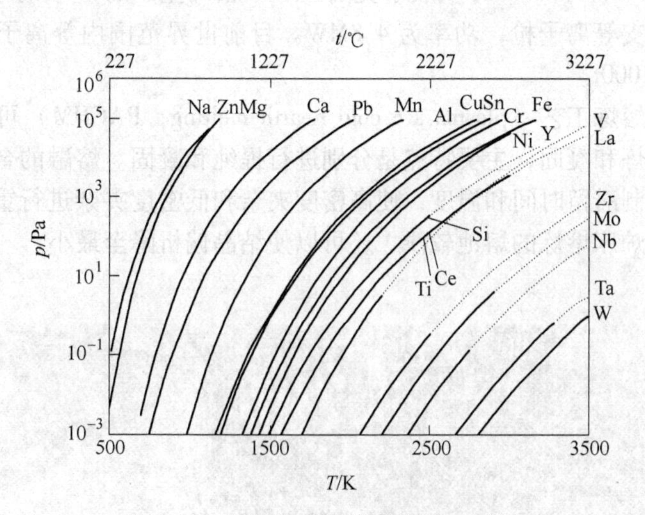

图 7.24 不同物质蒸气压随温度的变化

金属元素具有不同的蒸气压，如图 7.24 所示。蒸气压高的杂质元素在电弧熔炼的过程中更容易挥发，率先与氢原子发生动力学交互作用进入气体相，达到提纯的目的。杂质元素蒸气压比主体金属蒸气压越高，去除率相对越大，该类杂质最终含量也越低。

7.4.3 等离子冷床炉熔炼技术

随着钛合金在航空工业中使用量的增加，其重要性显得愈加突出。钛合金的冶金缺陷主要是指夹杂物和化学成分偏析，钛合金中的夹杂物一般分为两类，即低密度夹杂物（low density inclusions，LDI）和高密度夹杂物（high density inclusions，HDI）。常见的低密度夹杂物主要是钛的氧化物或氮化物，因钛的氧、氮化物的硬度远高于钛基体，而且很脆，故形象地称为硬 α 夹杂。高密度夹杂物主要是在原料中混入了高熔点的金属，而在熔炼过程又没有得到充分熔化而造成的，常见的有 Mo，Nb，Ta，W，WC 等。

尽管通过熔炼过程的现场管理及原材料的严格控制，在一定程度上降低了钛合金中的各类夹杂物的出现概率，而且随着无损检测技术的改进和检测灵敏度的提高，发现夹杂物的几率也在增加，但这些措施都无法从根本上解决钛合金夹杂物的问题。因此，必须从熔炼技术本身的改进来降低钛合金中的缺陷率，实现钛合金的高纯化。冷床炉熔炼技术独特的精炼水平可以有效地消除钛合金中的各类夹杂物，解决长期困扰钛工业界和航空企业的一大难题，冷床炉熔炼技术可以认为是钛合金熔炼技术发展史上的一次飞跃。

冷床炉熔炼技术是20世纪80年代才开始发展的一种先进的熔炼技术，30多年来得到了迅猛发展。目前世界上能生产冷床炉的公司主要有美国的Retech公司、Consarc公司，德国的ALD公司和乌克兰的巴顿焊接研究所等。其中，Retech公司装备了世界上大部分的冷床炉子，图7.25所示为Retech公司生产的等离子冷床炉。目前美国拥有世界上大部分的冷床炉，且开发时间早，经过大力发展，美国具备了批量生产优质钛合金铸锭的能力。单台设备的功率也在提高，如美国RMI公司在2001年安装了一台2支枪的等离子体冷床炉，总功率1000kW，可生产圆锭和扁锭，质量可达7000kg。俄罗斯的上萨尔达冶金生产联合体（VSMPO）于2003年安装了美国Retech公司生产的8t级的等离子体冷床炉熔炼炉，该设备有5支等离子枪，功率为4.8MW。目前世界范围内等离子体冷床炉的总生产能力每年可达11000t。

等离子冷床炉熔炼工艺（plasma arc cold hearth melting，PACHM）可使金属在炉床上分段进行熔化、精炼和凝固，主要特点是分别进行提纯和凝固。熔融的金属液体在水冷铜床上流动，通过控制滞留时间和温度，使高密度夹杂和低密度夹杂进行重力分离，以达到精炼。此外，由于炉床熔炼的熔池较浅，还可以使结晶偏析降至最小。

图7.25 Retech公司生产的等离子冷床炉

冷床炉熔炼可以看作是一个开放系统，冷床炉在设计上将水冷铜床炉和坩埚分开，允许输入能量和熔炼速率的独立控制，因此实现了原材料熔化和铸锭熔炼凝固的分离，冷床炉的工作示意图如图7.26所示。在水冷铜床炉中，钛合金原料经受等离子束的高温高能轰击熔化后在冷床中形成熔池，熔池中熔液的保留时间可以自由控制，在水冷铜床炉中经过精炼、搅拌后的熔液经槽口溢流入水冷铜坩埚中，通过坩埚上的等离子枪再次加热和搅拌，凝固后形成铸锭。

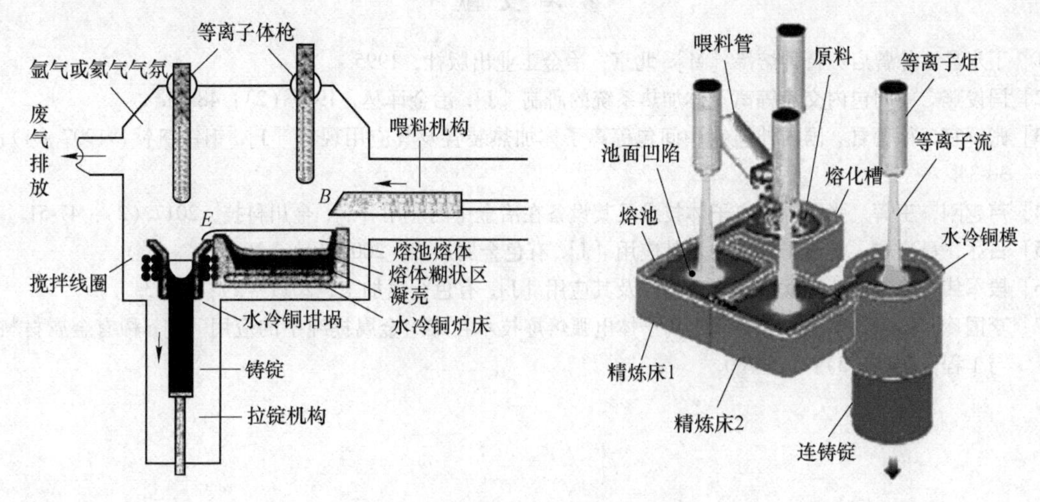

图 7.26 等离子体冷床炉示意图

低密度夹杂物和高密度夹杂物通过两种模式进入拉锭坩埚中，一种是夹杂物在熔池中处在极高的温度下且有充足的时间来熔化，等离子枪产生的等离子束的温度可达到6000℃以上，因此，炉床中的熔液可以获得一个非常大的过热度，可以促进高熔点夹杂物的熔解；另一种是因高密度夹杂物与钛液的较大密度差异，会沉入水冷床炉底部而被凝壳所捕获。熔池保温时间长和熔液温度高可以保证钛合金中的合金化元素能充分熔解和扩散，且通过在冷床炉和坩埚两级熔炼，铸锭的成分偏析能得以很好消除。

冷床炉熔炼工艺的喂料形式多，可采用残料、回收料、压制的电极等；根据需要，通过拉锭坩埚的设计，可实现生产多种形状的铸锭，如圆形、方形和矩形。而且冷床炉熔炼采用边熔炼、边搅拌、边凝固、边拉锭的办法，所以虽然炉床尺寸不大，但所熔炼的合金成分均匀，凝固后拉出的铸锭可以较大。

等离子体冷床炉熔炼具有以下的优点：

（1）等离子体作为热源熔炼钛合金时，等离子枪是在接近大气压的惰性气氛下工作，可以防止Al，Sn，Mn，Cr等高挥发性元素的挥发，可以实现高合金化和复杂合金化钛合金元素含量的精确控制；而电子束冷床炉必须在高真空条件下熔炼，因此，熔炼含高挥发性元素的钛合金就比较困难，合金的化学成分无法精确控制。

（2）等离子枪产生的He或Ar等离子束是高速和旋转的，对熔池内的钛液能起到搅拌作用，有助于合金成分的均匀化，但等离子体熔炼的合金纯度受到工作介质纯度的影响。

（3）等离子体冷床炉熔炼时熔池大、深度相对较深，可以实现熔液的充分扩散。

（4）等离子体是在接近大气压气氛下工作，因此不受原材料种类的限制，可以利用散装料，如海绵钛、钛屑、浇道切块等，也可以用棒料送入。

为了改进和优化等离子冷床熔炼工艺，目前美国通过计算机模拟技术，对熔体流动、热量和物质转移、电磁场、熔池表面、夹杂物熔化、铸锭凝固及宏观和微观偏析等进行模拟，并已开发了 COMPACT 软件，正在逐渐应用于各个钛生产商的等离子冷床炉熔炼。

参 考 文 献

[1] 丁永昌，徐曾启．特种熔炼 [M]．北京：冶金工业出版社，1995.

[2] 闫俊燕．中间包内交流等离子体加热系统的研制 [J]．冶金译丛，1996 (2)：48-55.

[3] 张辉宜，徐德君．国内外连铸中间包等离子体加热装置及其应用现状 [J]．钢铁钒钛，1997 (4)：30-34.

[4] 芦越刚，王辉，张鹏．等离子体技术及其设备在冶金中的应用 [J]．金川科技，2017 (2)：47-51.

[5] 吕冰，吕应增．等离子熔炼炉及其应用 [J]．有色金属加工，2009 (1)：16-20.

[6] 段军伟．冷床炉熔炼钛及钛合金技术及其应用 [J]．有色金属加工，2011 (2)：51-53.

[7] 李国玲，田丰，李里，等．氢等离子体电弧熔炼技术在难熔金属提纯中的应用 [J]．稀有金属材料与工程，2015 (3)：775-780.